Innere Fesseln lösen – befreit führen

Steffen Elbert

Innere Fesseln lösen – befreit führen

Führungspotenziale entwickeln

1. Auflage

Schäffer-Poeschel Verlag Stuttgart

Bibliografische Information der Deutschen Nationalbibliothek

Die Deutsche Nationalbibliothek verzeichnet diese Publikation in der Deutschen Nationalbibliografie; detaillierte bibliografische Daten sind im Internet über http://dnb.dnb.de/ abrufbar.

Print: ISBN 978-3-7910-5676-0 Bestell-Nr. 10852-0001
ePub: ISBN 978-3-7910-5677-7 Bestell-Nr. 10852-0100
ePDF: ISBN 978-3-7910-5678-4 Bestell-Nr. 10852-0150

Steffen Elbert
Innere Fesseln lösen – befreit führen
1. Auflage, September 2022

www.schaeffer-poeschel.de
service@schaeffer-poeschel.de

Bildnachweis (Cover): © Gajus, Adobe Stock

Produktmanagement: Dr. Frank Baumgärtner
Lektorat: Petra Bandl

Schäffer-Poeschel Verlag Stuttgart
Ein Unternehmen der Haufe Group SE

Vorwort: Was Sie erwartet – und was nicht…

Dieses Buch wendet sich primär an Führungskräfte. Führungskräfte, die sich gerne weiterentwickeln wollen. Führungskräfte, die ahnen, spüren oder wissen, dass sie noch ein großes, bisher nicht gelebtes Potenzial in sich haben: das Potenzial, eine noch wirksamere, noch erfolgreichere, noch »bessere« Führungskraft zu werden. Und die gleichzeitig ahnen, dass sie sich vor allem selbst im Wege stehen, dass es ihnen nicht primär an Konzepten oder Modellen mangelt, sondern dass etwas sie innerlich zurückhält, sie innerlich fesselt. Die spüren, dass es ihnen nicht richtig gelingt, als überlebt erkannte Glaubenssätze oder Überzeugungen hinter sich zu lassen, dass sie oft nicht »über ihren Schatten springen« können, dass sie immer wieder in nicht hilfreiche Verhaltens- und Denkmuster verfallen und sich so immer wieder selbst in ihrer Wirksamkeit limitieren.

An all diese Führungskräfte wendet sich das Buch. An Führungskräfte mit Inneren Fesseln.

Zur Erläuterung dieser Inneren Fesseln und vor allem zum Aufzeigen von Veränderungsmöglichkeiten, von Möglichkeiten zur Ent-Fesselung, wird im vorliegenden Buch eine Brücke zwischen zwei Disziplinen geschlagen, die bisher nur sehr wenig miteinander in Verbindung gebracht wurden: Führung und Trauma. Dieser interdisziplinäre Ansatz mag einige zunächst irritieren, andere vielleicht sogar abschrecken oder schmunzelnd die Augen rollen lassen. Der Zusammenhang von Führung und Trauma ist nicht offensichtlich, die Relevanz dieser Verknüpfung noch nicht klar. Und doch werden Sie im Laufe der Lektüre diese Zusammenhänge und deren hohe Relevanz für den Ausbau Ihrer Führungskompetenzen klar erkennen können. Insofern appelliere ich an Ihre Neugier und Aufgeschlossenheit, auch ein bisschen an Ihren Mut, sich dem Gedankenfluss des Buches zu stellen.

Es ist mir ein Anliegen, möglichst viele Führungskräfte mit Inneren Fesseln zu erreichen und die Menschen in den Rollen mit ihren individuellen Themen und Herausforderungen anzusprechen. Denn Innere Fesseln sind menschliche Themen, keine fachlichen, auch wenn sie sich im professionellen Führungsverhalten oft am deutlichsten zeigen. Aus diesem Grund ist das Buch zunächst durchgängig aus der Perspektive der Führungskräfte geschrieben. Es hat den Anspruch, Führungskräfte in ihrem Führungsalltag abzuholen und dort anzuknüpfen. Und es soll die Lesenden einladen, sich ganzheitlich – mit Kopf und Bauch – den Themen zu öffnen. Dieses Ziel reflektiert sich unter anderem in dem über weite Strecken vorherrschenden erzählerischen Sprachstil (in der ersten Person Plural) und den vielen praxisnahen Illustrationen. Es ist zunächst kein primär wissenschaftlich ausgerichtetes Fachbuch. Gleichzeitig wird versucht, ausreichend theoretisches Hintergrundwissen zur Verfügung zu stellen. Die diesem Buch zugrundeliegenden wissenschaftlichen Erkenntnisse, werden an einigen Stellen für den Laien aufbereitet und dargestellt. Diese Teile des Buches sind inhaltlich konzentrierter und sprachlich eher sachlich gehalten.

Im Mittelpunkt des Buches stehen die gefesselten Führungskräfte, also die Betroffenen. Es geht darum, aus der Perspektive der Führungskraft auf Innere Fesseln zu schauen. Und es geht darum, zu beschreiben, wie eine Ent-Fesselung aus Sicht der Gefesselten gelingen kann, was diese selbst dazutun können, was Ihnen begegnen könnte, welche Meilensteine in der Ent-Fesselung üblicherweise zu erwarten sind und vieles mehr. Verantwortliche in Personalfunktionen oder Personalentwickler, Berater, Mentoren und Coaches, Organisationsentwickler und Consultants werden eventuell einen ausführlichen Methodenteil oder »Case Studies«, also Fallbeispiele, vermissen. Das Gleiche gilt für wissenschaftlich tätig Lesende: Verweise auf wissenschaftliche Primärveröffentlichungen sind die Ausnahme und eine durch Studien untermauerte wissenschaftliche Validierung der vorgestellten Hypothesen steht noch aus.

Die Ausführungen in diesem Buch sind – auch wenn es sprachlich an manchen Stellen einen anderen Eindruck erwecken könnte – ausdrücklich nicht auf Führungskräfte in Wirtschaftsunternehmen beschränkt: Sie sind prinzipiell für Führungskräfte in allen möglichen Organisationen anwendbar. Das Thema des Buches ist nicht primär die Organisation, sondern die Menschen in den Führungsrollen. So sollten auch Führungskräfte in gemeinnützigen Organisationen oder Stiftungen, in Universitäten oder Kliniken, in Start-Ups oder Familienunternehmen, in Vereinen oder Interessengruppen usw. von den Gedanken des Buches profitieren können.

Zum Schluss noch eine persönliche Bemerkung zum Hintergrund des vor Ihnen liegenden Textes: In diesem Buch habe ich versucht, sowohl meine professionellen als auch meine persönlichen Erfahrungen zu konsolidieren und die aus meiner Sicht hilfreichsten Beobachtungen zur Verfügung zu stellen.

Auf der professionellen Seite fließen meine fast drei Jahrzehnte an praktischer Erfahrung in der Beratung und Begleitung von Führungskräften ein. Meine Tätigkeiten als Berater und Partner bei zwei weltweit tätigen Beratungsunternehmen – der Strategieberatung Boston Consulting Group BCG und der Leadership Advisory Beratung Egon Zehnder – sowie meine heutige selbstständige Tätigkeit in der Begleitung von Top-Führungskräften stellen die Basis für viele Überlegungen dar. In diesen Jahren wurde immer wieder deutlich, welche elementare Rolle Führung für den Erfolg eines Unternehmens spielt, wie zentral sie für die erfolgreiche Implementierung einer Strategie, für eine erfolgreiche Restrukturierung, für den Aufbau einer tragfähigen und den Erfolg ermöglichenden Kultur ist. Vor allem wurde mir auch immer deutlicher, dass es nicht nur um gute Ideen, Konzepte und Strategien geht. Mir wurde immer klarer, dass es vor allem um die Menschen geht, die die Führungsrollen ausführen – um ihre menschlichen Themen: ihre Kompetenzen und Limitationen, ihre Werte und Glaubenssätze, ihre Erfahrungen und Befürchtungen und vieles mehr. Ich habe die Inneren Fesseln immer und immer wieder live beobachten können. Zum Teil habe ich als Berater unter ihnen (mit)leiden müssen, weil bestimmte Projekte nicht erfolgreich implementiert wurden oder bestimmte Kandidaten in einer Führungsrolle doch nicht den antizipierten Impact zeigten. Oft hat es mich berührt und nachdenklich gestimmt, zu beobachten, wie sehr die Inneren Fesseln Führungskräfte im Griff halten konnten. Besonders seit Aufnahme meiner heutigen selbstständigen Tätigkeit als Begleiter von Top-Führungskräften konnte ich der Frage, wie nachhaltige Veränderung wirklich gelingen kann, nicht mehr ausweichen. Meine Klienten konfrontierten mich mit dem klaren Bedarf, sie bei der nachhaltigen Veränderung ihrer Denk- und Verhaltensweisen, bei der belastbaren Weiterentwicklung ihrer Führungspersönlichkeit zu unterstützen. Viele der Konzepte und Ansätze zur Weiterentwicklung der Führungskompetenzen, die ich in den Jahren davor kennengelernt hatte, schienen zu kurz zu greifen. Mit der dem Naturwissenschaftler in mir eigenen Neugier begab ich mich auf eine Erkundungsreise durch eine Vielzahl von Disziplinen, um einen Ansatz zu finden, der hilfreich sein könnte. Vieles habe ich gelernt, einiges ausprobiert, manches modifiziert, das meiste integriert. Das Ergebnis liegt vor Ihnen. Aus dem Bedarf meiner Klienten kommend entstand das Konzept von Trauma und Führung, die Hypothese der Inneren Fesseln als Trauma-Überlebensstrategien. Es entstand eine Brücke zwischen zwei nicht gerade nah verwandten Disziplinen: den Wirtschaftswissenschaften und der Psychologie. Diese neue, interdisziplinäre Brücke zwischen Trauma und Führung stellt die Basis für ein wirksames Konzept zur Ent-Fesselung, zur nachhaltigen und belastbaren Veränderung der Inneren Fesseln, dar.

Auf der persönlichen Seite bleibt zu ergänzen, dass selbstverständlich auch ich von Inneren Fesseln nicht verschont geblieben bin. Einige der im Buch beschriebenen Denk- und Verhaltensmuster haben auch mein Leben geprägt, gestaltet und beeinflusst. Und ich habe persönlich erkennen müssen, wie sehr sie mich fesseln, wie sehr sie mich oft davon abhalten können, das Richtige, das Sinnvolle, das Hilfreiche tun. Auch ich selbst war auf der Suche nach einem neuen Konzept, mich weiterzuentwickeln. Häufig hat mir dieser Bezug zu meiner eigenen Erlebniswelt wichtige Impulse für diese neuen Ansätze in der Arbeit mit meinen Klienten gegeben. Insofern war ich selbst häufig mein erster und gleichzeitig bester Klient, konnte Vieles an mir selbst ausprobieren, testen, validieren (lassen). Und ich konnte selbst erfahren, was wirkt und was nicht.

Schließlich: Dieses Buch wendet sich genderunspezifisch an alle Führungskräfte. Es wurde versucht, wo immer möglich, genderneutrale Formulierungen zu nutzen. Aus Gründen der Lesbarkeit wurde in allen anderen Fällen das generische Maskulinum verwendet.

Im Juli 2022
Steffen Elbert

Inhaltsverzeichnis

1 Worum geht es in diesem Buch?

1.1 Wir stehen uns oft vor allem selbst im Weg: Innere Fesseln

Das vorliegende Buch setzt da an, wo viele heutigen Management-Ratgeber aufhören: bei den Inneren Fesseln, die uns abhalten, als Führungskraft unser »Bestes« zu geben. Dieses Buch beschäftigt sich mit dem inneren Drang, alle Dinge in der Tiefe verstehen und kontrollieren zu müssen. Mit dem Gefühl, alles, was man erarbeitet, müsse einem sehr hohen, perfekten Anspruch entsprechen. Mit der Schwierigkeit, mit Kollegen und Mitarbeitern eine Beziehung jenseits des rein sachlichen Austauschs aufbauen zu können, nur wenig Mitgefühl, wenig Empathie empfinden zu können, die Mitarbeitenden nur als Produktionsmittel oder »Humankapital« zu sehen. Mit der Überzeugung, sich in Gesprächen mit anderen immer und unter allen Umständen durchsetzen zu müssen bzw. auf keinen Fall eigene Fehler zugeben zu können und dann emotional überzureagieren. Mit der Beobachtung, kein Ende finden zu können und Tag und Nacht beschäftigt sein zu müssen, getreu der Prämisse »Es reicht nie« (»Workaholismus«). Mit dem übertriebenen Wunsch, von allen immer, unter allen Umständen anerkannt, bewundert und gelobt zu werden und damit kritische Themen in der Regel nicht zur Diskussion zu bringen. Die Liste wäre beliebig erweiterbar.

Manchmal haben uns die oben beispielhaft genannten Verhaltens- und Denkmuster zu Beginn unserer Karriere geholfen. Sie haben in der Vergangenheit vielleicht unser Weiterkommen ermöglicht oder gar beschleunigt. Heute sind sie jedoch meist eher kontraproduktiv für unsere Ziele. Die Muster sind zur Limitation geworden. Sie stellen dann eine Belastung oder zumindest eine Bewährungsprobe für die Führungsrolle und unsere beruflichen wie privaten Beziehungen dar. In diesem Buch werden diese Muster deshalb **Innere Fesseln** genannt.

Die Beobachtung, dass man als Führungskraft trotz bester Ausbildung und dem Zugriff auf die neusten Konzepte von Führung immer wieder diesen limitierenden inneren Verhaltens- und Denkmustern, den Inneren Fesseln erliegt, begegnet vielen von uns – bei uns selbst oder bei anderen. Manchmal können wir sie durch das Einüben anderer Verhaltensweisen kompensieren, ihre Wirkung durch das Spielen einer Rolle etwas abmildern, oder uns zwingen, sie zu unterdrücken. Gelegentlich können wir den Situationen aus dem Weg gehen, in denen sie sich bei uns zeigen. Meist wirken sie jedoch auch dann noch – im Hintergrund –, und limitieren uns, indem sie Energie binden, uns unfrei machen. Dann ist es, als wären wir innerlich abgelenkt. Wir können in dem Moment unsere gesamte Aufmerksamkeit nur schwer auf die anstehenden Themen lenken, ein Teil unserer Kompetenzen ist innerlich mit der Kompensation oder dem Management der Inneren Fesseln beschäftigt. In diesem Fall bleibt kein anderer Weg, als uns unseren Inneren Fesseln zu stellen.

1.2 Innere Fesseln sind hartnäckig und machtvoll

Innere Fesseln sind bei entsprechender Selbstbeobachtung meist gut erkennbar. Gleichzeitig zeigen sie oft eine erstaunliche Widerstandsfähigkeit gegenüber Veränderung. Meist wissen wir, was zu ändern wäre, wie wir zieldienlicher denken oder handeln könnten – und doch ist Veränderung nicht umsetzbar oder hat keinen Bestand. Der Verstand und der Wille scheinen an eine Grenze zu kommen. Es wirkt, als würden diese Muster wie selbstständige Programme laufen, unserer kognitiven Kontrolle weitestgehend entzogen. Wir scheinen von den Programmen kontrolliert zu werden. Die Programme übernehmen in bestimmten Situationen unsere Steuerung, wir sind ihnen ausgeliefert.

Bei genauer Analyse erkennen wir häufig, dass die Inneren Fesseln uns bereits seit Jahrzehnten begleiten. Sie sind in der Regel nicht vor Kurzem entstanden, sondern wir können ihre Anfänge häufig schon in frühen Lebensjahren verorten oder zumindest vermuten. Es handelt sich somit meist nicht um aktuell entstandene Anpassungen unseres Verhaltens, sondern um langjährige Begleiter – vielleicht in sich verändernden Gewändern. Wir schleppen Innere Fesseln oft gefühlt schon sehr lange, vielleicht lebenslang mit uns herum. Die Wurzeln der Inneren Fesseln liegen überwiegend in unseren frühen Lebensjahren.

Wie kann man nun diese doch recht hartnäckigen, persistenten und autonomen Programme unterbrechen und ihnen die Macht nehmen? Wie kann man die Inneren Fesseln nachhaltig, auf Dauer lockern?

Um sich diesen Fragen zu nähern, müssen wir zunächst von der Vorstellung Abschied nehmen, dass Innere Fesseln auf ein persönliches charakterliches Defizit hinweisen, dass sie einen unüberwindlichen Mangel oder eine »Macke« darstellen, eventuell sogar vererbt, oder dass wir zu dumm, faul, schwach, unvollkommen oder zu undiszipliniert sind, um das Verhalten endlich abzustellen oder zu ändern. Diese Interpretationen führen in eine Sackgasse. In der Regel demotivieren sie uns eher, als dass sie Energien für Veränderung freisetzen.

1.3 Innere Fesseln haben häufig existenzielle Wurzeln

Im vorliegenden Buch lade ich Sie dazu ein, die tiefer greifenden Ursachen der Inneren Fesseln zu erforschen. Hierbei gehen wir davon aus, dass Innere Fesseln irgendwann in unserem früheren Leben entstanden sind und damals eine Funktion, eine Aufgabe hatten. Sie werden so nicht als charakterliche Defizite beschrieben, sondern vielmehr als von uns entwickelte Lösungen, die uns zum Zeitpunkt ihrer Entstehung zum Vorteil gereicht haben. Mit dieser Sichtweise bedienen wir uns einer der wesentlichen Fundamente der Systemtheorie in ihrer heutigen Anwendung im systemischen Coaching. Hier wird Verhalten als die jeweils »beste Lösung«, die uns in einer bestimmten Situation, in einem bestimmten Kontext zur Verfügung steht, interpretiert.

Mit dieser Sichtweise eröffnen sich neue Ansätze zur Veränderung[1]. So wird hinter dem, was uns heute behindert, ein damals kreativer und kluger Ansatz sichtbar, der uns das Leben früher erleichtert oder gar unser Überleben gesichert hat.

Mit diesem Blick auf Innere Fesseln wird deren Macht nur erklärbar, wenn das, was wir damals erlebt haben und in dessen Zusammenhang die Innere Fessel entstanden ist, einen fundamentalen, ja existenziellen Charakter hatte. Es müssen schwere und schwerste Erfahrungen und Erlebnisse gewesen sein, die das Entwickeln solcher machtvollen »Lösungen« erforderlich gemacht haben.

Oft greifen hier Modelle, die auf »Erziehung«, »familiäre Prägungen« oder auf »übermittelten Werten und Glaubenssätzen« aufbauen, zu kurz. Solche Einflüsse sind meist leichter zu revidieren, oft ist dies bereits mit der Pubertät geschehen. Die Macht der Inneren Fesseln weist auf fundamentalere Erfahrungen hin, die sich für uns existenziell, lebensbedrohlich angefühlt haben.

Welche Art von Erfahrungen kann nun in unseren frühen Lebensjahren einen fundamentalen, ja existenziellen Charakter haben?

Hierzu ist es hilfreich, einen kurzen Blick in die Entwicklungspsychologie zu werfen. Als Menschenbabys sind wir von der Biologie her gesehen Frühgeborene, wir kommen völlig hilflos auf die Welt. Wir können uns nicht allein ernähren, sind den Fürsorgenden vollkommen ausgeliefert, würden allein keinen Tag überleben. Wir werden deshalb mit den beiden Urbedürfnissen nach Gesehenwerden und Dazugehören geboren. Diese sichern unser Überleben, denn dann sind wir sicher, werden behütet. versorgt und gepflegt. Die Feinfühligkeit unserer Bezugspersonen stellt sicher, dass wir ohne die Angst aufwachsen, auf uns selbst gestellt zu sein, und sie verhindert, dass wir durch unsere Hilflosigkeit in den Kontakt mit Todesängsten kommen.

Nun haben allerdings viele von uns nicht immer feinfühlige Bezugspersonen erleben dürfen. Wir haben dann einen Alltag erleben müssen, in dem das Dazugehören und Gesehenwerden immer wieder infrage stand und wir dem Gefühl nach existenziell, in unserem Überleben bedroht waren.

Vielleicht haben wir dann emotionale oder körperliche Vernachlässigung oder mangelnde Zuwendung unserer Eltern erleben müssen oder wir waren zu viel allein und auf uns selbst gestellt. Vielleicht waren wir nicht erwünscht, nur Mittel zum Zweck in einer nach außen gerichteten Scheinwelt von Erfolg und sozialem Status oder wir sind nur durch Nannys, Haushaltshilfen oder Au-Pairs »gemanagt« worden, während unsere Eltern ihre Aufmerksamkeit auf andere Dinge richteten und zum Beispiel vor allem mit ihrer Karriere oder dem täglichen Überlebenskampf

1 Vgl. die Fachliteratur zu systemischem Coaching, z. B.: Schlippe, Arist von; Schweizer, Jochen (2012): Lehrbuch der systemischen Therapie und Beratung I. Göttingen: Vandenhoek & Ruprecht.

beschäftigt waren. Oder wir haben regelmäßig Herabsetzung, Demütigung oder Abwertungen erfahren, vielleicht im Kontext einer übermäßigen, uns überfordernden Wettbewerbs- und Leistungsorientierung unserer Bezugspersonen. Vielleicht waren wir auch nie sicher, ob unsere Bezugspersonen für uns da sind, wenn es drauf ankommt, weil sie alkohol-, drogen- oder tablettenabhängig waren, oder psychische Erkrankungen wie beispielsweise Depressionen hatten oder wir mussten gar stets Angst um das Überleben unserer Bezugspersonen (und damit um uns selbst) haben, z. B. weil diese schwer erkrankt waren. Schließlich ist es für viele Führungskräfte in ihren mittleren Lebensjahren nicht ungewöhnlich, dass sie – im Rahmen der damals noch üblichen Erziehungsmethoden – durchaus noch Gewalt in der Herkunftsfamilie erlebt haben – von der Ohrfeige über den Klaps auf den Po bis zu Prügeln mit Stock oder Gürtel.

All diese Erfahrungen können sich für uns damals existenziell und als Bedrohung für unser Überleben angefühlt haben, auch wenn wir uns heute oft nicht mehr so daran erinnern, wenn die Gefühle hierzu tief im Vergessen und im Unterbewussten vergraben sind. Oder wenn wir die Geschehnisse heute retrospektiv verblenden, relativieren oder gar rechtfertigen (»War gar nicht so schlimm«, »Hab‹s ja auch verdient«, »Ging doch allen so« etc.).

1.4 Traumamodelle als Brücke

Wie kann man nun unsere heutigen Inneren Fesseln mit diesen frühen, existenziellen Erlebnissen in Zusammenhang bringen? Wie kann man eine Erklärung dafür finden, was hier wirkt und wie alles zusammenhängt?

Hierfür bieten sich Modelle der Psychotraumatologie als Brücke zum Verständnis und zur Veränderung an.

Was hat nun Trauma mit den uns heute limitierenden Verhaltens- und Denkmustern zu tun? Wie kann man Innere Fesseln und deren existenzielle Wurzeln mittels Traumamodellen besser einordnen?

Traumatisierungen sind Reaktionen auf Erfahrungen von extremer psychischer Verletzung, sie entstehen aus tiefen psychischen Verwundungen. Man kann Trauma als einen essenziellen Notfallmechanismus der Psyche verstehen. Eine Traumatisierung kann durch das Zusammenkommen von zwei Faktoren ausgelöst werden: erstens dem Gefühl einer Todesbedrohung und zweitens dem Gefühl des absoluten Ausgeliefertseins, der totalen Hilflosigkeit. Solche Situationen können uns besonders häufig in unseren frühen Lebensjahren begegnen, da wir als Babys oder Kinder erst langsam selbstständig überlebensfähig werden.

In den Situationen simultaner Todesbedrohung und völliger Hilflosigkeit kommt es zu einer Notfallreaktion der Psyche, mit dem Ziel, das Überleben zu sichern. Die in der Situation entwickelten Gefühle werden – zusammen mit der Erinnerung an das Erlebte – abgespalten, quasi in den »Keller der Psyche« gelegt. Das Erlebte wird größtenteils (aktiv) vergessen, verschwindet überwiegend in der Amnesie. Wir haben dann keine oder nur sehr verschwommene Erinnerung an das, was uns passiert ist.

Gleichzeitig werden in der Traumatisierung Programme installiert, die unser Überleben sichern und verhindern sollen, dass so etwas noch einmal passiert. Solche Programme werden Überlebensstrategien genannt. Sie wirken wie Wächter des Abgespaltenen. Aufgrund dieser existenziellen Bedeutung für das Überleben sind Trauma-Überlebensstrategien sehr mächtig. Sie beziehen ihre Kraft und Autorität aus der Kopplung an ebendiese Erfahrung der Lebensbedrohung und des vollständigen Ausgeliefertseins. Diese Programme sind nicht einfach verhandelbar und haben häufig einen erheblichen, wenn nicht dominanten Einfluss auf das Leben nach der traumatisierenden Erfahrung. Und gleichzeitig sind sie hochkreative und selbstfürsorgliche Leistungen unserer Psyche, um unser Überleben zu sichern, um das Gefühl von Lebensbedrohung abzuwenden. Sie sind die Spuren, die auf die (heute großenteils amnestische) traumatische Erfahrung hinweisen.

Die Macht von Trauma-Überlebensstrategien, ihre Unabdingbarkeit, ihre Autonomie und Hartnäckigkeit zeigen eine hohe Vergleichbarkeit mit den Dynamiken, die wir an unseren Inneren Fesseln beobachten können. Der Vergleich eröffnet neue Perspektiven für das Verständnis und für die Veränderung. In diesem Buch werden wir somit Innere Fesseln als Trauma-Überlebensstrategien beschreiben.

So gewinnen wir über die Modelle der Psychotraumatologie einen Zugang, der uns eine Erklärung dafür zu liefern scheint, was in uns so machtvoll und unnachgiebig wirkt, was uns so bedingungslos und fast autonom steuert. Wir gewinnen ein Verständnis für die existenziellen Wurzeln der Inneren Fesseln, für deren Aufgabe im psychischen »Management« von damals als lebensbedrohlich empfundenen Situationen.

Wir können mithilfe der psychotraumatologischen Modelle auch erklären, warum wir häufig keine oder nur sehr rudimentäre Erinnerung an diese oft sehr frühen Verletzungen, die alten tiefen Wunden haben (Amnesie): Die erlebte Traumatisierung hat sie in der Vergessenheit versinken lassen oder die Erfahrungen liegen so weit zurück, dass sie mangels entsprechender Gehirnreife noch nicht in unserem expliziten Gedächtnis abgespeichert werden konnten[2]. Wir erkennen zwar die Inneren Fesseln, die Überlebensstrategien, haben aber oft nur wenig Zugang zu den sie begründenden Primärerfahrungen, die tatsächlich häufig in unseren frühen Lebensjahren liegen. Wir sind dann eher davon überzeugt, früher sei »alles gut« gewesen, wir hätten eine »rundum glückliche Kindheit« erlebt. Und gleichzeitig stellt die Existenz der Über-

2 In solchen Fällen werden traumatisierende Erfahrungen in tieferen, nichtkognitiven Bereichen unseres Gehirns gespeichert. Im Extremfall kann eine frühe und schwere Traumatisierung sogar die normale Entwicklung entsprechender Gehirnbereiche verhindern.

lebensstrategien unsere diesbezügliche Überzeugung deutlich infrage. Es entstehen Einladungen zur weiteren, vertiefenden Erforschung, um diese Glaubenssätze zu hinterfragen.

Die Psychotraumatologie liefert darüber hinaus auch Ansätze zur Ent-Fesselung, zur Lockerung unserer Inneren Fesseln. Wir können nun gezielter in unserer eigenen Biografie nach diesen frühen traumatisierenden Erlebnissen forschen, sie achtsam und vorsichtig etwas aus der Versenkung holen. Wenn wir unsere frühen Wunden versorgen, verlieren die Trauma-Überlebensstrategien sukzessive ihre Aufgabe, sie werden ihrer Grundlage beraubt und büßen so ihre Macht ein. Die Inneren Fesseln lockern sich, wir werden ent-fesselt. Diese Flexibilisierung des inneren »Muss« erweitert unsere Verhaltens- und Denkoptionen und erlaubt uns, situativ zieldienlicher zu handeln, das »Richtige« zu tun und wirksamer zu sein. Und es vermindert den mit den Inneren Fesseln oft assoziierten Leidensdruck. Wir werden freier, erhalten Zugang zu vielen Kompetenzen, die bisher in uns noch gefesselt sind.

Das ist für Viele sicher erst mal ein hartes Brot: Unsere Inneren Fesseln aus dem Führungs- (und Privat-)Alltag sollen wir nun mit frühen Traumatisierungen und Erfahrungen von Vernachlässigung, Gewalt, emotionaler Kälte usw. (an die wir uns in der Regel nur rudimentär oder momentan gar nicht erinnern können) in Zusammenhang zu bringen? Da können Skepsis, Zweifel, Ablehnung oder gar Befürchtungen aufkommen: Kann das stimmen? Ist das Modell belastbar? Ist das nicht ein wenig weit hergeholt? Viele von uns kennen Trauma bisher nur als schwere Erkrankung und verbinden damit Symptome wie Flashbacks, Alpträume und Schlafstörungen, suizidale Tendenzen, massive Ängste, selbstverletzendes Verhalten, Wahrnehmungsverzerrungen etc. Traumatisierte sind für viele von uns Menschen, die ihr Leben – aufgrund des Erlebten – nur schwer in den Griff bekommen. Wir selbst können uns in solchen Symptomatiken oft nicht wiederfinden und haben im Gegenteil das Gefühl, unser Leben laufe doch mehr oder weniger perfekt. Wenn da nicht die Inneren Fesseln wären.

Sie alle, die Kritischen, die Zweifelenden, die Ängstlichen und alle, die mit der Beschreibung von Inneren Fesseln durch Traumamodelle hadern, möchte ich hier um ihre Neugier und ihre Geduld bitten. Wir werden hoffentlich im Laufe des Buches viele Ihrer Zweifel zerstreuen können. Wir werden sehen, dass Trauma weit häufiger ist als angenommen. Dass viele davon betroffen sind, auch viele Führungskräfte. Und dass die moderne Traumaforschung dabei ist, das Spektrum von Trauma zu erweitern, neue Zusammenhänge herzustellen und die schweren Erkrankungen nur als eine Ausprägungsform von Trauma zu sehen.

1.5 Es geht primär um Führungswirksamkeit

Eins ist bei dem bisher Gesagten ganz wichtig: Dieses Buch wendet sich primär an Führungskräfte. Es stellt einen Versuch dar, Menschen in Führungsverantwortung in ihrem Erlebensalltag abzuholen und ihnen zu helfen, die an sich selbst beobachteten, hartnäckigen Limitationen im Handeln und Denken einzuordnen. Und Lösungswege aufzuzeigen, diese Einschränkungen aufzuheben, die Inneren Fesseln zu lockern.

In diesem Buch geht es um Führung und Trauma, mit dem Ziel der Weiterentwicklung der eigenen Führungskompetenzen. Die Wirksamkeit als Führungskraft ist der eindeutige Schwerpunkt. Der Anker der Betrachtungen ist im Hier und Jetzt, in dem, was täglich in Ausübung der Führungsaufgabe wirkt, uns täglich einschränkt und limitiert, und wie wir diese Limitationen überwinden können.

Auch wenn der Begriff »Trauma« vielfach stigmatisiert zu sein scheint und von vielen mit schwerer Erkrankung assoziiert wird, geht es in diesem Buch nicht um Krankheit. Es geht nicht darum, das täglich im Führungsalltag Erlebte als »pathologisch« zu klassifizieren. Das wäre nicht zieldienlich, weil eine solche Einordnung eine Hinwendung und Bearbeitung der Inneren Fesseln eher verhindern oder zumindest erschweren könnte. »Kranksein« ist im Unternehmens- und Organisationskontext oft mit reduzierter Leistungsfähigkeit assoziiert und entspricht in den seltensten Fällen unserem Selbstbild. Gleichzeitig bietet eine erweiterte Perspektive auf Trauma ein hilfreiches Erklärungsmuster für die alltäglichen Inneren Fesseln und deren Persistenz.

Das Buch plädiert ausdrücklich nicht für eine Inflation des Traumabegriffs, ganz im Gegenteil. Nicht jedes Drama wird zu einem Trauma. Das Buch lädt die Leser vielmehr zu einem Perspektivwechsel ein. Es möchte anregen, Innere Fesseln wahr- und ernst zu nehmen und zu prüfen, ob sie gegebenenfalls als Zeugen eines Traumas, als Überlebensstrategien zu beschreiben sind – und damit veränderbar werden. Dabei gilt es zu bedenken, dass Traumatisierungen sich in der Regel nur in den Folgen, den Überlebensstrategien, zeigen, wir uns also meist nicht an die eigentlichen Ereignisse erinnern können – oder sie innerlich verniedlicht, beschönigt, relativiert haben. Und viele von uns haben in ihren frühen Lebensjahren traumatisierende Erfahrungen wie die weiter oben genannten machen müssen. So betrachtet sind Traumatisierungen – wenn man sie nicht nur auf schwere medizinische Pathologien reduziert – wesentlich häufiger, als wir vermuten. Der Traumatologe Kai Fritsche spricht gar davon, dass »ein großer Teil der Menschheit mindestens einmal im Leben mit einem traumatischen Ereignis konfrontiert wird«[3] Es würde sich also anbieten, für den Begriff Trauma das Bild eines Spektrums oder Kontinuums von Traumatisierungen unterschiedlicher Tiefe und Ausprägung zu nutzen. An einem Ende des Spektrums liegen sicherlich die schweren, medizinisch-pathologischen diagnostizierbaren Traumaerkrankungen, am anderen Ende verschiedene Ausprägungen von Inneren Fesseln. Dieser Blick auf Trauma vergleicht sich gut mit dem ebenfalls von Kai Fritsche vorgeschlagenen »Stabilitätskontinuum« für die Klassifizierung von Traumatisierten. Traumatisierte Führungskräfte wären mit ihrer grundsätzlichen Stabilität im Leben, ihrer Leistungsfähigkeit, ihrem grundsätzlichen Zugang zu vielen inneren Ressourcen und Kompetenzen und ihrer bestehenden sozialen Einbindung klar auf der einen Seite dieses Kontinuums einzuord-

3 Fritsche, Kai (2020): Ego-State-Therapie bei Traumafolgestörungen, Heidelberg.

nen, viele der heute medizinisch klar diagnostizierten und in psychotherapeutischer Behandlung befindlichen Traumatisierten eher auf der anderen.

Mit einem so erweiterten Blick auf Trauma fällt es leichter, Innere Fesseln ernst zu nehmen, einzuordnen und über das Modell der Traumatisierung auch Ansätze für eine Lockerung zu finden.

1.6 Ein praxisorientierter Leitfaden

Viele der hier beschriebenen Beobachtungen und Modelle basieren auf der langjährigen empirischen Erfahrung in der Begleitung von Führungskräften. Sie sind das Ergebnis einer langen Suche nach wirksamen Ansätzen für eine nachhaltige Weiterentwicklung von Führungskompetenz. Das Modell der Inneren Fesseln als Trauma-Überlebensstrategien ist an der Grenze entstanden: an der Grenze vieler verschiedener Disziplinen aus den Bereichen Management, Psychologie und Medizin. Es ist ein fundamental interdisziplinäres Modell. Und als solches kann es einige existierende Glaubenssätze und Überzeugungen in Frage stellen, irritieren oder gar zu Empörung führen. Hier hoffe ich auf einen weiteren konstruktiven Dialog der Disziplinen, denn »Die Grenze ist der eigentlich fruchtbare Ort der Erkenntnis«[4]. Mein Leitgedanke bei der Entwicklung des Modells der Inneren Fesseln war immer, meinen Klienten wirksame Ansätze für eine nachhaltige, belastbare Veränderung anbieten zu können. Entstanden ist ein praxisorientierter Leitfaden für Betroffene, für Führungskräfte mit Inneren Fesseln.

Aus dem Gesagten ergibt sich, dass die der Natur nach subjektiven Beobachtungen, die dem Modell zugrunde liegen, dem Anspruch einer wissenschaftlich soliden Untersuchung nicht genügen können und wollen. Das Modell der Inneren Fesseln kann als eine Hypothese angesehen werden, die es weiter wissenschaftlich zu validieren gilt. Gleichfalls stehen die vorgestellten Modelle der Psychotraumatologie auf dem Fundament der heutigen Wissenschaft, wurden jedoch für die Bearbeitung von Inneren Fesseln teilweise modifiziert bzw. adaptiert.

1.6.1 Was ist der rote Faden dieses Buches?

Auf diese zusammenfassende Einführung folgend werden wir in Kapitel 2 zunächst einen Ausflug in die Theorie von Führung machen. Da es in diesem Buch letztendlich um Führungswirksamkeit, die Verbesserung der Führungskompetenzen und Führungsexzellenz als Ziel geht, ist es hilfreich, zunächst einen gemeinsamen Referenzpunkt zu schaffen und den Versuch zu unternehmen, den Begriff Führung für die Zwecke dieses Buches zu definieren. Insbesondere in Anbetracht der Flut an Literatur zu Führung und Führungsmodellen kann ein einfacher und verständlich definierter Referenzpunkt hilfreich sein. Wir werden hierzu auf das Modell von

4 Tillich, Paul (1962): Auf der Grenze, München.

Führung aus der systemischen Organisationstheorie zurückgreifen, die eine einfache und nachvollziehbare Definition anbietet. Die dahinterliegende Theorie ist teilweise recht kompliziert und daher birgt Kapitel 2 die Gefahr, theoretisch weniger interessierte Lesende abzuschrecken oder zu langweilen – für diese Gruppe der Lesenden sei gesagt, dass man Kapitel 2 auch getrost überspringen kann, ohne zu riskieren, die Essenz des Buches zu verpassen.

In Kapitel 3 werden wir uns damit beschäftigen, wie wir eigentlich Führung lernen, wie sich unsere Führungskompetenzen über die Jahre entwickeln. Aufbauend auf Erfahrungen im Herkunftssystem (oft unsere Herkunftsfamilie) werden wir kurz Revue passieren lassen, wie wir als Führungskräfte wachsen – bis es scheinbar nicht weitergeht und wir an unseren Inneren Fesseln in unserer Weiterentwicklung zu scheitern drohen.

Kapitel 4 und 5 stellen gewissermaßen den Kern des Buches dar.

In Kapitel 4 werden wir uns zunächst ausführlich mit den vielfältigen Erscheinungsformen von Inneren Fesseln und mit den Charakteristika von frühen Traumatisierungen beschäftigen. So können wir Innere Fesseln als Trauma-Überlebensstrategien verstehen und einordnen. Insbesondere werden wir anhand eines einfachen Modells, der Traumabiografie, in einer Vielzahl von Beispielen erkennen, welche Ereignisse oder Erfahrungen unseren Inneren Fesseln zugrunde liegen könnten. Und wir werden verstehen, warum uns in den meisten Fällen diese Ereignisse und Erfahrungen heute nicht mehr oder nur noch sehr rudimentär erinnerbar sind, warum sie in Vergessenheit geraten sind, ja von unserer Psyche aktiv dorthin verbannt wurden. Abschließen werden wir Kapitel 4 mit der guten Nachricht, dass es Wege und Möglichkeiten gibt, diese Inneren Fesseln zu lockern, uns zu ent-fesseln.

Kapitel 5 ist dann ganz diesen Ent-Fesselungen gewidmet. Wir werden uns zunächst damit beschäftigen, welche Rahmenbedingungen eine Ent-Fesselung optimal unterstützen. Insbesondere werden wir erkennen, wie wichtig es ist, mit der Veränderungsenergie in uns in Kontakt zu kommen und diese gut in ein klares Anliegen zu kanalisieren. Und wir werden eingeladen, uns begleiten zu lassen, denn eine Ent-Fesselung ist allein, im stillen Kämmerlein oder durch die Lektüre von Büchern, oft nur schwer möglich. Dazu sind die zu bearbeitenden Themen und ihre innerpsychischen Verästlungen gegebenenfalls zu verstrickt, zu umfangreich, zu mächtig. Eine achtsame, vertrauensvolle und fachlich fundierte Begleitung scheint in den meisten Fällen der wesentliche Erfolgsfaktor für eine solche Ent-Fesselung zu sein. Wir werden dann erfahren, wie wir eine solche Ent-Fesselung typischerweise erleben werden – was uns begegnen könnte und wie wir den sukzessive fortschreitenden Prozess der Ent-Fesselung erfahren könnten. Natürlich ist jede Ent-Fesselung hochindividuell – trotzdem werden wir über typische Elemente eines solchen Prozesses lesen und uns damit innerlich vorbereiten können. Am Ende von Kapitel 5 werden wir Gewissheit haben, dass Ent-Fesselungen möglich sind und wissen, worauf wir uns einlassen würden, wenn wir uns zu einem solchen Prozess entscheiden.

In Kapitel 6 werden wir einen kurzen Ausblick auf die Konsequenzen von Ent-Fesselungen – jenseits der individuellen Befreiung – werfen. Wir werden angeregt werden, über gesellschaftliche und gesamtwirtschaftliche Implikationen von Ent-Fesselungen nachzudenken.

Das Buch schließt in Kapitel 7 mit einem persönlichen Plädoyer, nicht müde zu werden, sich seinen Inneren Fesseln zu stellen.

Im Anhang werden für die wissenschaftlich interessierte Leserschaft schließlich weitere Traumamodelle angeboten, mit denen Innere Fesseln als Traumaüberlebensstrategien beschrieben werden können.

1.6.2 Und was habe ich davon, das Buch zu lesen?

Für diejenigen unter den Lesenden, die sich nun fragen, was sich für sie persönlich nach der Lektüre dieses Buches über Innere Fesseln verändert haben könnte, hier eine kleine Checkliste möglicher Auswirkungen:

- Sie werden die eigenen Inneren Fesseln (und die des Gegenübers) als solche mehr und mehr erkennen.
- Es wird Ihnen besser gelingen, die bisher als Schwächen oder als beschämend erlebten Verhaltensmuster/Fesseln als frühe Stärken und Lösungsversuche zu verstehen und Ihre Selbstachtung könnte dadurch steigen.
- Sie werden ein Erklärungsmuster für die innerpsychischen Zusammenhänge, über die Wurzeln der Inneren Fesseln bei sich selbst und bei den anderen zur Verfügung haben und mehr Verständnis aufbringen können.
- Bei Ihnen selbst und bei den anderen wird der »Mensch in der Führungsrolle« bewusster wahrnehmbar werden und Ihre Empathie könnte zunehmen.
- Konkrete Ansätze und Rahmenbedingungen für die eigene Ent-Fesselung werden klarer, sie haben eine Orientierung über einen möglichen Weg und über das, was Sie in dem Veränderungsprozess erwarten können oder sollten.
- Idealerweise werden sich in Ihnen eine Neugier auf und ein Mut zu Veränderungen und persönlichem Wachstum ausbilden.
- Und Sie beginnen zu ahnen, was gelöste Fesseln für Ihre eigene Führungsaufgabe, aber auch für Ihre beruflichen und privaten Beziehungen und für ein »gutes Leben« bedeuten können.

Ein Lesehinweis: Bitte achten Sie auf sich !

Ein wichtiger Hinweis: Trauma-Erfahrungen haben eine enorme Energie und wirken in uns, auch wenn wir es manchmal nicht merken. Durch entsprechende Signale oder Trigger können diese Energien allerdings schnell aktiviert werden und uns dann unerwartet auch im Bewusstsein begegnen.

Die in diesem Buch dargestellten Beispiele und Konzepte können einen solchen Trigger darstellen. Unser inneres System scheint sich dann gegebenenfalls urplötzlich daran zu erinnern, was uns selbst widerfahren ist, was wir selbst erlebt haben.

Bitte achten Sie deshalb während der Lektüre gut auf sich. Sollten Sie beim Lesen Anzeichen von innerer Unruhe, Aufgedrehtsein, Nervosität, körperliche Signale wie Schwindel, Benommenheit oder Unwohlsein, unerwartete starke Müdigkeit oder gar starke Emotionen wie Ängste, Traurigkeit, Wut etc. spüren, legen Sie das Buch bitte für eine Zeit zur Seite. All dies können möglicherweise Zeichen für eine Überforderung Ihres Systems sein. Dann kann es helfen, eine Pause zu machen, sich im Hier und Jetzt zu re-orientieren, sich Ihre vielfältigen Ressourcen und Kompetenzen bewusst zu machen und Dinge zu tun, die Sie erfahrungsgemäß stabilisieren und Ihnen guttun.

2 Der Referenzpunkt: Was verstehen wir unter Führung?

Das Buch wendet sich primär an Führungskräfte. Der Fokus liegt hierbei auf all dem, wo diese sich selbst im Wege stehen – auf den Inneren Fesseln und auf den Möglichkeiten, diese zu lockern.

Gleichzeitig könnte es hilfreich sein, sich zumindest rudimentär mit einigen Konzepten von Führung zu beschäftigen, sich kurz gemeinsam auf das Thema einzuschwingen und im Führungsverständnis einen **gemeinsamen Referenzpunkt** für das Beschäftigen mit den Inneren Fesseln zu etablieren. Es geht letzten Endes um »bessere« Führung, also um Führungsexzellenz, um die Weiterentwicklung unserer eigenen Führungskompetenzen, um das Heben unseres diesbezüglichen Potenzials. Insofern stellt sich schon die Frage: Was ist denn eigentlich Führung – und was könnte Führungsexzellenz oder Weiterentwicklung bedeuten?

Einige der Lesenden haben sich vielleicht bereits intensiver mit Führungstheorien beschäftigt und suchen nun nach Anknüpfungspunkten an diese Fragen. Sie würden von einer konzeptionellen Einordnung der Inneren Fesseln in die Theorien rund um Führung profitieren. Besonders diese Gruppe der Lesenden sollen im vorliegenden Kapitel angesprochen werden.

Andere Lesende, die an solchen eher theoretischen Ausführungen weniger interessiert sind und sich vor allem mit dem praktischen Teil beschäftigen wollen, können dieses Kapitel getrost überspringen. Es ist für den roten Faden des Buches nicht unbedingt erforderlich. Sie können guten Gewissens ab Kapitel 3 weiterlesen.

2.1 Ein kurzer systemischer Blick auf Führung

Das Thema Führung wird in den verschiedenen Disziplinen der Wissenschaft bereits seit Jahrzehnten analysiert und konzeptualisiert. Parallel dazu erscheinen Jahr für Jahr neue Modelle für Führung, vor allem aus dem angelsächsischen Sprachraum. An dieser Stelle einen Gesamtüberblick über Führungsmodelle[5] und -methoden zu geben, würde den Rahmen des Buches sprengen und wäre für die Thematik auch nicht zwingend notwendig. Gleichzeitig erscheint es sinnvoll, ein Führungsmodell als Grundlage für das hier Ausgeführte zu haben.

Die systemische Organisationstheorie kann hier eine hinreichend allgemeine und prägnante Definition von Führung liefern, um als Referenz zu dienen.

5 Für einen Überblick siehe die betriebswirtschaftliche Standardliteratur, z. B. Scholz, Christian (1996): Personalmanagement; 6. Auflage, München 2013.

Wie betrachtet die Systemtheorie eine Organisation?

Die wesentlichen Arbeiten hierzu gehen auf den bekannten Soziologen Niklas Luhmann[6] zurück, in der jüngeren Zeit hat sich vor allem Fritz B. Simon hiermit beschäftigt[7,8]. Die Theorie selbst ist relativ komplex und anspruchsvoll, es soll hier jedoch versucht werden, einen oberflächlichen, für das Thema Innere Fesseln jedoch ausreichenden Einblick zu vermitteln. Hierbei werden die Interessierten um Nachsicht gebeten, wenn die Theorien und Zusammenhänge im Sinne der Verständlichkeit teilweise extrem simplifiziert dargestellt werden.

2.1.1 Organisationen als soziale Systeme

Aus systemischer Sicht können Organisationen als soziale Systeme beschrieben werden. Die das System konstituierenden Elemente sind hierbei nicht die Menschen, sondern Kommunikation. Das Kommunikationssystem »definiert« gewissermaßen die Organisation. Luhmann unterscheidet hiervon klar die Menschen oder Mitarbeitenden, die er als biologische und psychische Systeme beschreibt. Sie stellen aus seiner Sicht »Umwelten« der Organisation dar. Als solche beeinflussen sie die Organisation zwar, konstituieren diese aber nicht.

Kommunikationen als konstituierende Elemente von Organisationen sind hier im breiteren Sinne zu verstehen und beinhalten sowohl verbale als auch nonverbale Formen. Welcher Verhaltenskodex herrscht, wie Entscheidungen getroffen werden, welche Tabus es gibt, wie mit Konflikten und Fehlern umgegangen wird, welche Verhaltens- und Kommunikationsmuster »Helden«, welche »Loser« generieren – all dies wird über das Kommunikationssystem vermittelt.

Exkurs (nur für Interessierte): Wofür ist eine Beschreibung von Organisationen als soziale Systeme noch hilfreich?

Der Blick auf Organisationen als Kommunikationssystem ist für die Interpretation einer Vielzahl von Phänomenen hilfreich.

Wenn Organisationen als Kommunikationsmuster zu beschreiben sind, bietet es sich an, eine Analogie zum Begriff der Organisationskultur[9] zu bilden (Abbildung 1). Dies bietet ein mögliches Erklärungsmuster für das wohlbekannte Phänomen, dass die Organisationskultur in gewisser Weise die DNA, das Herz der Organisation ausmacht und entsprechend

6 Für einen ersten Zugang zu den Theorien von Niklas Luhmann: Berghaus, Margot (2001): Luhmann leicht gemacht; 3. Auflage, Köln 2011.
7 Simon, Fritz B. (2013): Einführung in die systemische Organisationstheorie; 4. Auflage, Heidelberg.
8 Siehe auch Königswieser, Roswita; Hillebrand, Martin (2004): Einführung in die systemische Organisationsberatung, 7. Auflage, Heidelberg 2013.
9 Vergleiche auch Grubendorfer, Christina (2016): Einführung in systemische Konzepte der Unternehmenskultur; Heidelberg.

schwierig zu verändern ist. »Culture eats strategy for breakfast«, wie eine bekannte Weisheit aus der Unternehmensberatung sagt. Dies wird erklärbar, wenn man berücksichtigt, dass viele der Kommunikationsregeln implizit, also nicht explizit vereinbart sind. Diese »hidden rules« scheinen aber besonders mächtig, da sie sich durch ihren impliziten Charakter einer Neu-Verhandlung entziehen, ohne an Wirksamkeit einzubüßen. Eine Neuverhandlung der verborgenen Kommunikationsregeln, eine Veränderung, wird oft erst dadurch möglich, dass die »hidden rules« explizit gemacht werden.

Jeder an das System herangetragene Veränderungswunsch wird in diesem Modell auf eine Komplementarität mit der Kultur »geprüft« und entsprechend prozessiert. Widerstände gegen Veränderung könnten in diesem Bild also als Nicht-Kongruenz mit Elementen der Kultur, mit Teilen des Kommunikationssystems gesehen werden. So betrachtet stellen Widerstände äußerst parteiische Wächter der Organisationskultur dar und sind gleichzeitig sehr wertvolle Hinweisgeber auf ebendiese »hidden rules«.

Veränderungsprojekte, die diese organisationsinterne Kulturkongruenz nicht ausreichend berücksichtigen, scheinen daher eher zum Scheitern verurteilt. Die Devise »Wenn ich es nur genug erkläre, machen es auch alle« greift zu kurz. Umso erstaunlicher, dass noch heute viele Change-Management-Ansätze hauptsächlich auf der Ebene der Kommunikation von Sinn und Zweck der Veränderung ansetzen. Dies scheint in der Regel zwar unbedingt notwendig, allerdings meist nicht hinreichend, wird doch die Kongruenz mit dem Kommunikationssystem und insbesondere mit den »hidden rules« nicht ausreichend berücksichtigt.

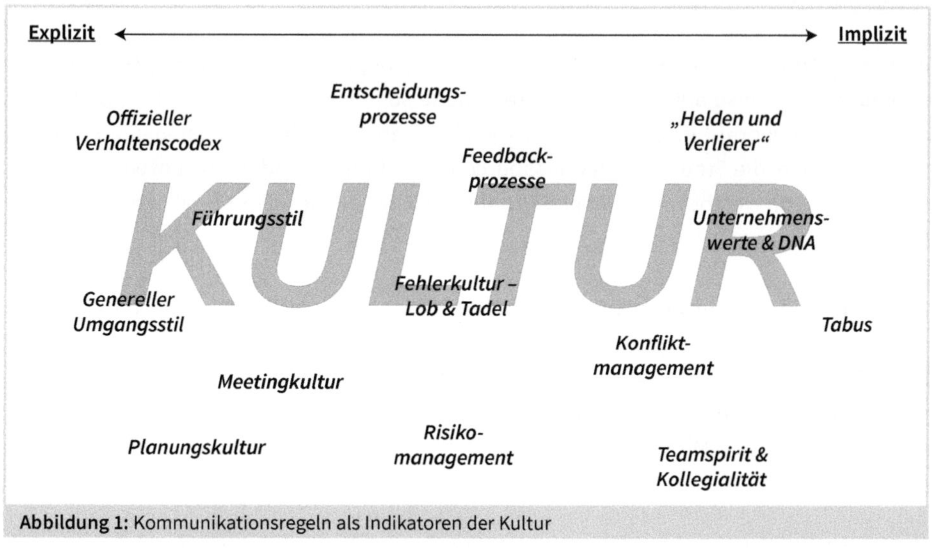

Abbildung 1: Kommunikationsregeln als Indikatoren der Kultur

Der Ansatz der Systemtheorie ermöglicht darüber hinaus einen interessanten Erklärungsversuch für eine Reihe von weiteren Beobachtungen. Ein weiteres Beispiel: Die scheinbare Austauschbarkeit von Mitarbeitenden wird erklärbar. Ein häufig zu beobachtendes Phänomen ist zum Beispiel, dass Mitarbeitende mit neuen Ideen und Veränderungsansätzen eingestellt werden, diese aber nach wenigen Monaten scheinbar ihre Energie und Impulse verlieren. Sie scheinen sich dann schnell im Denken und Handeln an ihr neues Umfeld angepasst zu haben und der mit der Einstellung ersehnte Veränderungsimpuls auf die Organisation wird abgeflacht oder verschwindet gar. Dieses Phänomen lässt sich dadurch erklären, dass die konstituierenden Elemente der Organisation nicht die Mitarbeitenden sind, sondern die Kommunikation. Menschen werden zu Mitarbeitenden, indem sie ihr eigenes Kommunikationssystem an das der Organisation koppeln. Auch hier wird die Kongruenz der beiden Kommunikationen zum Schlüssel, ob ein Mitarbeitender anschlussfähig ist oder abgestoßen wird. So werden einzelne Mitarbeitende austauschbar.

2.1.2 Führung soll primär die Überlebensfähigkeit der Organisation sicherstellen

Ein wesentliches Charakteristikum von (sozialen) Systemen ist die sogenannte Autopoiese. Mit diesem Begriff wird der Drang des Systems zur Selbsterhaltung und Selbsterschaffung beschrieben. Um diesen Selbsterhalt sicherzustellen, wirken in einem System zwei gegenläufige Kräfte: Homöostase, also der Drang nach Gleichgewicht und Nicht-Veränderung, und Morphogenese, der Drang nach Veränderung[10]. Das primäre Ziel, die Ausrichtung dieser Kräfte im System ist aber immer der Selbsterhalt. In diesem Sinne könnte man folgenderweise formulieren: »Der Sinn der Organisation ist die Organisation«, eine radikale und provokativ wirkende Aussage[11].

In diesem Modell hat Führung vor allem die Aufgabe, das **Überleben der Organisation sicherzustellen.** Diese auf einer abstrakten Ebene so hilfreich einfache Definition beschreibt sehr treffend, worauf es ankommt. Das Analysieren von Märkten, Wettbewerbern, Bedarf und Nachfrage, die Steuerung der Ressourcen und Mitarbeitenden, die Entwicklung und Bereitstellung von wettbewerbsfähigen Produkten usw., all dies dient final dem Überleben der Organisation.

In diesem Bild ist Führung nicht auf einzelne Personen beschränkt, sondern findet an allen Stellen statt, an denen das System mit den relevanten Umwelten im Kontakt ist und somit Möglichkeiten der Überlebenssicherung gegeben oder gefordert sind. Führung wird weniger personifiziert, sondern eher als eine Funktion gesehen. So ergibt das altbekannte Prinzip des »Empowerment« von Mitarbeitenden durch Delegation von Entscheidungskompetenzen einen

10 Schmidt, Gunther (2004): Liebesaffären zwischen Problem und Lösung, 7. Auflage, Heidelberg 2017.

11 Sinngemäßes Zitat aus der Weiterbildung »Systemische Organisationsberatung« der Simon Weber Friends GmbH für Systemische Organisationsberatung, Heidelberg/Berlin.

neuen Sinn. Führung wird als Funktion verstanden, die idealerweise an den Stellen der Organisation stattfindet, an denen sie für das Überleben maximal hilfreich erscheint.

Führung vermittelt sich über Kommunikation und ist somit Teil des Kommunikationssystems, das die Organisation definiert. Das wesentliche Kommunikationselement sind hierbei Entscheidungen.

Die Aufgabe von Führung in diesem Modell ist dabei nicht unbedingt, alle Entscheidungen als Führungskraft selbst zu treffen, sondern diese vielmehr im Sinne der Überlebensfähigkeit zu orchestrieren.

2.1.3 Unsicherheitsabsorption und Paradoxiemanagement

Aus Sicht der systemischen Organisationstheorie ist die **Absorption von Unsicherheit** eine wesentliche Aufgabe von Führung. Die Zukunft ist für alle unvorhersehbar. Um das Überleben sicherzustellen, braucht es jedoch eine Abwägung von verschiedenen Szenarien von möglichen Zukünften. So ist die Aufgabe der Führungskraft, die Entscheidung für das vermeintlich die Überlebensfähigkeitam besten sichernde Zukunftsszenario zu verantworten und natürlich regelmäßig zu überprüfen bzw. zu revidieren. So können Ressourcen auf das ausgewählte Szenario ausgerichtet und die Organisation zukunftsfähig gemacht werden. In dieser Betrachtung dienen Strategieprozesse vor allem der Unsicherheitsabsorption. Aus der Sicht der Mitarbeitenden ist die mit der Unsicherheitsabsorption verbundene Klarheit eine extrem wichtige Orientierungshilfe, ein Referenzpunkt, an dem das eigene Handeln und Denken ausgerichtet werden kann und soll. Findet auf Führungsebene keine Unsicherheitsabsorption statt, müssen die einzelnen Mitarbeitenden das für das Überleben der Organisation vermeintlich hilfreichste Zukunftsszenario auswählen, um handlungsfähig zu bleiben. Hierbei besteht die Gefahr, dass die verschiedenen Ressourcen nicht gebündelt und auf ein gemeinsames Ziel ausgerichtet agieren. Darüber hinaus können Partikularperspektiven und -interessen Oberhand über die Gesamtsicht erhalten. In der Summe besteht das Risiko, die Überlebensfähigkeit der Gesamtorganisation eher zu schwächen als zu stärken. Unsicherheitsabsorption ist somit ein wesentlicher Bestandteil der Führungsaufgabe.

Eine weitere wichtige Aufgabe ist **Paradoxiemanagement**. Paradoxien beschreiben prinzipiell nicht entscheidbare Alternativen. Es gibt nur ein Entweder-oder (»Wasch' mich, aber mach' mich nicht nass«). Ein Sowohl-als-auch ist bei Paradoxien nicht möglich. Häufig werden Paradoxien geleugnet. Die einzigen Möglichkeiten, mit einer paradoxen Fragestellung im Individuum umzugehen, sind die Oszillation zwischen den Polen (einmal das Eine, einmal das Andere) oder das Finden eines Kompromisses. Dieser ist dann der Natur nach weder das Eine noch das Andere, sondern in der Tat etwas dazwischen. Das Nicht-(An-)Erkennen von Paradoxien scheint ein wichtiger Faktor bei der Überforderung von Mitarbeitenden zu sein, gaukelt es diesen doch vor, eine Lösung des paradoxen Problems wäre durch etwas mehr Anstrengung schon möglich.

Führungskräfte sind somit gut beraten, Paradoxien zu erkennen und als solche zu benennen, um so einen konstruktiven und zieldienlichen Umgang mit diesen zu finden.

Welche Rolle spielen nun Paradoxien in Organisationen? Fritz B. Simon bietet eine interessante Analogie an: Er beschreibt Organisationen als »inszenierte Abstraktionen des menschlichen Körpers und den Beschränkungen seiner Handlungsoptionen«[12]. Durch Organisationen werden für das Individuum unentscheidbare Paradoxien als Entscheidungsgrundlage nutzbar. Die einzelnen Teilstrukturen einer Organisation können widersprüchliche Ziele verfolgen, quasi als Input für die Frage der Überlebensfähigkeit. Dies sei, so Fritz B. Simon, »die einzigartige Qualität von Organisationen«, der Unique Selling Point (USP), das Alleinstellungsmerkmal.

Kurz- oder langfristig, global oder lokal, schnell oder sorgfältig können solche Paradoxien sein. Oft verfolgen auch ganze Bereiche paradoxe Ziele: Das Marketing fokussiert beispielsweise auf den Aufbau der Marke, während der Vertrieb vor allem Umsatz generieren will. F&E strebt nach innovativen, neuen Produkten während Controlling vor allem Prozess- und Kostentransparenz sowie Planbarkeit als Ziel verfolgt. Die Produktion zielt auf möglichst hohe Stückzahlen von möglichst einheitlichen Produkten mit geringer Varianz, während der Vertrieb und das Marketing idealerweise individuelle Anpassungen für jeden einzelnen Kundenwunsch zur Verfügung haben wollen. Der Personalbereich setzt sich für Mitarbeiterzufriedenheit, Teamwork und Motivation ein, die Geschäftsbereiche sind auf Leistung fokussiert. Organisationen sind voll von solchen Paradoxien.

Eine der wichtigsten Aufgaben von Führung ist das Orchestrieren und Management dieser Paradoxien. Was könnte Paradoxiemanagement nun konkret bedeuten? Zunächst ist es essenziell, die Paradoxie als solche zu identifizieren und offen zu benennen, ohne der irreführenden Vorstellung zu verfallen, durch Leugnen der Paradoxie könne man die Mitarbeitenden zu mehr Leistung antreiben, im Sinne von »Das muss doch irgendwie gehen«. Das Bilden von entsprechenden Strukturen, die bewusst jeweils eine der beiden Seiten der Paradoxie bearbeiten, kann dazu beitragen, in bilateralen Gesprächen eine Lösung auszuhandeln. So können beispielsweise paradoxe Ziele von Marketing und Vertrieb mit einem gemeinsamen Blick auf das Zielführendste für die Überlebensfähigkeit der Organisation in einen tragfähigen Kompromiss verwandelt werden. Auch das Aufsetzen von entsprechend unterstützenden Prozessen (z. B. Entscheidungsprozesse und Freigaben, Abstimmungsvorgaben etc.) kann sich als hilfreich erweisen.

Die für die Mitarbeitenden am schwierigsten handhabbare Situation ist das Lösen von Paradoxien »im eigenen Kopf« – dies kann gewissermaßen einer »Aufforderung zur Schizophrenie« gleichkommen. Dies erfordert ein hohes Maß an Selbstreflexion der Mitarbeitenden, um die Paradoxie in der Aufgabe überhaupt zu erkennen. Das Externalisieren durch Bildung von Struk-

12 Simon, Fritz B. (2013): Einführung in die systemische Organisationstheorie, 4. Auflage, Heidelberg.

turen mit paradoxen Zielen ist da oft zielführender, sichert es doch einen »öffentlichen« Dialog (statt einen im Kopf der Mitarbeitenden) und eine transparente, nachvollziehbare Verhandlung der bestmöglichen Lösung.

Abschließend sei darauf hingewiesen, dass die Führungsaufgabe selbst eine Paradoxie darstellt. Als Führungskräfte übernehmen wir die Verantwortung für das Erreichen bestimmter unternehmerischer oder organisatorischer Ziele, ohne dass wir Mitarbeitenden, die diese Ergebnisse erwirtschaften oder erreichen, wirklich beeinflussen können. Die Mitarbeitenden als unabhängige, freie Menschen haben immer die Wahl, unseren Ideen oder »Anweisungen« zu folgen, oder eben nicht. Insofern bedeutet Führung auch, für etwas verantwortlich zu sein, das wir selbst nicht final steuern können, das sich der Reichweite unserer direkten Beeinflussbarkeit entzieht – eine Paradoxie.

2.2 Führungskompetenzen

Was braucht nun eine Führungskraft, um die im letzten Kapitel beschriebenen prinzipiellen Führungsaufgaben – Überleben sicherstellen, Unsicherheiten absorbieren, Paradoxien managen – zieldienlich wahrnehmen zu können? Wie kann man also über die Qualität einer Führungskraft sprechen, jenseits von semi-qualitativen Beschreibungen (»Das ist ein Topmanager«) und jenseits der quantitativen Ergebnisse wie Umsatz oder Ergebnis?

Viele Personalverantwortliche nutzen hierfür das Modell der Führungskompetenzen. Kompetenzen werden hier als Denk- und vor allem Verhaltensmöglichkeiten definiert, die dem Führenden in unterschiedlicher Ausprägung zur Verfügung stehen. Diese Modelle gehen zurück auf Arbeiten von David McClelland und seinen Mitstreitenden aus den 70er- Jahren des letzten Jahrhunderts zurück[13].

2.2.1 Führungskompetenzen als Sprache

Heute findet eine Vielzahl von Führungskompetenz-Modellen Anwendung[14]. Für das Thema und die Zielgruppe dieses Buchs scheint es hilfreich, ein Modell zu nutzen, das spezifisch für Führungskräfte auf den oberen Führungsebenen anwendbar ist. Solche Modelle werden vor allem von Top-Executive-Search-Beratungen verwendet, um die Führungsqualität von Kandidaten zu beschreiben und zu vermitteln. Hier dienen Führungskompetenzen gewissermaßen als gemeinsam nutzbare **Sprache**, um über »Qualität« von Führungskräften im Hinblick auf Aufgabenerfüllung und Entwicklungspotenzial zu sprechen. So wird über die Profilierung von Füh-

13 McClelland, David C. (1973): »Testing for competence rather than for »intelligence«, American Psychologist, January 1973.

14 Siehe u. a. https://de.wikipedia.org/wiki/Führungskompetenz.

rungskräften entlang von definierten Führungskompetenzen eine spezifischere, detailliertere Beschreibung der »Führungsqualität« möglich – jenseits von plakativen und letztendlich wenig aussagekräftigen und vor allem hoch-subjektiven Aussagen wie »ein toller Manager« oder »eine gute Führungskraft«. Die Beobachtungen zu Führung werden durch Führungskompetenzen allgemein beschreibbar und somit auch vergleichbarer. Es wird gewissermaßen eine gemeinsame Sprache gesprochen.

2.2.2 Wenige Kompetenzen beschreiben die meisten Führungsprofile

Die Forschung zu Führungskompetenzen ist recht vielfältig und divers. Eine umfassende Würdigung würde das Buch sprengen und wäre auch für die Zielsetzung nicht sinnvoll oder notwendig.

Trotzdem soll eine kurze Illustration, die auf den Zweck dieses Buches abgestimmt ist, erfolgen. Hierfür wurde ein Modell ausgewählt, das sich in der Praxis bewährt hat und von einer der weltweit führenden Personalberatungen, Egon Zehnder[15], für die Auswahl und Bewertung von Führungskräften tagtäglich eingesetzt wird.

Partner von Egon Zehnder haben das hier vorgestellte Modell in der Ableitung aus McClellands Grundlagenarbeiten und im Kontext der modernen Führungsrealität umfassend beschrieben[16].

Die »Qualität« der Führungsarbeit auf den oberen Ebenen einer Organisation lässt sich diesem Modell zufolge recht universell durch eine Reihe von wenigen Führungskompetenzen beschreiben. Hierzu zählen beispielsweise:

- »Funktionale Kompetenz«
- Ergebnisorientierung
- Strategisches Denken und Handeln
- Kunden- und Marktorientierung
- Teamführung
- Kollaboration und Beeinflussung
- Team- und Organisationsentwicklung
- Veränderungsmanagement

Diese wenigen Kernkompetenzen können das Führungsverhalten eines Großteils von Topführungskräften über alle Industrien und Märkte hinweg zu beschreiben (Abbildung 2).

15 Siehe www.egonzehnder.com.
16 Fernandez Araoz, Claudio (2007): Great people decisions, Hoboken, New Jersey.

Quelle: modifiziert nach Gerhardt, Tilman, Ritter, Jörg (2004): Management Appraisal. Frankfurt/Main: Campus

Abbildung 2: Die wesentlichen Führungskompetenzen

Ergänzt werden die genannten Kernkompetenzen in spezifischen Fällen durch weitere Kompetenzen wie Integrität oder Inklusivität, etc. Hiermit können im Einzelfall organisationsspezifische Anforderungen abgebildet werden.

Die Abgrenzung einzelnen Führungskompetenzen voneinander, deren spezifische Benennung sowie die Klassifizierung einzelner als Kernkompetenzen variieren über die verschiedenen damit befassten Schulen und Forschungsrichtungen. Das hier vorgestellte Beispiel aus der Praxis einer weltweit führenden Personalberatung soll keinen Anspruch auf Exklusivität oder alleiniger Wahrheit erheben, sondern nur zur Illustration im Rahmen der Themensetzung des Buches dienen.

2.2.3 Skalierung macht Führungskompetenzen messbar

In der Praxis können Führungskompetenzen durch Hinterlegen mit einer Skala messbar gemacht werden. Eine Einordnung auf der Skala erfolgt durch Vergleich der bei der Führungskraft beobachteten Verhaltensmuster mit definierten Verhaltensindikatoren je Stufe. So können Unterschiede im Kompetenzprofil verschiedener Führungskräfte sichtbar und vergleichbar gemacht werden. Gleichzeitig ist durch den Abgleich mit einer Zielausprägung, die von den Anforderungen der Stelle abhängt, ein Identifizieren von konkreten Entwicklungsansätzen möglich.

2.2.4 Die relative Bedeutung verschiedener Kompetenzen verändert sich

Die Gewichtung der einzelnen Führungskompetenzen verändert sich im Laufe der Weiterentwicklung als Führungskraft, im Laufe der Karriere. Auf den niedrigeren Führungsstufen dominiert meist die sogenannte »funktionale« Kompetenz. Sachwissen und fachliche Exzellenz in den inhaltlichen Themenbereichen der Abteilung spielen eine vorherrschende Rolle. Die Kenntnisse als Ingenieur oder als Vertriebler, das Marketing-Know-how oder das Wissen über Controlling-Methoden scheint auf dieser Führungsebene am wichtigsten für die Führungsaufgabe. Die Führungskraft agiert dann teilweise noch aus einer »Vorarbeiter«-Rolle, sie kann manche fachlichen Aufgaben der Abteilung am besten bearbeiten. Sie wirkt gewissermaßen wie der beste Experte für alle Fragen. Führung hat dann primär einen Aspekt von Training und Wissensvermittlung.

Je höher Führungskräfte in ihrem Verantwortungsbereich aufsteigen, desto geringer wird die Bedeutung der »funktionalen« Kompetenz. Nun treten die anderen Kompetenzen mehr und mehr als gleichrangige, manchmal sogar dominantere Aspekte auf den Plan. Auf Vorstandebene spielt schließlich die eigene Fachlichkeit, die tiefe Kenntnis der Inhalte, oft nur noch eine viel geringere Rolle. Es geht mehr und mehr um das Orchestrieren, um das Wirken über die Mitarbeitenden und nicht über das eigene Sachwissen. Führen ist spätestens dann weit mehr als »besser wissen« oder »inhaltlicher Experte sein«.

2.3 Bei Führung geht es auch um Beziehungsgestaltung

Aus der Beschreibung der Führungskompetenzen in Abbildung 2 wird ersichtlich, dass sie im Wesentlichen auf zwei Elementen beruhen: auf intellektuellen, kognitiven Fähigkeiten und auf den Fähigkeiten zur Beziehungsgestaltung.

2.3.1 Kognitive Fähigkeiten sind wichtig …

Manche der Führungskompetenzen (wie zum Beispiel »Strategisches Denken«) basieren überwiegend auf Fähigkeiten wie analytisches und konzeptionelles Denken oder der Fähigkeit, Muster zu erkennen. Auch andere Führungskompetenzen wie Ergebnisorientierung oder Veränderungsmanagement bauen auf diesen kognitiven Fähigkeiten auf. Eine organisatorische Veränderung ohne einen überzeugend abgeleiteten Plan, aus dem auch der Veränderungsbedarf und die erhofften Verbesserungen sichtbar werden, kann nicht gut gehen. Und auch für das Erreichen von ambitionierten Zielen braucht man neben Ausdauer auch gute Ideen dazu, wie man Hindernisse umschiffen oder Rückschläge schnell und effizient ausgleichen kann. Ein gutes Produkt zu entwickeln, dazu braucht es eines scharfen, integrierten Blicks auf technologische Möglichkeiten, den Bedarf der Kunden sowie die finanziellen, vertrieblichen, produktionstechnischen Rahmenbedingungen – und eine hohe intellektuelle Kreativität. Auch die finanzielle Steuerung einer Organisation, das Analysieren und Interpretieren von Planabweichungen, die Planung von Zahlungsströmen, Cashflow und Gewinn/Verlust- bzw. Bilanzzielen braucht unseren vollen Verstand. Ohne gute bis hervorragende kognitive Fähigkeiten kann Führung nicht gelingen. Aber diese allein reichen nicht aus.

2.3.2 ... aber die Fähigkeiten zur Beziehungsgestaltung noch mehr

Auffällig an den gezeigten Führungskompetenzen ist gleichzeitig auch, dass viele durch die Gestaltung von Beziehungen vermittelt werden – Beziehungen zu Vorgesetzten, Kollegen, Mitarbeitenden, zu Kunden und Lieferanten, zu anderen Stakeholdern und dem relevanten Umfeld der Organisation.

Zwar scheint die sachliche Prüfung und Bearbeitung von Entscheidungsvorlagen, das Einarbeiten in neue Sachverhalte oder auch das Entwickeln von Strategien und Plänen teilweise auch im »stillen Kämmerlein«, also allein mit sich, möglich. Viele Top-Führungskräfte leiden jedoch unter zu wenig »Denk-Zeit« – die tägliche Absorption in Meetings und Prozessen stellt für die auch notwendige stille, ungestörte Reflexion oft ein nicht zu unterschätzendes Hindernis dar. Diese »Denk-Zeit« ist elementar wichtig für wahre Führungsexzellenz, wird hier doch die Basis für durchdachte Entscheidungen zur Sicherstellung der langfristigen Überlebensfähigkeit der Organisation gelegt.

Gleichzeitig kann man argumentieren, dass auch für viele der o. g. eher intellektuellen oder kognitiven Aufgaben ein Austausch mit anderen zu besseren Entscheidungen führen würde, als diese nur allein für sich zu treffen. Eine kontrovers diskutierte und – durch diverse Perspektiven – von vielen Seiten beleuchtete und abgewogene Entscheidung ist in vielen Fällen besser – d. h., sie hat eine höhere Wahrscheinlichkeit, das Überleben der Organisation zu sichern.

Bei dem Arbeiten im »stillen Kämmerlein« braucht es eine gute Beziehung zu sich selbst, den inneren Anteilen und Fähigkeiten wie Intuition, Business Sense etc. Auch die inneren kritischen oder visionären Anteile sollten idealerweise miteinbezogen werden. So kann man selbst bei einem Prozess mit sich selbst argumentieren, dass Beziehungen – in diesem Fall innere – eine wesentliche Rolle spielen.

Die Umsetzung der Mehrzahl der Entscheidungen von Führungskräften wird häufig sowieso über andere stattfinden: Die Mitarbeitenden müssen instruiert, die Kollegen gebrieft, die Vorgesetzten einbezogen werden, externe Stakeholder müssen überzeugt werden, Verhandlungen und gemeinsame Konsensfindung stehen an. Hier spielt nun das volle Instrumentarium von Beziehungsgestaltung eine Rolle: Ziele kommunizieren und für eine Umsetzung werben, Konflikte managen, die eigene Perspektiven konstruktiv einbringen, Allianzen und Koalitionen bilden, gemeinsam um Alternativen ringen und neue Wege finden etc.

So betrachtet zeigt sich, dass Beziehungen an den meisten Führungskompetenzen auch einen wesentlichen Anteil darstellen. Nur durch kognitive Exzellenz oder »Brain Power« allein wird man noch keine Top-Führungskraft. Es ist beides erforderlich: intellektuelle, kognitive Fähigkeiten und Fähigkeiten zur Beziehungsgestaltung.

2.3.3 Man braucht die anderen, um nach oben zu kommen

Die Notwendigkeit bestimmter kognitiver und intellektueller Fähigkeiten bei Führungskräften ist lange bekannt und spiegelt sich sicherlich auch in dem hohen Anteil an höheren Bildungsabschlüssen in dieser Bevölkerungsgruppe wider. Aber auch die Erkenntnis, dass Beziehungen eine wesentliche Rolle spielen, ist keineswegs neu. So kann man empirisch zeigen, dass unter den Top-Führungskräften überproportional häufig solche mit einer Power-Motivation (nach McClelland's Human Motivation Theory[17]) zu finden sind. Allein auf die Qualität der Inhalte orientierte, sogenannte Achievement-motivierte Manager steigen zwar schneller auf, kommen im Laufe der Karriere jedoch häufiger an eine Entwicklungsgrenze. Nämlich dann, wenn es um die Umsetzung ihrer – zweifellos exzellent durchdachten und kreativen – Ideen geht: Hier braucht es Menschen, die sich für diese Ideen begeistern und sich mitreißen lassen. Das vermittelt sich nur durch die Gestaltung der dazu hilfreichen Beziehungen zwischen Führungskraft und Mitarbeitenden. Auch viele andere Führungskonzepte betonen immer wieder die Bedeutung der Beziehungsgestaltungen für Führungsexzellenz, so z. B. auch das EQ-Konzept (Emotional Intelligence) von Daniel Goleman[18]. Die folgende einfache Formel bringt diesen Zusammenhang pragmatisch auf den Punkt:

> **I = Q x BI**
>
> Hier steht I für »Impact«, die Wirkung, während Q für »Quality«, die Qualität und intellektuelle Brillanz des Konzepts, Plans oder Vorhabens steht. BI schließlich steht für »Buy-in«, also die Begeisterung, die in den Mitarbeitenden, Kollegen und anderen Stakeholdern für eine Idee erzeugt werden kann. Dieses Buy-in, die Motivation zum Mitmachen, hängt wesentlich von den Fähigkeiten zur Beziehungsgestaltung ab. Die multiplikative Verknüpfung soll ausdrücken, dass es beides braucht: ein gut durchdachtes Konzept und die Begeisterung der Betroffenen. Selbst ein »geniales« Konzept kann andererseits zu keinem Impact führen, wenn man es nicht »an den Mann oder die Frau bringen« kann.

2.3.4 Die Grenze zwischen Beruflichem und Privatem verschwimmt

Das Beschriebene illustriert noch einen weiteren wichtigen Aspekt: Mit dem beruflichen Vorankommen auf der Führungsleiter, mit dem Aufstieg in die oberen Etagen der Organisation verschwimmen auch zunehmend die Grenzen zwischen Beruflichem und Privatem. Die Führungskraft bezieht ihre Wirksamkeit mehr und mehr aus der gesamten Persönlichkeit, nicht mehr vor allem aus den fachlichen, technischen Kompetenzen, die zu Beginn der Karriere eine Rolle spielen. Kompetenzen, die auf Beziehungsgestaltung beruhen, werden immer wichtiger. Die hier wirkenden Verhaltensmuster zeigen sich nicht nur im Büro, sondern auch im Privat-

17 McClelland, David (1987): Human motivation, New York: University of Cambridge.
18 Goleman, Daniel [8](1997): Emotionale Intelligenz, München.

leben – und manchmal dort sogar noch eindrücklicher als im sozial doch recht kontrollierten Kontext der Chefetage. Die Trennung von Beruflichem und Privatem ist oft nicht mehr hilfreich und oft auch nicht mehr möglich. Der 2021 aus dem Siemens AG Vorstand ausgeschiedene Ex-Vorsitzende Joe Kaeser hat dies in einem Interview[19] so formuliert: »Als Vorstandsvorsitzender der Siemens AG gibt es kein Privatleben, keine Privatsphäre und keine Privatmeinung [...] [Man ist] always on the job [...]«.

2.4 Die »ideale Führungskraft«

Beim Arbeiten mit Führungskompetenzen stellt sich früher oder später die Frage nach dem »Ideal«, also der »idealen Führungskraft«. Im Sinne des systemischen Blicks auf Führung ist die »ideale Führungskraft« diejenige, die mit höchster Wahrscheinlichkeit das Überleben der Organisation sicherstellen kann. Doch welches Kompetenzprofil würde diese Aufgabe am ehesten unterstützen?

Man könnte versucht sein, eine Maximalausprägung aller Kompetenzen als Ziel anzustreben und dies als idealen Zielzustand zu definieren. In einer Welt von »höher, schneller, weiter« liegt eine solche Auslegung und Ausrichtung nahe. Hierbei wird jedoch vergessen, dass Exzellenz in der Führungsrolle, also das zieldienlichste Verhalten und Denken zum Sicherstellen der Überlebensfähigkeit einer Organisation stets kontextabhängig ist.

Zum einen benötigt Führungsexzellenz für verschiedene Ressorts unterschiedliche Kompetenzausprägungen: So werden bei einer vertriebsorientierten Führungskraft andere Kompetenzen wichtig sein als bei einer Leitung für F&E oder Strategie. Bei Ersteren spielen vor allem die verkäuferischen Kompetenzen wie Kollaboration und Beeinflussung eine Rolle, auch das Führen eines größeren Vertriebsteams benötigt vor allem herausragende Kompetenzen im Bereich Teamführung und Organisationsentwicklung. Bei der Leitung Unternehmensstrategie kommt es naturgemäß vor allem auf strategisches Denken an. Natürlich spielt eine gewisse »Grundausprägung« aller Kompetenzen für nahezu alle Führungsaufgaben eine Rolle, oft reicht aber für die Führungsexzellenz (im Sinne der Zieldienlichkeit für das Überleben der Organisation) eine besonders starke Ausprägung bei wenigen, rollenspezifischen Kompetenzen und eine mittlere Ausprägung für den Rest völlig aus. Pointiert profilierte statt generell maximierter Ausprägung ist oft der Schlüssel zur Exzellenz.

Zum anderen zeigt sich ein weiterer Aspekt der Kontextabhängigkeit, wenn man die konkrete Unternehmenssituation berücksichtigt: Ein am meisten zieldienliches Kompetenzprofil, eine »ideale Führungskraft«, variiert mit Markt- und Wettbewerbsumfeld (z. B. gesättigter Verteil-

19 Zeitschrift Business Insider vom 17. Juni 2021: https://www.businessinsider.de/wirtschaft/du-kannst-in-dieser-position-nicht-mehr-nur-du-selbst-sein-ex-siemens-chef-joe-kaeser-ueber-sein-durchgetaktetes-manager-leben-und-neue-freiheiten-a/.

markt vs. neue Marktopportunität), Reifegrad der Organisation (z. B. Start-up vs. Konzern), Unternehmensstrategie (z. B. Sanierung vs. Wachstum), Mitarbeitendenstruktur (z. B. Ausbildungsstand, Mitarbeitendenzahl), Internationalität, Komplexität des Geschäftsmodells und vielem anderen mehr. Der perfekte Sanierer beispielsweise ist selten eine ideale Besetzung für ein junges, technologiegetriebenes Wachstumsunternehmen. Das zieldienlichste Kompetenzprofil variiert also auch stark mit dem Unternehmenskontext.

Das Zielbild, die generelle »ideale« Führungskraft, scheint es also nicht zu geben – es ist fundamental kontextabhängig. Es gibt aber sehr wohl Kompetenzprofile, die für einen bestimmten Kontext am geeignetsten sind, um das Führungsziel, das Überleben der Organisation sicherzustellen, zu erreichen.

Auf der individuellen Ebene bringt jede Führungskraft eine einzigartige Grundausprägung aller Kompetenzen mit. Diese werden, wie im nächsten Kapitel etwas mehr beleuchtet werden wird, oft in frühen Jahren gelegt und dann kontinuierlich weiter verfeinert. Dem Ziel, die bestmögliche Führungskraft zu werden, die man sein kann, kommt man also auf zwei prinzipiellen Wegen näher: Der erste Weg ist das Erlernen der Führungskompetenzen. Dies geschieht auf vielfältige Weise, jedoch primär in den frühen Jahren der Führungskarriere. Trainings, Seminare, »Learning on the job« und andere Methoden kommen hier zum Einsatz.

Bald jedoch scheint das Wissen über die Konzepte allein nicht weiterzuhelfen. Der Zugang zu den eigenen Kompetenzen, zu dem, was man weiß und als nützlich erkannt hat, ist blockiert, ist nicht oder nur mit signifikantem innerem Druck umsetzbar. Dann geht es bei der Weiterentwicklung als Führungskraft primär um den Zugang zu den eigenen Kompetenzen. Es geht darum, dass man das, was man weiß, umsetzen und anwenden kann. Genau hier stehen innere Blockaden, Innere Fesseln im Wege. Diese Inneren Fesseln ergeben bei genauerem Hinsehen zunächst oft keinen Sinn, unser Verstand kann dann klar erkennen und einordnen, dass dieses oder jenes Verhaltens- oder Denkmuster nicht mehr situationsadäquat oder hilfreich ist. Die Inneren Fesseln haben manchmal die Erscheinung von Glaubenssätzen, Überzeugungen, Werten, manchmal zeigen sich auch die oft dahinterstehenden Ängste, Befürchtungen oder Unsicherheiten. Oft scheinen sie irgendwie aus einer anderen, einer vorherigen Zeit zu kommen und uns trotzdem irgendwie zu steuern. Es zeigt sich eine Inkongruenz: Wir handeln nicht so, wie wir es bei neutraler Betrachtung als sinnvoll oder zielführend erachten würden. Handeln wollen und handeln können sind nicht deckungsgleich, obwohl wir mit allem ausgestattet scheinen, was notwendig ist.

In gewisser Weise geht es also auf dem Weg zur »besten möglichen Führungsversion unserer selbst« auch um **Authentizität**[20] – um eine zunehmende Kongruenz von äußerem Handeln und unseren inneren Prozessen, um Kongruenz von Handeln wollen und können. Es geht darum,

20 Vergleiche auch die Konzepte zu »Authentic Leadership« https://en.wikipedia.org/wiki/Authentic_leadership.

das als zielführend Erkannte auch umsetzen zu können und damit auch ein wenig um das Ablegen von überlieferten und übernommenen Schablonen, von alten Routinen und lieb gewonnenen Gewohnheiten, weil sie oft situativ nicht mehr zieldienlich sind.

Das »Ent-Fesseln« der eigenen Kompetenzen ist somit der wichtigste Hebel, um weiter zu wachsen, um die »beste (Führungs-)Version seiner selbst« zu werden. Und dazu ist es sinnvoll, sich mit den Inneren Fesseln zu beschäftigen, um diese Stück für Stück zu lockern und zu so – frei nach Nietzsche[21] – dem Ziel »Werde der Du bist« zu folgen: eine ungefesselte und freie, eine authentische Persönlichkeit.

21 https://www.spruchwelt.com/zitat/nietzsche-werde-der-du-bist.

3 Auf dem Weg zur Führungsexzellenz

Im vorherigen Kapitel haben wir uns mit dem Thema Führung beschäftigt. Wir haben Führungskompetenzen als »Sprache« kennengelernt, um über die Qualität von Führung zu sprechen. Und wir haben erkannt, dass Führungskompetenzen neben intellektuellen, kognitiven Fähigkeiten auch auf der Fähigkeit zur Beziehungsgestaltung beruhen.

Wie entwickeln sich nun unsere Führungskompetenzen im Laufe unserer Führungskarriere? Dies wollen wir in dem vorliegenden Kapitel kurz beleuchten.

3.1 Wie entwickeln sich unsere Führungskompetenzen?

Die Bedeutung von Führung für Wirtschaft und Gesellschaft, ja gewissermaßen für alle Bereiche unseres Lebens, kann nicht überschätzt werden. Führung gilt allgemein als wesentlicher – wenn nicht der wesentlichste – Werttreiber für alle Organisationen. Und sie hat – im Positiven wie im Negativen – maximale Auswirkungen auf einen Großteil der Gesellschaft. Und das weit über den beruflichen Teil hinaus, denn die Auswirkungen von Führung spüren wir wesentlich auch persönlich – als betroffene Menschen: als Führende, weil wir uns hier wirksam oder eben auch unwirksam erleben und über unsere Führungstätigkeit auch ein Gefühl von Sinn entstehen kann, und natürlich als Geführte, bei der darüber hinaus durch gute Führung auch Gefühle von Motivation, Zugehörigkeit oder Freude entstehen. Die Kollateralschäden von schlechter Führung, die bis in körperliche und psychische Erkrankungen gehen können, sind hinlänglich bekannt.

Das spannende an Führung ist, dass man auf sie in den allermeisten Fällen nicht wirklich in Ausbildung oder Studium vorbereitet wird. Man wird also im Laufe seiner Karriere zu etwas ermächtigt oder eingeladen, zu dem man oft im engeren Sinne nicht fachlich ausgebildet ist. Und dieses Etwas, das Führen, wird dann auch immer wichtiger in unserem Berufsalltag. Es ist ein bisschen wie beim Elternwerden. Auch hier bekommen wir einen maximalen Einfluss auf das Neugeborene und dessen Kindheit, ohne dass wir je aktiv oder strukturiert an das Thema Elternsein herangeführt wurden.

Wie lernen wir also Führung? Auf welcher Basis entwickeln wir unsere diesbezüglichen Kompetenzen?

3.1.1 Die Anfänge: Das Herkunftssystem als frühe Kompetenzschule

Im vorherigen Kapitel haben wir erkannt, dass wir zur Entwicklung von Führungskompetenzen beides brauchen: intellektuelle, kognitive Fähigkeiten ebenso wie die Fähigkeit zur Beziehungsgestaltung.

Bezüglich der kognitiven Fähigkeiten ist der Zusammenhang mit einem bildungsnahen Herkunftssystem sowie das entsprechende Angebot zur frühen intellektuellen Stimulation hinlänglich untersucht und soll uns hier nicht weiter beschäftigen.

Wesentlich interessanter scheint die Frage, wie wir unsere Fähigkeiten zur Gestaltung von Beziehungen lernen. Es liegt nahe, hierzu die »Wiege« unserer Beziehungserfahrungen zu betrachten: unsere Herkunftsfamilie. Hier liegen oft sowohl die »Schätze« als auch die möglichen »Stolpersteine« für Führungsexzellenz begraben. Wie ist das zu verstehen?

In der Regel »lernen« wir Beziehungsgestaltung bereits zu Beginn unseres Lebens in der Herkunftsfamilie[22]. In der Herkunftsfamilie sind Beziehungen gewissermaßen die »Währung« und gleichzeitig der Kitt des Systems. Über sie werden Zugehörigkeit und Sinn vermittelt. Sie prägen das tägliche Miteinander und die alltäglichen Erfahrungen in den ersten Lebensjahren.

Schon in den ersten Lebensmonaten gestalten wir über die Beziehung zur Mutter unsere eigene Identität aus. Das menschliche Selbst, unser Ich, bildet sich von frühster Kindheit an durch die Resonanz am Gegenüber heraus. Martin Buber wird der Satz zugeschrieben »Der Mensch wird am Du zum Ich«[23]. Oder, wie der Neurowissenschaftler, Psychotherapeut und Arzt Joachim Bauer schreibt: »Ein Ich kann nur in Resonanz mit einem Du erwachsen«[24]. Daniel Siegel, ein US-amerikanischer Arzt und Neurowissenschaftler, formuliert es so, dass unser »Mind«, also unser Geist und Verstand auch durch Beziehungen generiert wird.[25] Er schreibt weiter »[...] seeing the mind of another seems to catalyze development of self-awareness [...]«[26]. Die Beziehung zur Mutter (und zu anderen primären Bezugspersonen) ist somit unsere erste – und eine hochrelevante – Beziehungserfahrung, die uns weitgehend beeinflusst – wie wir später noch sehen werden.

In den dann folgenden Beziehungserfahrungen, in der späteren Auseinandersetzung mit Vater und Mutter, mit den älteren und jüngeren Geschwistern, mit anderen wichtigen Bezugspersonen – und später mit Freunden und Bekannten – bildet sich ein grundlegender Satz an Handlungs- und Denkmustern und Werten. Was ist wichtig, was nicht? Was ist richtig, was falsch? Was ist »gut«, was »böse«? Wie hat man – familiensystemadäquat – auf bestimmte Herausforderungen zu reagieren? Welche Verhaltensweisen werden belohnt, welche sanktioniert, welche sind nicht im Bereich des Denkbaren? Was ist tabuisiert?

22 Der einfacheren Lesbarkeit zuliebe spreche ich im Folgenden immer von der Herkunfts-»Familie«, die in den meisten Fällen immer noch das »üblichste« Herkunftssystem darstellt – alle Überlegungen lassen sich aber auf alle anderen Herkunftssysteme übertragen. Das Gleiche gilt für die stellvertretende Nutzung der »Mutter« als Synonym für die erste relevante Bezugsperson in unserem Leben.

23 https://gutezitate.com/zitat/133773.

24 Bauer, Joachim (2019): Wie wir werden, wer wir sind, München.

25 Siegel, Daniel J. (2002): The developing mind, 3rd edition, New York/USA 2020.

26 Etwa: »Die Entwicklung unseres Selbst-Bewusstsein scheint durch das Sehen des Geistes des Gegenübers beschleunigt zu werden« (sinngemäß übersetzt durch den Autor), nach Siegel, Daniel J. (2002): The developing mind, 3rd edition, New York/USA 2020.

Unsere frühen Bezugspersonen dienen dabei einerseits als Vorbilder, von denen systemadäquate Beziehungsgestaltung abzuschauen ist. Andererseits dienen sie als Gegenüber, die Beziehung dann als Versuchsfeld, auf dem verschiedene Optionen für Beziehungsgestaltung ausprobiert werden können.

Hier lernen wir zum Beispiel, ob das Vorbringen unserer eigenen Interessen relevant ist oder eher nicht so gefragt bzw. sogar sanktioniert wird und wie wir diese Interessen durchsetzen. Wie weit gehe ich dabei? Gebe ich bei jedem erkennbaren Widerstand auf oder kämpfe ich buchstäblich bis zum Schluss, auch wenn dabei einiges an Kollateralschäden entsteht? Wie kann ich andere dazu motivieren, mit mir das zu tun, was ich selbst für richtig halte? Muss ich zu manipulativen Mitteln greifen oder eher streng sachlich argumentieren? Welche Rolle spielen beim Überzeugen die emotionale Seite, die Empathie und das Mitgefühl für die Perspektive des anderen? Wie wichtig ist Erfolg? Und wie weit gehe ich, um diesen sicherzustellen? Wann ist es ok, aufzugeben?

Über diese »Beziehungserziehung« im engeren Sinne hinaus werden in der Herkunftsfamilie auch viele weitere Schwerpunkte unserer späteren Führungskompetenzen gelegt: So lernen wir früh, welche Bedeutung Visionen, Ziele und Pläne haben. Nähert man sich einem Thema zunächst mit einer sorgfältigen Planung oder »fängt man einfach an«? Wie pragmatisch werden Probleme gelöst, wie viel Analyse ist adäquat? Wird es als sinnvoll erlebt, etwas in die Zukunft zu schauen und vielleicht Szenarien zu entwickeln, oder liegt der Fokus auf dem Hier und Jetzt und das, was später die Grundlage für die Kompetenz »strategisches Denken« werden könnte, wird als Träumerei abgetan? Wie breit werden solche Themen angeschaut? Zählt eher die eigene Position oder lernt man, das Thema von vielen Seiten, aus verschiedenen Perspektiven zu betrachten? Schließlich: Wie stehen wir Veränderungen gegenüber – sind sie eher bedrohlich oder versprechen sie neue Chancen? Die genannten Beispiele ließen sich noch beliebig erweitern.

Das Herkunftssystem kann somit eine erste Schule unserer Führungskompetenzen sein, in der das Fundament dafür gelegt wird. Es entstehen die »Rohdiamanten« unserer Führungskompetenzen.

Weil wir in den frühen Lebensjahren von dem System noch existenziell abhängig sind, sind die sich bildenden Grundlagen tief verwurzelt. Dies kann uns zum Vorteil, manchmal jedoch auch zum Nachteil in unserer späteren Karriere gereichen, wie wir später noch sehen werden.

So bringt jeder von uns ein individuelles Paket an grundlegenden Führungskompetenzen mit, das in der Kindheit und Jugend maßgeblich geprägt wurde.

3.1.2 »Reifung«: On und off the job

In den frühen Jahren unserer Karriere erfahren wir Führung zunächst vor allem aus der Sicht des Geführten. Die Erfahrungen mit Erziehern im Kindergarten, Lehrenden in der Schule und ggf. im Studium und danach mit unseren ersten Vorgesetzten bereichern dabei unseren Schatz an – positiven und negativen – Vorbildern. Die »Rohdiamanten« unserer Führungskompetenzen werden weiter geschliffen. Hier hat das eigene Erleben eine besondere Bedeutung: Wann habe ich mich wirklich gesehen, erkannt, motiviert, begeistert gefühlt? Welches Führungsverhalten hat mich aufgeregt, genervt oder wütend gemacht? Wann bin ich von der Führungsperson demotiviert, frustriert oder entmutigt worden? Unser Bild vom »Wie geht Führung?« wird indirekt weiter spezifiziert, in dieser Phase vor allem durch Beobachten, Abschauen, Imitieren. Es ist die Zeit der (meist unbewussten) Vorbilder.

Dies ändert sich erst, wenn wir selbst unsere erste Führungsaufgabe übernehmen. Meist für ein kleines Team oder eine Gruppe. Häufig auch zunächst im privaten Bereich, z. B. beim Führen einer Jugendgruppe oder im Sport.

Nun beginnt das Ausprobieren des bisher Erlernten. Die »Rohdiamanten« werden durch praktische Erfahrungen weiter geschliffen: Verhaltensmuster werden adaptiert, ergänzt, modifiziert. Was scheint gut zu funktionieren, um die Führungsaufgabe zu erledigen, und was nicht?

Dabei stellt die Beförderung zur Führungskraft oft eine erste Paradoxie dar: Man wird häufig aufgrund seiner bisherigen fachlichen/funktionalen Leistung befördert, selten wegen des Potenzials zur Führung. Der kreativste Ingenieur, der verlässlichste Controller oder der erfolgreichste Vertriebler wird zur Teamleitung. Gleichzeitig wird das, wofür man befördert wurde, die fachliche »funktionale« Kompetenz, im Moment der Beförderung weniger wichtig, sogar manchmal limitierend. Die Herausforderung besteht für viele dann zunächst darin, aus der Rolle des »Besserwissenden«, aus der Rolle desjenigen, der erfolgreicher als andere die Aufgaben erledigt hat, in die Rolle der Führungskraft hineinzuwachsen. Es besteht die Gefahr, die Führungsaufgabe auf das fachliche Anleiten, das »Vormachen« zu reduzieren. Man kommt in eine Art Trainerfunktion, die zwar sicherlich zu Beginn der Teamleitung noch eine gewisse Berechtigung hat, jedoch bald um weitere Führungskompetenzen ergänzt werden sollte, denn es geht ab jetzt mehr darum, Exzellenz zu organisieren, als sie durch die eigene inhaltliche oder fachliche Arbeit selbst herzustellen.

Mit den ersten eigenen Führungsaufgaben beginnt in vielen Organisationen auch eine lange Reise durch eine Vielzahl von Trainings, Seminaren und Kursen. Die Personalentwicklungsprozesse[27] der Organisation finden Anwendung und beginnen, zu greifen. Man lernt hilfreiche Konzepte im Zusammenhang mit Führung: Modelle zu Führungsstilen, Kommunikation, Konfliktmanagement, Verhandlungsführung, Delegation, Priorisierung, Zeitmanagement und viele andere mehr. Gemein ist diesen Trainings, dass sie häufig einen Schwerpunkt auf der Vermittlung von Wissen, von Konzepten und Theorien haben, die dann unsere eigenen, bereits vorhandenen Kompetenzen ergänzen, modifizieren oder verändern sollen.

27 Siehe u. a. Scholz, Christian (1993): Personalmanagement, 6. Auflage, München 2013.

In späteren Phasen unserer Führungskarriere kommen dann häufig Kurse an renommierten Hochschulen im In- und Ausland hinzu, mit denen die Organisation, für die wir tätig sind, eine Kooperation eingegangen ist. In Einzelfällen unterstützt der Arbeitgeber sogar das Absolvieren von Masterstudien wie einem Executive MBA.

Als Top-Führungskraft sind wir dann in regelmäßigen Abständen auch neuen Leadership-Konzepten ausgesetzt, die zum einen aus abstrahierten praktischen Erfahrungen in einzelnen Industrien entstehen oder zum anderen durch die praxisnahe wissenschaftliche Forschung entwickelt wurden. In relativ kurzen Zeitabständen entstehen immer neue Modelle von Führung, die dann mit verkaufswirksamen Titeln versehen und mit hohem Verkaufsdruck vertrieben werden. Regelmäßige »Erkenntniswellen« wie beispielsweise zuletzt Scrum, Design Thinking oder Agile Leadership erzeugen parallel einen öffentlichen Erwartungssog, dem man sich als moderne und aufgeschlossene Führungskraft schwer verweigern kann. Es fühlt sich an, als müsste man sich mit diesen Modellen auseinandersetzen, nicht nur, um sich öffentlich und gegenüber den Shareholdern nicht angreifbar zu machen, aber auch, um sich nicht dem Vorwurf der Nachlässigkeit oder Ignoranz gegenüber effizienz- und effektivitätssteigernden Methoden und Ansätzen auszusetzen.

So entwickeln sich unsere Führungskompetenzen regelmäßig weiter. Der »Rohdiamant« wird mehr und mehr geschliffen und doch bleibt der Kern oft erhalten: die in den frühen Jahren gebildeten Glaubenssätze und Werte.

3.1.3 Entwicklungsverzögerungen

Nicht immer gelingt es so ohne Weiteres, das in den vielen Trainings erfahrene Wissen in verbesserte Führungskompetenzen umzusetzen bzw. die Ausprägung einzelner Kompetenzen entsprechend zu erweitern. Im Laufe unserer Karriere wird dies durch eine Reihe von Umständen oft erschwert. Hier sollen nur einige kurz beleuchtet werden.

Zunächst sind viele Seminare und Trainings primär auf die Vermittlung von Wissen ausgelegt. Es geht um die logische Herleitung von Führungsmodellen und Prinzipien, häufig ergänzt durch Erfolgsgeschichten oder Case Studies. In nicht wenigen Fällen kommt jedoch das Verarbeiten und Umsetzen des Gelernten im Sinne von Übersetzung in konkrete, alltägliche Änderungen in unserem Führungsverhalten zu kurz. Es wird – wie in vielen Change-Projekten – mit der Hypothese gearbeitet: »Wenn man es nur logisch erklärt, machen das schon alle«. Dass diese Maxime nicht tragfähig ist, zeigt der erlebte Alltag. Oft wird zu wenig Raum angeboten oder genommen, um die aus der Theorie abzuleitenden Änderungen wirklich innerlich zu bewegen und abzuwägen, sie einem Stresstest beim gedanklichen Durchspielen von möglichen herausfordernden Alltagssituationen zu unterziehen und sich den inneren Widerständen zu stellen und uns ihnen zuzuwenden, um zu verstehen, wofür der Widerstand stehen könnte und worauf er hinweisen will. Es wird antizipiert, dass – weil es ja sinnvoll erscheint – man es schon umsetzen wird.

Auch ist es hier angebracht, auf das Thema des häufig mangelnden Feedbacks hinzuweisen. Eine regelmäßige Überprüfung der Führungswirksamkeit durch offene, konstruktive und ehrliche Gespräche mit den Geführten und anderen Zeugen unseres Verhaltens ist für eine Weiterentwicklung der Kompetenzen unausweichlich. Jedoch scheint eine ausgeprägte Feedbackkultur, die idealerweise in Talent-Management-Prozesse eingebunden sein sollte, in vielen Organisationen immer noch eher die Ausnahme als die Regel.

Schließlich gibt es im Führungsalltag wenig Raum zum Experimentieren und Ausprobieren. Der hohe Performancedruck, der in vielen Unternehmen herrscht, lässt uns im Zweifelsfall eher schnell auf das zurückgreifen, was wir kennen – das Alte. Das Phänomen ist aus der Psychologie wohlbekannt: Unter Stress besteht eine große innere Einladung, in alte Verhaltensmuster zurückzufallen, auch wenn der Verstand diese als nicht ideal oder wenig zielführend klassifiziert hat. Diese sind doch sicher und erprobt. Der nicht zu vernachlässigende Wettbewerbsdruck, unter dem die meisten Führungskräfte stehen, wirkt im Zweifelsfall ebenfalls gegen die Experimentierfreude. Kollegen, die am eigenen Stuhl sägen oder sich als Nachfolger in Stellung bringen, die Peers oder die Wettbewerber, die genau beobachten, was man tut oder – auf der Topebene – vor allem auch die Öffentlichkeit, die das eigene Tun und Handeln regelmäßig bewertet und überwacht – alles dies scheint für ein ausprobierendes Lernen mit dem Ziel der Kompetenzausweitung nicht hilfreich.

Viele der oben genannten Aspekte sollten im Idealfall von vorneherein über entsprechende Angebote, das Sicherstellen entsprechender Prozesse und Strukturen oder auch durch die Schaffung eines entsprechenden sicheren Rahmens zum Experimentieren in Entwicklungsmaßnahmen eingebaut werden.

3.2 Und manchmal geht's irgendwie nicht weiter …

Selbst unter den idealsten Bedingungen, in Abwesenheit vieler der im letzten Abschnitt genannten Hindernisse, geht es manchmal nicht weiter.

Alle Kurse und Trainings sind absolviert, alles ist verstanden und idealerweise sogar »verstoffwechselt«, man fühlt sich bereit und will das Verhalten auch ändern, aber irgendetwas klemmt oder es gelingt nur unter maximaler Willensanstrengung, mit viel innerem Druck. Nur unter größten inneren Anstrengungen, mit viel Fokus auf dem Neuen, kommen wir – oft nur schleppend – in die Veränderung.

Zu Beginn, wenn wir gerade etwas Neues gelernt haben, ist eine solche zunächst etwas holperige und durch einen starken Fokus und Willen unterstütze Umsetzung sicherlich nicht ungewöhnlich und auch nicht besorgniserregend oder ein Zeichen von Scheitern.

Manchmal jedoch will sich die erhoffte Routine im Neuen, die Alltäglichkeit und der angestrebte Automatismus im neuen Handeln einfach nicht einstellen, als gäbe es etwas, was uns innerlich zurückhält und auch irgendwie stärker ist als unser Verstand. In gewisser Weise scheint dieser innere Prozess uns zu kontrollieren und zu steuern, nicht umgekehrt.

Es scheint, als gäbe es gegen das als zielführend und hilfreich Erkannte und Verstandene so etwas wie Innere Fesseln.

»Wenn's in der Gegenwart nicht weitergeht, liegt die Zukunft oft in der Vergangenheit« – dieses Zitat aus einer mir nicht mehr bekannten Quelle umschreibt einen möglichen Lösungsweg. Dieser Weg führt zur Erforschung der Inneren Fesseln, zur Erforschung dessen, was uns daran hindert, das zu tun, was wir als am hilfreichsten und sinnvollsten erkannt haben.

4 Die »gefesselte« Führungskraft

Manchmal geht es irgendwie nicht weiter. Alle wichtigen Trainings sind absolviert, alle Seminare besucht. Kurse an renommierten Hochschulen liegen hinter uns, manchmal sogar ein Executive MBA oder ähnliche hochkarätige Fortbildungen. Die neuste Managementliteratur ist gesichtet und die relevanten Gedanken sind verinnerlicht. Man ist en jour mit dem Denken über Führung und Management, kennt die neusten Trends, Methoden, Perspektiven.

Man stellt auch bei der Selbstreflexion fest, dass man mehr oder weniger klare Ideen davon hat, was jetzt noch zu verändern wäre, welches Denkmuster, welches Verhalten zielführender wäre. Feedbackprozesse haben diese innere Einschätzung bestätigt und validiert.

Das Ziel ist mehr oder weniger klar. Und auch die Auswirkungen: eine effizientere und wirksame Führung. Und parallel dazu haben wir oft eine Ahnung, dass – sollte es uns gelingen, diese Veränderungen in unserem Denken und Handeln umzusetzen – wir auch in gewissem Sinne ein leichteres, zufriedeneres, irgendwie besseres Leben leben würden.

Aber irgendwie reicht das Verstehen allein nicht, um die Veränderung anzukurbeln. Es gibt innere Prozesse, die uns davon abhalten, die scheinbar wenig über den Verstand und den Willen allein zu steuern sind und die gleichsam auf einer anderen Ebene ablaufen. Was sind das also für Innere Fesseln?

4.1 Was steht im Weg?

4.1.1 Das Portfolio an möglichen Inneren Fesseln ist groß

Welche Gestalt haben diese limitierenden Inneren Fesseln? Einige – hier bewusst polarisiert dargestellte – Beispiele sollen zur Illustration dienen. Hierbei ist zu beachten, dass eine einzelne Innere Fessel selten allein, sondern in der Regel als Kombinationen mit anderen auftritt – das dahinter wirkende Programm zeigt sich meist parallel in mehreren Verhaltens- und Denkweisen.

Eine häufig zu beobachtende Innere Fessel ist **Perfektionismus**. Alles muss immer bis zum Letzten durchdacht sein, alle Aspekte bis ins Detail berücksichtigt und analysiert werden. Die Präsentation muss inhaltlich, vom Layout und der Anmutung perfekt vorbereitet sein, alle möglichen Fragen der Zuhörer müssen antizipiert und entsprechende Antworten schon eingebaut sein. Der Plan muss alle möglicherweise auftretenden Hindernisse schon antizipieren, alle – auch die unwahrscheinlichsten – Eventualitäten müssen vorbereitet sein. Häufig rechtfertigen wir unseren Perfektionismus auch als eine »außergewöhnliche Qualitätsorientierung«, als notwendige »hohen Ansprüche« ohne die sich die Organisation nicht weiterentwickeln kann. Nicht selten wirkt auch in uns eine Form von »Das geht doch noch besser« und wir können sogar eine innere Lust dabei empfinden, unsere Ziele maximal hochzuschrauben. Anspruchsvolle Ziele (sogenannte »stretch targets«) bekommen dann oft einen »Mission Impossible«-Charakter, sind bei genauerem Hinsehen – mit den zur Verfügung stehenden Mitteln – eigentlich nicht erreichbar. Es entstehen Paradoxien, also logische Unmöglichkeiten, gleichzeitig die Ziele A und B zu erreichen (»Wasch‹ mich und mach mich nicht nass«). Diese Paradoxien werden dann geleugnet, es muss dann doch möglich sein, alles zu erreichen, weil es in uns nicht vorstellbar sein darf, dass es nicht geht. Durch das Leugnen der Paradoxien werden die Mitarbeitenden an ihre physische und vor allem psychische Belastungsgrenze gebracht, da durch das Leugnen suggeriert wird, es liege nur an dem Einzelnen, der nicht bereit oder fähig sei, die »Extrameile« auf sich zu nehmen, sich voll einzubringen und »alles zu geben«. Oft werden wir in unserer Not dann auch ungerecht, persönlich oder emotional bzw. aggressiv.

Im Perfektionismus-Modus dürfen uns auf keinen Fall Fehler unterlaufen, wir zeigen eine sehr geringe **Fehlertoleranz**. Dazu werden Nachtschichten geschoben, Mitarbeiter bis an die Grenzen des Zumutbaren belastet und Ressourcen weit jenseits der Verhältnismäßigkeit strapaziert. Wirksame Konzepte wie die »80:20-Regel« (für das Optimieren der letzten 20 % braucht man meist 80 % der Zeit) oder der bekannte »Mut zur Lücke« werden ignoriert, nur »100 %« ist akzeptabel, obwohl wir wissen, dass diese »100 %« in den meisten Fällen nie erreichbar sind. Oder wir nutzen gar das Modell des »120 %-geben-müssens« – ein bei näherer Betrachtung intrinsisch durchaus fragwürdiges Modell, das implizit darauf aufbaut, dass wir und unsere Mitarbeitenden immer mit »Leistungsreserven« herumlaufen und willentlich im Regelfall keinen vollen Einsatz bringen. Es fehlt bei Perfektionismus oft eine »gesunde« Abwägung von Aufwand und Ertrag, und damit geht meist auch eine geringe Toleranz für andere, die weniger leisten (können) einher. Der Perfektionismus kann uns dann auch zu persönlichen Abwertungen von Mitarbeitenden oder Kollegen verführen, wir machen uns über diese lustig, werden zynisch und sarkastisch oder ignorieren sie. Und unsere »Null-Fehlertoleranz« kann zu einer Atmosphäre von Angst, Resignation oder gar innerer Kündigung bei den Mitarbeitenden führen. Fehler (die immer passieren können) werden von den Mitarbeitenden dann im Zweifel eher vertuscht, unter den Teppich gekehrt, und kommen später mit potenzierter Wirkung wieder zum Vorschein. Oder es entsteht eine Kultur der »Fingerpointings«, eine Kultur des »Ich war‹s nicht« und Wegschauens, oder eine Kultur des Anschwärzens und Denunzierens. Ein Schuldiger muss her, die häufig auch prozessualen oder organisatorischen Ursachen für das Auftreten der Fehler – oder das Führungsversagen durch paradoxe Zielsetzungen – werden nicht berücksichtigt.

Oft zeigt sich Perfektionismus nicht direkt, sondern indirekt in Form des »**Workaholismus**« (am besten wohl mit »Arbeitssucht« zu übersetzen). Die Arbeit scheint alles zu sein und wir fühlen uns jeden Tag aufs Neue durch das Nicht-Erreichen von – objektiv eigentlich auch nicht erreichbaren (siehe Perfektionismus) – Zielen herausgefordert. In unserer Vorstellung muss doch alles machbar sein, wenn wir nur genug Energie investieren, uns noch mehr anstrengen, aus unserer Komfortzone gehen, die »Extrameile« auf uns nehmen. Wir kennen keine Grenze unserer Arbeits- oder treffender »Dienst«-Zeit, sitzen immer bis spät am Abend im Büro. Und am Wochenende ist endlich Zeit, all die liegengebliebenen Mails aufzuarbeiten, alle in der Woche übrig gebliebenen Unterlagen zu studieren und die neue Woche im Detail vorzubereiten. Urlaube sind versteckte Reservearbeitszeit und wir sitzen regelmäßig am Strand oder in der Berghütte am Computer, müssen parallel zum morgendlichen oder abendlichen Buffet im Hotel noch wichtige Gespräche führen oder reisen gar im Urlaub für einige Tage zu dringenden Geschäftsterminen ab. So sinnvoll dies in einzelnen, spezifischen Situationen sein kann, als generelles Verhaltens- und Denkmuster ist es eine Garantie für das Ausbrennen und ein langfristiges Scheitern – sowohl beruflich als auch persönlich. »Workaholismus« kann sich auch darin zeigen, dass wir überhaupt nicht mehr (oder nur noch beispielsweise mit Alkohol oder anderen Substanzen) entspannen können, nachts kaum noch Ruhe finden und immer auf Habacht-Stellung sind, mit einem Ruhepuls von 100 oder mehr. Wir sind dann dauerhaft im Stress. Es ist, als seien wir in einer Art Dauerkampf.

»Workaholismus« ist häufig kombiniert mit **mangelnder Selbstfürsorge oder Selbstliebe** als eine Innere Fessel . Oft zeigt diese sich in Form einer **Erbarmungslosigkeit sich selbst gegenüber**. Man gönnt sich keine Pause, treibt sich selbst innerlich immer wieder zu Höchstleistungen an und kennt kein Pardon mit sich selbst, wenn einmal die Ziele nicht erreicht werden. Innerlich ist man voll von Selbstabwertungen, findet sich und seine Arbeit als wertlos und nie ausreichend. Und diese innere Überzeugung dient oft als Schablone für den Blick auf andere: Wenn man sich selbst gegenüber erbarmungslos und wenig nachsichtig ist, kann man das meist auch dem Mitarbeitenden oder Kollegen gegenüber nicht sein. Nur diejenigen, die regelmäßig weit über ihre Grenzen gehen, die dauerhaft Höchstleistungen bringen können, verdienen scheinbar unseren Respekt, werden von uns geachtet und geschätzt. Die anderen sind »Looser«, denen wir im Extremfall oft nur ein Minimum an Höflichkeit und Wertschätzung entgegenzubringen vermögen.

Mit Perfektionismus und Workaholismus geht oft eine überproportionale Fokussierung auf die Erhebung und Analyse von Daten und Fakten einher, etwas, das man auch als »**Datenfetischismus**« bezeichnen könnte. Wir halten es dann für unsere Aufgabe, alle für die »richtige« Entscheidung notwendigen Fakten und Daten zu erheben, zu kennen und zu berücksichtigen. Dabei wissen wir gleichzeitig, dass die Welt inhärent nicht planbar oder berechenbar ist, und dass damit unser – manchmal verzweifelter – Versuch, diese lebensimmanente Unsicherheit und Unplanbarkeit durch noch mehr Daten zu minimieren oder gar zu eliminieren, zum Scheitern verurteilt ist. »Paralysis by analysis« ist oft die Folge – die Verzögerung von wichtigen Entscheidungsprozessen durch immer weiter gehende, tiefere Analysen. Und wir vernachlässigen eine für unsere Führungsaufgabe oft nicht unwesentliche Komponente: unsere Intuition, die ja die aggregierte Summe unserer Erfahrungen darstellt. Oder wir vergessen, dass gerade die Absorption der dem Leben inhärenten Unsicherheit eine Kernaufgabe von Führung ist (siehe Kapitel 2.1.3). Auch beim »Datenfetischismus« gibt es ein Zuviel, wir finden nicht die richtige Balance zwischen der meist absolut notwendigen quantitativen Absicherung unserer Entscheidungen und dem lähmenden Abtauchen in die Tiefe von »Datenfriedhöfen« – die mit einer nicht bis ins Letzte quantitativ abgesicherten Entscheidung einhergehende Unsicherheit ist für uns dann unerträglich.

Mangelndes Delegationsvermögen und **Mikromanagement** gehen oft ebenfalls mit Perfektionismus einher. Weil keiner es so gut machen kann, wie man es erwartet oder wie es perfekt ist, macht man es entweder selbst oder schaut den Mitarbeitenden permanent über die Schulter. Man führt über detaillierte Ansagen, wie etwas zu erledigen ist, und zieht sich so eine Armee von fast sklavisch Ausführenden groß. Permanente Kontrolle der Arbeit soll das Ergebnis sicherstellen. Die Mitarbeitenden können in der Regel dann kaum Kompetenzen in den Bereichen Selbstverantwortung, Eigensteuerung oder »Mitdenken« entwickeln, oder diese sind nicht gefragt. Das Ergebnis ist häufig, dass die Mitarbeitenden für jede Frage immer wieder zum Vorgesetzten kommen und auf detaillierte Anweisungen warten, wie etwas auszuführen ist. Dies blockiert einen nicht unwesentlichen Teil der Managementressourcen, die dann für andere Themen fehlen. Auch dient es oft nicht der Motivation der Mitarbeitenden. Am wichtigsten scheint jedoch, dass mit dieser Art von Verantwortungszentralisierung auf der Führungskraft auch das Risiko für Fehlentscheidungen zunimmt, da diese in der Regel weniger im Detail steckt, stecken kann und meist auch stecken sollte und somit nicht die beste Datenbasis für Entscheidungen hat. Ein Mikromanager erkauft sich somit seine erhöhte Kontrolle über die Vorgänge durch ein überproportional großes Risiko für Fehlentscheidungen im Sinne von Sicherstellen der Überlebensfähigkeit der Organisation.

In anderen Fällen kann Mikromanagement auch die Folge eines **prinzipiellen Misstrauens** sein. Wir haben das Gefühl, keinem vertrauen zu können. Wir vermuten hinter jedem Fehler eines Mitarbeitenden einen Sabotageversuch oder eine gezielte Aktion gegen uns, wir hören »das Gras wachsen« und haben vielleicht auch eine Tendenz zu Verschwörungstheorien. Es fällt uns extrem schwer, mit einem gesunden Maß an Vorschusslorbeeren zu arbeiten und wir testen das Gegenüber permanent auf versteckte Ziele, auf eine »hidden agenda«. Manchmal kann unser Misstrauen auch zu einem extrem hohen Fokus auf messbare Fakten und nachprüfbare Daten führen und sich dann als »Datenfetischismus« zeigen. Oder wir trauen den Kollegen einfach nicht zu, die Aufgabe qualitativ passend erledigen zu können. Wir haben dann kein Vertrauen in die Qualifikation der Mitarbeitenden, in deren Entwicklungspotenzial oder Lernmöglichkeiten. Oder wir bezweifeln deren prinzipielle Motivation, deren Wille, ein gutes Arbeitsprodukt abzuliefern. Wir schätzen sie innerlich als prinzipiell zu faul, zu dumm, zu selbstgefällig, zu veränderungs- und lernresistent ein. Es fehlt ein grundsätzliches Vertrauen an das Gute im Menschen und an dessen grundlegendem Willen zum Wachstum und zur Selbstentwicklung – unabhängig von dem häufig beeindruckenden vorherigen Karriereverlauf, in dem das Gegenüber das Gegenteil bewiesen zu haben scheint.

Mit dem Genannten geht manchmal einher, dass Führungskräfte Schwierigkeiten haben, eine gute Balance zwischen Klarheit bezüglich der Ziele und **Empathie** für die individuelle Situation der Mitarbeitenden zu finden. Das Hineinversetzen in den Mitarbeitenden ist irgendwie blockiert bzw. wird dem übergeordneten Ziel der Ergebniserreichung relativ kompromisslos untergeordnet. Der Zweck scheint die Mittel zu heiligen – auch jenseits eines menschlichen Umgangs miteinander. Die emotionalen und menschlichen Aspekte der Zusammenarbeit werden wenig oder gar nicht berücksichtigt. Wir glauben, dass die Fakten für sich sprechen, da es schließlich um das Geschäft geht – da haben Gefühle keinen Platz. Erreicht wird dadurch häufig das Gegenteil: Der Einzelne fühlt sich in seiner Gesamtheit und Kompetenz nicht ausreichend gesehen und zum Untertanen degradiert. Weil mit der mangelnden Empathie auch häufig eine eher abwertende Sprache einhergeht, werden Mitarbeitende – oft auch hinter verschlossenen Türen – verbal erniedrigt und disqualifiziert, ihnen werden grundlegende Kompetenzen oder Fähigkeiten abgesprochen oder ihre Motivation wird fundamental infrage gestellt. Das Problem ist, dass Mitarbeitende in der Regel ein Gefühl dafür haben, ob der Vorgesetzte sie anerkennt, wertschätzt und respektiert. So wirkt mangelnde Empathiefähigkeit auch indirekt, auch wenn wir versuchen, dies gegenüber dem Mitarbeitenden zu verbergen. Im schlimmsten Fall wird versucht, dieses Desinteresse am menschlichen Gegenüber durch in Kommunikationstrainings erlernte Floskeln zu überspielen. Dann wird jeden Morgen nach dem Befinden des Mitarbeitenden gefragt, obwohl es uns eigentlich gar nicht interessiert. Meist merkt das das Gegenüber. Dies wirkt dann oft manipulativ, die Mitarbeitenden spüren, dass es nicht aus dem Herzen, nicht von innen kommt, nicht authentisch ist. So wird klar, dass Empathiemangel in der Regel nicht zielführend für unsere Führungsaufgabe ist.

Auch im Bereich der Kollaboration und Teamarbeit können sich Innere Fesseln zeigen: Diese wirken nicht selten in Teammeetings, wenn es um das Verhandeln von Themen und Perspektiven geht. Meist ist eine sachliche Auseinandersetzung wesentlich hilfreicher als **emotional aufgeladene Diskussionen**, gegebenenfalls sogar mit persönlichen Angriffen. Dann werden wir gegebenenfalls verletzend und abwertend, verbunden mit einem polternden, aufbrausenden Gesprächsstil. Der Kollege mit der abweichenden Perspektive wird zum Feind, den es zu bekämpfen und vernichten gilt. Obwohl man sich klar ist, dass eine sachlich-ruhige Verhandlung zieldienlicher und auch angemessener wäre, scheint es, als hinge vom Gewinnen der Auseinandersetzung das eigene Leben ab. Und das ist – selbst in Kontexten mit hohem Wettbewerbsdruck – eher selten bis nie wirklich der Fall. In Gesprächen mit solcher Dynamik werden Energien frei, die mit hoher Wahrscheinlichkeit nichts mehr mit dem diskutierten Thema zu tun haben, sondern alte Erfahrungen aktualisieren. Über die Art der Gesprächsführung steigt man in Täter-Opfer-Dynamiken ein, die selten positiv enden. Der Verlierer wird dann eine Tendenz haben, den Kampf das nächste Mal wieder zu führen und zu gewinnen oder sich auf anderem Weg zu »rächen« – durch passive Aggression, Verweigerung oder zum Beispiel auch durch Diskreditierung des Angreifers hinter den Kulissen. Täter-Opfer-Dynamiken sind oft Garant für weitere Auseinandersetzungen und eine schier endlose Fortsetzung der Spirale, die selten zur Steigerung der Überlebensfähigkeit des Unternehmens beiträgt.

Der Gegenpol zu den emotional stark aufgeladenen Diskussionen ist die Innere Fessel der **Konfliktvermeidung**. Konflikte werden nicht benannt, geleugnet oder unter den Tisch gekehrt, verharmlost oder auf ewig vertagt. Ist der Konflikt dann nicht mehr abzuwenden, gehen wir oft schnell in den Rückzug, zeigen uns zu bereitwillig mit den ersten möglichen Kompromissen einverstanden, vermeiden eine echte Auseinandersetzung. Wir lenken dann zu schnell ein, zeigen uns zu schnell mit den Vorschlägen des anderen einverstanden, auch wenn unsere eigene Einschätzung, unsere Intuition und unsere Erfahrung uns innerlich klar darauf hinweisen, dass der Weg in eine Sackgasse führen kann. Alternativoptionen bleiben unter dem Tisch, Risiken werden ausgeblendet, Beschönigungen und zu optimistische Einschätzungen werden nicht hinterfragt. Die Diskussion wird von einem parteiischen Plädoyer einer Seite dominiert, eine kritische Auseinandersetzung unterbleibt. Das Ringen um eine vielleicht bessere, um die beste Lösung, ein konstruktiver Dialog ist uns nur schwer möglich. Und dabei opfern wir unsere gegebenenfalls sehr berechtigten Einwände, hilfreichen Beiträge und nutzbringenden Gedanken, um keinesfalls mit dem Gegenüber in einen Konflikt zu geraten. Im Extremfall kann unsere Schwierigkeit mit Konflikten so weit gehen, dass wir uns innerlich aufgefordert fühlen, auch bei anderen einen Konflikt zu vermeiden, immer für Harmonie und Gleichsinn zu sorgen. Dann werden wir zu (unaufgefordert) Schlichtenden, die jede Art von kritischer Auseinandersetzung partout verhindern wollen oder wir sorgen dafür, dass auch andere im Team nicht zu einem konstruktiven Dialog über die Themen kommen. Die Diskussionen verkommen zur gegenseitigen Beweihräucherung oder unkritischer Zustimmungsbekundigung. Harmonie ist dann wichtiger als das gemeinsame Herausarbeiten der richtigen Entscheidung zur Sicherstellung der Überlebensfähigkeit der Organisation. Auch kann sich als Teil dieser Inneren Fessel die Schwierigkeit zeigen, Nein zu sagen. Wir werden hierauf im Zusammenhang mit der Sucht nach Anerkennung später noch zurückkommen. Eine besondere Situation kann entstehen, wenn sich im Gespräch eine potenzielle Störung abzeichnet wie zum Beispiel eine sich ankündigende Meinungsverschiedenheit, eine Notwendigkeit, dem Gegenüber einen Wunsch zu versagen oder auch eine Situation, in der wir einen Fehler zugeben müssten. Wirkt in uns die Innere Fessel Konfliktvermeidung, dann kann das dazu führen, dass wir – anstatt ein klärendes Gespräch zu führen – unser Gegenüber stattdessen schneiden, ignorieren, wie Luft behandeln oder so tun, als kennten wir ihn oder sie nicht. Alles nur, nur um einer anstehenden, gegebenenfalls bereinigenden Konfrontation aus dem Weg zu gehen. Dann scheint die Prämisse »Lieber keinen Kontakt als einen Konflikt« zu wirken.

Analog gibt es das Phänomen, dass Führungskräfte in Teammeetings oder bei Präsentationen zum Beispiel gegenüber Aufsichtsgremien plötzlich ihre **Präsenz und Souveränität verlieren**. Diese Situationen ähneln manchmal im Ansatz dem Phänomen der Prüfungsangst: Man hat plötzlich keinen Zugang mehr zu seinen Kompetenzen und Fähigkeiten, es wirkt wie ein »Blackout«. Angstgefühle und Unsicherheiten unbekannter Herkunft und unbekannten Schwerpunkts beherrschen dann das situative Erleben und verhindern eine zieldienliche, kompetenzsatte Auseinandersetzung zum Thema. Im Extremfall kann es sein, dass wir in bestimmten Situationen **erstarren** und dann keine Kontrolle mehr über unsere Mimik und Gestik, oder über unsere Kompetenzen im Allgemeinen haben. Es ist, als wären wir eingefroren, gedanklich und körperlich bewegungsunfähig. Jede Lebendigkeit scheint aus uns gewichen zu sein, es bleibt nur das Pokerface und der Ausdruck eines wie in Stein gemeißelten Körpers. Häufig kann hiermit auch das Gefühl einer **Dissoziation** einhergehen. Unsere Gedanken driften weg, es scheint, als würden wir den Raum und den unmittelbaren Kontext hinter uns lassen und wie in einem Traum zu fernen Gefilden aufbrechen. Wir scheinen dann manchmal gar unseren Körper zu verlassen und die Situation »von oben«, aus der Distanz zu sehen. Die Signale und Worte der anderen erreichen uns nicht mehr, alles fühlt sich wie in Watte gehüllt an. Erst nach einiger Zeit kehren wir mit unserem Bewusstsein wieder in den Kontext zurück, manchmal, ohne dass die anderen etwas bemerkt haben, manchmal aber mit einem stark irritierten Gegenüber. Mangelnde Präsenz kann jedoch auch ein längerfristiger, nicht nur ein situativ getriggerter Zustand sein. Dann wirken wir als Führungskräfte generell eher blass und farblos, haben keine wahrnehmbare Kontur und kein klares Profil. Wir wirken regelmäßig irgendwie abwesend oder in Gedanken, zerstreut oder abgelenkt. Oder die anderen empfinden uns so, als wären wir immer in einer externen Beobachterposition: die Dinge berühren uns nicht wirklich, wir bleiben für andere nicht greifbar, wirken wie durchsichtig oder unscharf. Das Gegenüber kann dann das Gefühl bekommen, wir schauen durch es hindurch, nehmen es nicht wirklich wahr. Alle diese Verhaltensweisen sind nicht hilfreich für den Aufbau von stabilen, belastbaren Bindungen und Beziehungen – und damit auch nicht für unsere Führungswirksamkeit.

Selbstüberschätzung, der übersteigerte Glaube an die eigenen Fähigkeiten und Kompetenzen – entgegen besseren Wissens – ist eine weitere Innere Fessel. Manchmal haben wir wenig Zugang zu dem, was wir nicht wissen, zu den Grenzen unserer Kompetenzen, und überschätzen uns dann selbst. Das kann zwar problematisch sein (sofern es nicht als lernende Erfahrung prozessiert wird), ist hier allerdings nicht primär gemeint. Gemeint ist ein generalisiertes Verhalten von »Ich kann und weiß alles am besten«. Wir nehmen dann Aufgaben an, von denen wir ahnen könnten, dass sie zu groß, zu umfangreich, zu komplex für uns allein sind. Oder wir halten uns für Experten in allen möglichen Bereichen, weit jenseits unseres Kerngebiets. Oft leiten wir das aus unserer »langjährigen Erfahrung« ab, und ignorieren, dass es viele verschiedene Fachinformationen braucht, um komplexe Probleme adäquat zu bearbeiten. Pragmatische »Shortcuts« oder bewusste Verharmlosung von Komplexitäten im Sinne von »So schwierig ist das schon nicht« haben unbedingten Vorrang vor der Beteiligung oder Anhörung von Fachexperten. Wie in der Boulevardpresse in den letzten Jahren der Coronapandemie oft sinngemäß zu lesen war: »Deutschland hatte bisher 80 Millionen Bundestrainer, jetzt haben wir 80 Millionen Virologen«[28]. Ein gesunder Pragmatismus, eine gesunde Distanz zu einer reinen Expertenhörigkeit sind unbenommen wichtige Führungsprinzipien, wie immer kommt es auf die Balance an. Sich selbst überschätzende Führungskräfte wirken oft so, als wären sie sich dieser Selbstüberschätzung nicht bewusst, sondern hielten sich selbst wirklich für unfehlbar und allwissend. Häufiger jedoch ist die Tatsache der Selbstüberschätzung den betroffenen Führungskräften in ihrem Inneren durchaus bewusst – zumindest grundlegend. Sie kann dann oft der Kaschierung von Unsicherheit und dem Abwenden von Versagensängsten dienen.

Basis für die genannte Selbstüberschätzung, aber auch für andere Innere Fesseln, ist oftmals eine hohe innere Messlatte, ein sehr hoher innerer Anspruch an die eigene Leistungsfähigkeit. Nun ist das Legen einer hohen inneren Messlatte, das Definieren von hohen Anforderungen an sich noch nicht problematisch. Die Frage ist einerseits, ob es sich nicht schon um eine »Missions Impossible« handelt (siehe hierzu unten mehr) und andererseits, wie man damit umgeht,

28 Siehe beispielsweise: https://www.welt.de/satire/article207634523/Deutschland-Erstmals-mehr-Corona-Experten-als-Bundestrainer.html.

wenn man die selbst gesteckten Ziele nicht erreicht. Folgt auf dieses Nicht-Erreichen der eigenen Ziele potenziell eine Schleife aus Selbstabwertung und eine grundsätzliche Infragestellung der eigenen Person, bekommt das Erreichen der selbst gesteckten Ziele einen existenziellen Charakter. Das Erreichen dieser Ziele wird fundamental an den eigenen Wert gekoppelt. Dieser überhöhte eigene innere Anspruch kann dann die Erscheinungsform des **Getriebenseins** bekommen. Es ähnelt dem Perfektionismus. Nichts ist gut genug, die Führungskraft kommt kaum noch zur Ruhe und läuft quasi ständig auf »Notstrom«. Auch hier ist die Innere Fessel von einem gesunden Ehrgeiz und Antrieb zu unterscheiden.

Beim Getriebensein kann sich so anfühlen, als »reiche es nie«. Egal, wie viel man investiert, was man tut oder veranlasst, wie man es auch angeht, das Erreichen eines Ziels (sofern wir es überhaupt benennen können) ist nie das Ende des Prozesses. **»Es reicht nie«** unterscheidet sich dabei fundamental von »Es reicht nicht«. Der erste Satz ist eine Anleitung zum Unglücklichsein und eine starke Innere Fessel, der zweite Ausdruck einer »gesunden« Ambition. »Es reicht nie« wirkt endlos: Wir setzen uns extrem ambitionierte – manchmal gar unerreichbare – Ziele und beginnen mit Erreichen der Zielgeraden – oder oft schon davor – die nächsten Ziele zu definieren. Ein Innehalten und Würdigen des Geleisteten ist nahezu unmöglich. Egal, was wir tun, es scheint immer noch mehr möglich zu sein. »Höher, schneller, weiter« ist die Devise, ohne dass wir sagen können, wohin wir eigentlich am Ende wollen, wann wir angekommen wären. »Wann ist es genug?« – Diese Frage können wir dann weder im Beruflichen noch im Privaten ehrlich beantworten. Es scheint so, als wäre der nächste Meilenstein die Lösung, aber beim genaueren Hinschauen müssen wir erkennen, dass dahinter schon der nächste lauert, und dahinter sich wieder ein weiterer Meilenstein am Horizont unserer »must have«-Lebensziele abzeichnet. Oft empfinden wir diese »Es reicht nie«-Fessel zunächst als Ehrgeiz oder Ambition. Schnell wird beim Nachdenken aber klar, dass sie uns endlos antreiben wird, dass wir nie zur Ruhe kommen werden, dass das vermeintlich finale Ziel wie bei Tantalos immer wieder in die Ferne entweichen wird. Führungskräfte, die mit dem Glaubenssatz »Es reicht nie« führen, haben eine Anleitung zum Unglücklichsein zur Maxime ihres Lebens erklärt. Und sie erzeugen oft eine Atmosphäre von Hektik, die Mitarbeitende demotivieren kann und im schlimmsten Falle sogar in die Erschöpfung treibt. Gleichzeitig bekommen die für eine produktive Arbeitsatmosphäre so wichtigen Momente, in denen das Erreichte gefeiert und gewürdigt wird, einen Charakter von »Ja, aber …«. Es gibt eine hohe Tendenz, sich selbst immer wieder eine »Mission Impossible« aufzuerlegen oder sich an Zielen zu messen, deren Erreichen sie selbst gar nicht steuern können. Und: Getriebene mit »Es reicht nie«-Prämissen können auf andere unsouverän wirken, es fehlt ihnen dann ein gewisses Maß an »Gravitas«. Man merkt ihnen ihr Getriebensein an, und das kann im Einzelfall sogar dazu führen, dass ihre wichtigen, gehaltvollen und relevanten Beiträge nicht so ernst genommen werden.

Nahe verwandt ist die Innere Fessel der **Grenzenlosigkeit**. Die eigenen Grenzen und die Grenzen der anderen werden erbarmungslos überschritten, um die Ziele zu erreichen. Bei den Führungskräften selbst birgt diese die Gefahr des Ausbrennens und der Dauererschöpfung. Und in diesem Zustand stehen nicht alle Kompetenzen zur Sicherstellung der Überlebensfähigkeit der Organisation zur Verfügung, man ist im Dauerstress, weil man ständig über seine eigenen Belastungsgrenzen geht. Nur noch die aktuell dringendsten Dinge werden erledigt, das Wichtige bleibt mangels Ressourcen liegen. Das sind nicht selten die strategischen Fragestellungen, die dann den operativen Notwendigkeiten geopfert werden. Darüber hinaus ist das dauerhafte Arbeiten jenseits der eigenen Grenzen nicht gesund und langfristig eher selten dazu angetan, ein »gutes Leben« zu führen. Bei den Mitarbeitenden (und auch im privaten Umfeld der Führungskraft) sorgt das regelmäßige Überschreiten von Grenzen mindestens für Unmut und Demotivation, keiner lässt es gerne ungestraft zu, dass sich andere, also hier die Führungskraft, regelmäßig ohne Einladung im eigenen Vorgarten tummeln. Die Mitarbeitenden und Kollegen beginnen sich – oft unbewusst – dagegen zu wehren, es werden Täter-Opfer-Dynamiken mit den bereits beschriebenen Negativspiralen indiziert. Dies gilt insbesondere, wenn unser Gegenüber in seiner Biografie bereits dramatische oder gar traumatische Erfahrungen mit Grenzverletzungen gemacht hat: weil es in der Vergangenheit beispielsweise Gewalterfahrungen oder Übergriffe gab. In diesen Fällen kann unser grenzverletztendes Verhalten schnell eskalieren und beim Gegenüber zu enormen Aggressionsausbrüchen in aktiver oder passiver Form führen. Wir werden uns hiermit in Kapitel 4.3.4.3 näher beschäftigen.

»Ich muss es allein schaffen« sei hier als eine weitere Innere Fessel zu skizzieren. Delegieren, im Team Themen gemeinsam bearbeiten, miteinander am Ziel zu feilen, um Hilfe zu bitten und diese anzunehmen ist uns dann nahezu unmöglich. Oft erkennen wir nicht einmal, dass es vielfältige Unterstützungsmöglichkeiten gäbe. Vielleicht assoziieren wir mit dem »zusammen schaffen« ein Signal von Schwäche, vielleicht trauen wir die Aufgabe niemand anderem zu, vielleicht wollen wir den Ruhm nicht teilen. Meist jedoch fühlt es sich wie ein starker innerer Zwang an, wie etwas, das nur von uns selbst erreicht werden muss, ohne dass wir genau verstehen, warum. Wir fühlen uns dann mit den Themen fundamental allein, auf uns selbst gestellt, keiner kann uns beistehen. Das berühmte Zitat aus dem Kinofilm »Highlander«[29], »Es kann nur einen geben«, könnte dann hier gelten. Und die berühmte »Einsamkeit an der Spitze« wird durch unsere Innere Fessel noch deutlich verstärkt.

Als ein weiteres illustratives Beispiel für Innere Fesseln soll hier noch kurz auf **mangelnde (emotionale) Begeisterungsfähigkeit** durch oft übertriebene Problem- und Sachorientierung hingewiesen werden. Während der Fokus auf den noch zu bearbeitenden, offenen Themen und den zu erwartenden Problemen für die unteren und mittleren Stufen der Führungshierarchie oft essenziell ist, bekommt auf den oberen Ebenen eine Balance zwischen Problemorientierung und (adäquatem) Optimismus eine immer größere Bedeutung. Es geht immer mehr darum, nicht nur die Faktenebene zu bedienen, sondern die Mitarbeitenden emotional zu begeistern und mitzunehmen. Und das passiert nicht nur über die Sachebene. In der Personalberatung, wird dieses Verhalten mit der Kompetenz »Generate enthusiasm« benannt. Es wurde als eine der wesentlichen Kompetenzen identifiziert, die vor allem auf der Vorstandsebene zu-

29 https://de.wikipedia.org/wiki/Highlander_-_Es_kann_nur_einen_geben.

nehmend eine Rolle spielt. Dies gilt insbesondere auch für große Transformationsprojekte. Die Sachebene mit all den Argumenten und Fakten, die die Veränderung plausibel und notwendig erscheinen lassen, ist der Hygienefaktor: Ohne dies geht es nicht. Die Exzellenz in der Umsetzung braucht jedoch die Begeisterung der Mitarbeiter für das Neue und vermittelt sich über die emotionale Ebene. Oder wie der Kleine Prinz von Antoine Saint-Exupéry auf die Frage der Bootsbauer antwortet: »Wenn Du ein Schiff bauen willst, so trommle nicht Männer zusammen, um Holz zu beschaffen, Werkzeuge vorzubereiten, Aufgaben zu vergeben und die Arbeit einzuteilen, sondern lehre die Männer die Sehnsucht nach dem weiten endlosen Meer«[30]. Um diese Begeisterung in anderen erzeugen zu können, braucht die Führungskraft Zugang zur ihrer eigenen Begeisterung, zu den eigenen Emotionen.

Nicht selten kann auch eine übermäßige Suche nach **Anerkennung von außen** eine Innere Fessel darstellen. Wir alle brauchen hin und wieder Anerkennung für das, was wir tun. Wir wollen, dass andere uns erkennen und sehen für das, was wir (Gutes) sind und tun. Eine solche moderate Suche nach Anerkennung zum Zwecke der Zugehörigkeit ist durchaus normal und sinnvoll – Menschen sind soziale Wesen und brauchen das Miteinander. Bei einer Inneren Fessel Anerkennung bestimmt jedoch die Frage, was die anderen wohl über das eigene Verhalten denken, wie sie uns bewerten und einschätzen, das gesamte Denken und Tun. Anerkennung wird dann wichtiger als Entscheidungskriterium für uns als das sachlich Richtige oder das Zielführendste. Die Frage »Was würden die anderen sagen?« liegt wie ein Filter über vielen Gedanken und beeinflusst oder verhindert sogar die Entscheidung für die unter Führungsgesichtspunkten für die Organisation hilfreichste Lösung. Die hier beschriebene Suche nach Anerkennung, ja fast die Sucht nach Anerkennung, ein »willing to please« ist deutlich zu differenzieren von einer gut balancierten Resonanz auf die tatsächliche oder mögliche bzw. antizipierte Wirkung auf unser Gegenüber. Zu spüren, wo unser Gegenüber gedanklich und emotional gerade ist, ist eine Kernkompetenz in der Beziehungsgestaltung. Während diese Resonanz unsere Kommunikation bereichert und somit unsere Wirksamkeit erhöht, geht es bei der Anerkennungssucht primär um das Gesehenwerden und nicht um die Sache – diese ist gewissermaßen nur ein Mittel, sich situativ sichtbar zu machen und sich (oft scheinbar) zugehörig zu fühlen.

Bei Familienunternehmern kann eine Suche nach Anerkennung und Absegnung des eigenen Tuns und Handelns der jüngeren Führungsgeneration durch die ältere Unternehmergeneration oder die Gründer zu einer Inneren Fessel werden. In allen Unternehmen ist ein Generationenwechsel auf der Führungsebene eine nicht triviale Aufgabe, erfordert er doch einen kontrollierten Übergang vom Alten zum Neuen, ein gutes Managen der entstehenden Diskontinuitäten, ein achtsames und doch zielgerichtetes Frei-Schwimmen. In Familienunternehmen (in denen die Familienmitglieder aktive Führungsrollen übernehmen) kann dieser Übergang durch die familiären Beziehungen etwas komplizierter werden. Die neue Führungsgeneration ist dann verwandtschaftlich an die alte gebunden und eine Emanzipation der jüngeren Generation von

30 https://www.zitate.eu/autor/antoine-de-saint-exupery-zitate/1634.

der älteren hat auch den Charakter einer quasi-pubertären Ablösung. Manchmal wirkt in der jüngeren Generation allerdings noch die Innere Fessel, das alles Tun und Handeln unbedingt den Segen der Älteren finden möge. Dann kann durch diese Suche nach Anerkennung gegebenenfalls das eigene Urteilsvermögen, die eigene Fähigkeit zur Analyse und Einschätzung der Situation, die eigene, freie Entscheidungskompetenz behindert oder unmöglich gemacht werden. Es besteht die Gefahr, dass das Unternehmen dann – unabhängig von der aktuellen Firmensituation und von Markt- und Wettbewerbsentwicklungen – nahezu sklavisch im Sinne der »Gründungsväter« weitergeführt wird. Eine (gegebenenfalls notwendige) Reaktion auf aktuelle Kontexte oder eine Kurskorrektur ist dann kaum möglich– würde eine Anpassung des Kurses doch gegebenenfalls von der älteren Generation (oder, falls diese schon verschieden sind, von ihren »Geistern«) nicht goutiert werden. Das ist so lange unproblematisch, wie die Ideen der älteren Generation auch heute noch tragen. Wenn nicht, liegen bei einer solchen Inneren Fessel dann die Schwerpunkte der Führungskraft eher auf der – in der Sucht nach Anerkennung durch die Älteren begründeten – **Exekution von alten Familienaufträgen** als auf dem, was heute zum Überleben des Unternehmens notwendig sein könnte.

Als ein weiterer typischer Kollateraleffekt der Sucht nach Anerkennung kann es uns **schwerfallen, Nein zu sagen**. Wir fürchten um die Anerkennung oder um die Beziehung allgemein und haben die – manchmal unbewusste – Vorstellung, das Gegenüber würde uns nicht mehr respektieren, uns nicht mehr wohlgesonnen sein oder unser Nein aus Enttäuschung als Kampfansage auffassen. Infolgedessen können wir auch die Tendenz entwickeln, Konflikte zu vermeiden, weil wir befürchten, dass wir weniger anerkannt oder geschätzt werden, wenn wir zu unserer Meinung stehen (vergleiche die Beschreibung der Inneren Fessel Konfliktvermeidung weiter oben in diesem Kapitel). In der Realität scheint ein sachlich-konstruktives, gut begründetes und empathisch kommuniziertes »Nein« Beziehungen allerdings eher zu stärken als zu schwächen. Typisch für eine Innere Fessel suggeriert uns diese allerdings etwas anderes: »Bloß nicht Nein sagen«. Wenn es uns schwerfällt, Nein zu sagen, ist daran nicht selten auch die Innere Fessel der mangelnden Selbstfürsorge gekoppelt.

Besonders dramatisch kann sich die Anerkennungssucht auswirken, wenn sie sich als innere, oft unbewusste Referenz auf Mitglieder unseres Herkunftssystems bezieht. Dann werden Entscheidungen, Gedanken und Handlungen unter dem Gesichtspunkt der Anerkennung z. B. durch den Vater, die Mutter oder eine andere verinnerlichte Autoritätsperson aus unserer Biografie gefiltert bzw. selektiert. Dies kann auch noch wirken, obwohl unsere damaligen Bezugspersonen bereits nicht mehr leben (wir hatten die hier potenziell wirkenden Mechanismen bereits unter dem Aspekt Generationswechsel in Familienunternehmen oben kurz beleuchtet). Diese inneren Referenzprozesse sind oft nur halb bewusst und werden erst beim Hinterfragen sichtbar. Viel häufiger zeigen sie sich jedoch in der inneren Referenz auf sogenannte **Tugenden und Werte**. Nun haben Werte und Tugenden prinzipiell als Orientierung oder als sinnstiftende Parameter für unser Leben sicher ihre Bedeutung. Idealerweise sollten diese jedoch hinterfragt und von unserem erwachsenen, kompetenten Führungs-Ich als sinnvoll bewertet sein, und nicht »unzensiert« und wenig hinterfragt ihre Wirkung auf unseren Führungsalltag ausüben.

Ein prominentes Beispiel für eine auf Tugenden und Werten basierende Innere Fessel ist das **Pflichtbewusstsein.** Pflichtbewusstsein äußert sich häufig in inneren Überzeugungen von »Du musst ...« – die situative Abwägung nach dem Hilfreichsten wird dann durch Überzeugungen überlagert. Sinnvoll ist dann, nicht das Laissez-faire als ein mögliches Gegenteil von Pflicht zu setzen, sondern Verantwortungsübernahme. Zum einen ist das Übernehmen von Verantwortung ein aktiver Prozess, der eine abwägende Entscheidung voraussetzt, während Pflichtbewusstsein oft eher ungefragt, quasi automatisch wirkt. Bei dem Übernehmen von Verantwortung wird ein anderer Referenzpunkt – unser eigenes, idealerweise gut reflektiertes Wertesystem – bedient. Bei Handlungen aus Pflichtbewusstsein wirken hingegen eher von außen übernommene Prägungen und Glaubenssätze, der Referenzpunkt ist öfter extern und in der Vergangenheit verortet. Man könnte bei jeder Pflichtübung fragen: »Wer sagt, dass Du das musst?« Des Weiteren ist Verantwortung meist vielschichtiger und umfasst dann auch die Dimension »Verantwortung für mich und mein »gutes Leben« übernehmen«, etwas, was bei vielen Pflichten weniger im Mittelpunkt steht. Aus Pflichtbewusstsein denken und handeln, stellt also in vielen Fällen eine Innere Fessel dar.

Ein anderes Beispiel für eine auf Tugenden und Werten basierende Innere Fessel kann zum Beispiel die Überzeugung sein, vor allem auf das Gemeinwohl, also auf die Bedürfnisse der anderen, der Mitarbeitenden und Kollegen, der Vorgesetzten, des Unternehmens und der Shareholder zu schauen. Auf einen ersten oberflächlichen Blick scheint ein solcher **Altruismus als Führungsleitsatz** – insbesondere aus Sicht der Vorgesetzten und der Shareholder – recht attraktiv zu sein. Bei näherem Hinsehen kann es sich jedoch auch schnell zu einer Einladung zur Selbstvernachlässigung im Sinne von »alle anderen sind wichtiger als ich« entwickeln und dann gegebenenfalls in einem Dauerzustand von Erschöpfung, Ausgebranntsein oder sogar Burn-out enden. Auch kann es mit einer solchen Inneren Fessel schwerfallen, ein eigenes, belastbares und differenziertes Profil zu entwickeln (man wirkt eher wie ein »Fähnchen im Wind«) und unbequeme, aber notwendige Entscheidungen gegen den Mainstream zu treffen.

Eine weitere Innere Fessel ist das **Ausgeliefertsein gegenüber (faktisch) irrationalen Ängsten.** Ein häufig zu beobachtendes Phänomen unter Führungskräften ist beispielsweise die Angst vor Verarmung. Obwohl bestens ausgebildet, mit einer klaren Karriereentwicklung und entsprechenden zukünftigen Arbeitschancen, mit einem bereits ansehnlichen Vermögen und einer sicheren Rente gesegnet, zeigen sich deutliche **Existenzängste**. Selbst eine genaue Kalkulation der Reichweite des bereits angesparten Vermögens scheint dann nicht zur Beruhigung auszureichen. Die Innere Fessel suggeriert völlig unrealistische Horrorszenarien wie kompletter Vermögensverlust, Obdachlosigkeit, nachhaltige Dauerarbeitslosigkeit, schwerste langwierige Erkrankung ohne finanzielle Absicherung durch Krankenversicherungen etc. Horrorszenarien, die jedes für sich aber vor allem auch in der Summe vollkommen unrealistisch zu sein scheinen – vor allem in einer Gesellschaft mit einem gut funktionierenden sozialen Netz – und doch steuern uns diese diese Existenzängste umfassend. Manchmal zeigt sich hier eine Version des »Es reicht nie«-Programms. Auf jeden Fall können uns solche Ängste jedoch zu den falschen Prioritäten und Entscheidungen in unserer Führungsrolle treiben, unsere Handlungsfähigkeit lähmend einschränken, ja im Extremfall sogar zu unrechtmäßiger Vorteilsnahme oder Selbstoptimierung auf Kosten der Organisation einladen.

Schließlich sei noch auf eine wichtige Innere Fessel hingewiesen, die wir häufig nur durch genaue Beobachtung identifizieren können: **Vermeidung**. Wir haben diese Innere Fessel bereits zum Beispiel bei der Konfliktvermeidung kennengelernt. In indirekter, verdeckter Form wirkt sie auch, wenn es beispielsweise um das Vermeiden von emotionaler Nähe (Empathiemangel) oder um das Vermeiden von Unsicherheiten (»Datenfetischismus«) geht. Vermeidung kann aber auch direkt auftreten und uns dann – oft halb- oder unbewusst – einladen, bestimmte Personen, Situationen, Gespräche, Umstände etc. zu meiden. Dann gibt es Kunden, Kollegen oder Mitarbeitende, denen wir – scheinbar ohne nachvollziehbaren Grund – aus dem Weg gehen, obwohl uns unsere Führungsaufgabe eigentlich nahelegt, den Kontakt zu suchen. Oder wir vermeiden den – für unsere Aufgabe eigentlich wichtigen – Besuch bestimmter Veranstaltungen oder die Teilnahme an bestimmten Diskussionsrunden. Auch die Vermeidung bestimmter Geschäftsreiseziele oder einzelner Reisemittel kann eine Ausprägung dieser Inneren Fessel sein. Manchmal sind es auch bestimmte Räume oder Orte, die unsere Vermeidungsfessel aktivieren. Die Liste wäre beliebig fortsetzbar. In der Regel gelingt es uns zunächst ganz gut, diese Vermeidungen rational zu rechtfertigen – bei genauerer Beobachtung wird jedoch oft die Wirkung einer Inneren Fessel sichtbar.

Der Vollständigkeit halber sei hier auch noch auf eine andere Ausdrucksform von Inneren Fesseln hingewiesen: **körperliche Symptome**. Viele Führungskräfte leiden unter einer oder mehreren Körpersymptomen. Genannt werden sollen hier beispielhaft verschiedene Formen von Schmerzen, Verspannungen, Knochen- und Gelenkbeschwerden, Magen-Darm-Beschwerden, Hautbeschwerden, Schlafstörungen etc. Zunächst sollten diese Beschwerden hinreichend medizinisch abgeklärt werden. In nicht seltenen Fällen führt dies jedoch zu keiner klaren somatischen Ursache bzw. zu der Aussage, die Beschwerden seien durch den Lebens- und Arbeitsstil oder durch die Stressbelastung verursacht. In solchen Fällen können Körpersymptome sehr wertvolle Hinweisgeber auf Innere Fesseln sein. Dann ist die Alternative zu einer eventuell langwierigen symptomatischen Behandlung zum Beispiel mit Schmerzmitteln gegebenenfalls das Erforschen der inneren Glaubenssätze und Überzeugungen, die uns krank werden lassen. Schließlich zeigen Führungskräfte manchmal eine übertriebene jedoch (noch) nicht als medizinisch-pathologisch zu klassifizierende Neigung zu gesellschaftlich akzeptierten Drogen wie Alkohol und anderen. Auch diese Verhaltensmuster können wertvolle Hinweise auf Innere Fesseln als Treiber des Geschehens darstellen. Gleichzeitig gehört das Behandeln einer ausgeprägten Suchterkrankung allerdings klar in die Hände von medizinischen Fachleuten.

Abschließend sollte noch auf eine besondere Innere Fessel hingewiesen werden: das **Opfer der Umstände** . Sind wir Opfer der Umstände, dann erkennen wir scheinbar nicht, was unser Verhalten, unsere Inneren Fesseln, in und mit unserem Gegenüber, mit den Teams und Kollegen, mit der Organisation anrichten. Wir werden vielleicht durch Feedback darauf hingewiesen, wollen das aber nicht wahrhaben. Anstelle dessen konstruieren wir uns eine Vielzahl von Gründen, warum »die anderen« schuld sind und wir nur auf äußere Reize reagieren. »Die anderen«, das sind dann die uneinsichtigen, zu faulen, zu inkompetenten oder »veränderungsresistenten« Kollegen. Oder die langwierigen Prozesse, die unflexiblen Strukturen, die überflüssigen Gremien, die unbarmherzigen Shareholder. Oder die unvorteilhaften Marktbedingungen, der so aggressive Wettbewerb, der Preisdruck. Alles gibt uns Gründe, warum wir nur genau so reagieren können, wie wir es tun. Wir erleben dann einen Realitätsverlust, können alles nur aus der Perspektive einer Einbahnstraße sehen. Wir sind die Opfer der Umstände. Diesen Realitätsverlust kann man auch als eine Innere Fessel zweiten Grades sehen. Sie können entstehen, weil wir der Scham über die Wirkung unserer »primären« Innere Fesseln, die wir an anderen ausleben, nur so entkommen können. Weil das Erkennen unserer Schuld, unserer Taten, zu schmerzhaft wäre, machen wir uns lieber zum Opfer und »die anderen« zu Tätern. Wir werden auf diesen speziellen Aspekt später zurückkommen (vergleiche hierzu Kapitel 4.3.4.4).

Viele der oben genannten Inneren Fesseln zeigen sich vor allem zunächst in bestimmten Denk- und Verhaltensmustern. Es gibt jedoch auch Innere Fesseln, die sich vor allem oder sogar ausschließlich auf einer emotionalen Ebene manifestieren und aus dieser heraus unser Verhalten und Denken zu steuern vermögen. Eine solche Innere Fessel ist beispielsweise das Gefühl von allgegenwärtiger **Schuld**. Schuld als Innere Fessel ist nicht mit bestimmten Situationen oder Zusammenhängen, in denen wir vielleicht tatsächlich schuldig geworden sind (zum Beispiel, weil wir einem Menschen über den Mund gefahren sind, einen Geburtstag vergessen haben oder jemand das Auto angefahren haben), korrelierbar. Sie ist weit verbreitet und allgegenwärtig. Immer fühlen wir uns für irgendetwas schuldig, wissen aber nicht wirklich wofür. Es ist, als wenn wir eine universelle Schuld tragen müssen. Nicht selten korreliert das mit einem verminderten Selbstbewusstsein und einem grundlegenden Gefühl, nicht richtig zu sein so wie wir sind. Aus diesem Grundgefühl heraus können sich einige der oben genannten Inneren Fesseln wie Konfliktvermeidung, den Präsenzmangel oder die Suche nach Anerkennung speisen. Die allgegenwärtige Schuld kann aber auch ganz andere Verhaltensweisen bedingen: zum Beispiel eine überproportionale **Harmoniesucht** oder eine **eingeschränkte Entscheidungsfähigkeit**, bedingt durch eine durch unser Schuldgefühl verzerrte Realtitätswahrnehmung. Eine phänotypisch ähnlich wirkende Innere Fessel kann ein allgegenwärtiges Gefühl von **Scham** sein. Auch hier bleibt uns der Grund für die Scham oft zunächst verborgen, wir wissen nicht, wofür wir uns eigentlich schämen. Und doch treibt das allgegenwärtige Gefühl unser Verhalten und Denken, unser Miteinander und unsere Beziehungsgestaltung. Beide oben genannten Gefühle, Schuld und Scham, sind prinzipiell sehr machtvolle Gefühle, die wir gegebenenfalls unbedingt zu vermeiden versuchen – hier zeichnet sich eine klare Verbindung zur Inneren Fessel Vermeidung (siehe oben) ab. Zum Schluss sei in dieser Kategorie von Inneren Fesseln noch die grundlegende Sehnsucht nach **Rache** genannt. Auch dieses Gefühl wird erst durch seine Allgegenwärtigkeit, durch seine Entkopplung von bestimmten, gegenwärtigen Einzelerlebnissen zu einer Inneren Fessel, kann dann aber sehr umfassend unser Verhalten und Denken steuern. Ein gutes (und leider nicht zu seltenes) Beispiel hierfür wären generell diskriminierende, abwertende, angreifende oder respektlose Verhaltensweisen von männlichen Führungskräften den weiblichen Kollegen gegenüber. Nicht selten wirkt hier ein Rachebedürfnis allen Frauen gegenüber, pauschal und allgemeingültig, unabhängig von dem individuellen Gegenüber und unserer Beziehungshistorie mit ihr. Manchmal versuchen wir, dieses Verhalten intellektuell zu rechtfertigen, durch Einzelerfahrungen zu legitimieren, aus unserer Erfahrung abzuleiten. In unserem Inneren müssen wir aber oft schnell feststellen, dass das nicht die ganze Wahrheit ist und dass es dahinter eigentlich um pauschale Rache an dem anderen Geschlecht gehen könnte. Das beschriebene Muster lässt sich beliebig auf andere Gruppen übertragen: auf »die Männer«, »die Betriebsräte«, »die Linken« oder wen auch immer. Wie alle Inneren Fesseln ist auch das Rachebedürfnis durch Einzelerfahrungen nicht abzustellen, es nimmt in der Regel nicht ab, wenn wir uns erfolgreich an der Kollegin, dem Betriebsrat, der Nachwuchsführungskraft, die an unserem Stuhl sägt, gerächt haben. Es verändert sich nichts an unserem Rachebedürfnis, weil es gar nicht um diese speziellen Menschen geht, an denen wir uns abarbeiten, sondern um etwas anderes, um etwas, für das wir uns rächen müssen, aber nicht genau wissen, an wem und wofür.

Ganz zum Schluss sei noch auf eine Innere Fessel hingewiesen, die gewissermaßen auf einem anderen Level als die anderen, auf einer Metaebene wirkt: die oft verzweifelte **Suche nach Sinn**. Häufig haben wir uns mit vielen unserer Inneren Fesseln arrangiert. Wir haben work-arounds gefunden, können durch Vermeidung einigen der Trigger aus dem Weg gehen und haben – oft unter Missbrauch unserer Macht über die Betroffenen – dafür gesorgt, dass die verbleibenden Inneren Fesseln von den tangierten Mitmenschen als besondere Gewohnheiten, persönliche Spleens oder charakterliche Macken interpretiert und zähneknirschend akzeptiert werden. Wir kommen klar, haben uns einigermaßen arrangiert. Und doch holt uns oft in der zweiten Hälfte unseres Arbeitslebens manchmal das Gefühl ein, dass wir nur noch funktionieren. Der Kick, den wir früher in der Aufgabe verspürt haben, hat sich marginalisiert. Wir vermissen dann den Sinn des Ganzen, fragen uns, warum wir den so lange verfolgten Weg eigentlich weitergehen sollen. Die einmal definierten Ziele verlieren an Attraktivität und können uns nicht mehr bei der Stange halten. Das am Horizont in Aussicht stehende Vermögen oder der avisierte Lebensstil verlieren an Glanz. Zu hoch scheint der tägliche Einsatz, zu viel Energie kostet der weitere Weg, zu wenig inneren Zufriedenheit und Glück hinterlässt unser Tun und Handeln. Wir sind in der Tiefe am Zweifeln: Wofür das Ganze? Wohin soll das alles führen? Und was wäre die Alternative? Und häufig auch: Wer bin ich eigentlich? Was macht mich aus? Was möchte ich eigentlich mit meinem Leben noch machen? Lebe ich das Leben, das ich leben möchte? Nicht selten ist dieser tiefe Zweifel eine Meta-Konsequenz der jahrelangen Ignoranz gegenüber den einzelnen Inneren Fesseln. Und wird dann auf der Meta-Ebene eine eigene Innere Fessel: die verzweifelte Suche nach dem Sinn. Unsere Motivation lässt nach, wir beginnen die jahrelang aufgebaute Erschöpfung zu spüren, haben gefühlt keine Kraft mehr zum Weitermachen. Und parallel grübeln wir über der Sinnfrage. In diesem Zustand können wir in der Regel unserer Führungsaufgabe nur noch bedingt nachkommen. Manchmal bietet sich ein weiteres »Ich muss« als Abhilfe an, doch auch dies hilft irgendwann nicht mehr. Im Extremfall landen wir in der Melancholie oder in einer depressiven Phase. In diesen Situationen würde ein innerer Kontakt zu unserer Begeisterung helfen: Was macht mir wirklich Freude? Wofür brenne ich? Was will ich mit meinem Leben bewirken? Allein: häufig haben wir genau diesen Kontakt verloren (vergleiche die Innere Fessel der mangelnden Begeisterungsfähigkeit). Die Inneren Fesseln halten uns dann fest im Griff, auf der individuellen wie auf der Metaebene.

Die Liste möglicher Ausprägungen von Inneren Fesseln ließe sich noch beliebig fortsetzen. Auch können Innere Fesseln miteinander kombiniert oder teilweise zu neuen Mischformen verschmolzen auftreten. Die genannten Schlagworte zur Beschreibung einzelner Innerer Fesseln sind nicht exklusiv, sondern illustrativ für typische Innere Fesseln.

Alle oben genannten Verhaltens- und Denkmuster können situativ nützlich und effektiv sein. So kann es bei Führungsaufgaben unter hohem Zeitdruck und mit schwächer qualifizierten Mitarbeitenden durchaus angemessen sein, diese eng zu führen und viel vorzugeben. Die »harte« Auseinandersetzung mit einem Kollegen bzw. das Schweigen in einer Meetingsituation kann für das Erreichen der Ziele als der situativ richtige Weg erscheinen. Genauso kann das Verfolgen eines ambitionierten Zieles mit »Mission-Impossible«-Charakter im spezifischen Einzelfall wesentlich für das Überleben der Organisation sein. Problematisch werden diese Denk- und Verhaltensweisen, wenn sie sich innerlich als situations- und kontextübergreifend, quasi als »Allzwecklösungen« anbieten. Denn dann bekommen sie den Charakter von Inneren Fesseln: Sie beeinträchtigen unsere situative Flexibilität und den Einsatz des hilfreichsten Führungswerkzeugs. Und sie haben alle einen signifikanten Einfluss auf unsere Führungskompetenzen.

Nicht immer zeigen sich unsere Inneren Fesseln in der oben geschilderten Deutlichkeit und nicht immer sind sie so ausgeprägt. Häufig jedoch sind sie wesentliche Bausteine unserer eigenen inneren Sabotage. Mehr als wir hoffen oder glauben wollen, behindern sie uns in unserer Weiterentwicklung als Führungskraft – und in unserer Wirksamkeit.

4.1.2 Innere Fesseln transzendieren die Führungsrolle

Wir können deutlich sehen: Unsere Inneren Fesseln haben weniger mit der Rolle als Führungskraft zu tun als mit unserer gesamten Persönlichkeit, unserem Menschsein. Sie beschränken uns nicht nur in unserer Führungswirksamkeit, sondern auch im Privatleben. Innere Fesseln transzendieren die verschiedenen Rollen, die wir im Leben einnehmen: Führungskraft, Eltern, Partner, Freunde, Mitbürger etc. Perfektionismus, Schwierigkeiten im Umgang mit Konflikten, die Tendenz, alles selbst zu machen, oder Schwierigkeiten damit, anderen zu vertrauen – all das kann auch unser Zusammenleben mit dem Partner, unsere Erziehungsversuche mit unseren Kindern, unsere Freundschaften beeinträchtigen.

Aus diesem Grund ergibt es bei einer Bearbeitung der Inneren Fesseln Sinn, sich den Bereich unseres Lebens anzuschauen, bei dem diese am deutlichsten zum Vorschein kommen und wo der Veränderungswunsch am höchsten ist – dort, wo der Leidensdruck am größten oder die Vision von einem »besseren Leben« sich am greifbarsten materialisiert. Auch wenn die Innere Fessel sich nicht primär im Berufs-, sondern im Privatleben zeigt, wird eine Bearbeitung auch unsere Führungskompetenzen verbessern. Wie bereits weiter vorne im Buch beschrieben: Bei Führungskräften gibt es umso weniger eine klare Trennung zwischen Beruf und Privatsphäre, je höher sie in der Hierarchie aufsteigen, je umfassender die Verantwortung ist.

Führungskraftentwicklung durch Ent-Fesselung, die sich künstlich nur auf den beruflichen Bereich fokussieren will, bei der es ausschließlich um konkrete berufliche Herausforderungen gehen darf, beschränkt sich somit in gewisser Weise selbst. Es geht – vor allem bei Führungskräften der oberen Ebenen – um die Entwicklung der gesamten Persönlichkeit. Sonst bleibt Führungskraftentwicklung auf die Entwicklung von Rollen, von Personae im Sinne von C.G. Jung[31], beschränkt. Dann besteht die Gefahr, dass Rollenmodelle als Verhaltensschablonen und Masken eingeübt werden, die dann gewissermaßen über die Persönlichkeit gestülpt werden. Die dahinter wirkenden Kräfte bleiben dann im schlimmsten Falle unberücksichtigt und wirken weiter. Diese Prozesse können wertvolle Energien binden, die dann nicht für die eigentlichen Führungsaufgaben – oder für ein »gutes Leben« – zur Verfügung stehen. Sie beeinträchtigen unsere Authentizität und somit unsere Führungswirksamkeit.

4.1.3 Woran man Innere Fesseln erkennt

Inneren Fesseln haben eine Reihe von übergeordneten Charakteristiken.

Zunächst haben diese heute als Innere Fesseln erlebten Dynamiken sehr häufig die Eigenschaft, dass sie uns schon lange in unserer Karriere (und oft darüber hinaus) begleiten und nicht erst in den letzten Jahren entstanden sind. In vielen Fällen sind diese Verhaltens- und Denkmuster bis weit in unsere frühe Biografie, in die Jugend und Kindheit zurückzuverfolgen. Gleichzeitig sind sie oft ein **Kernbestandteil unseres bisherigen Erfolgs**: Sie haben wesentlichen Anteil an wichtigen Entscheidungen auf unserem Berufsweg. Sie haben uns so weit gebracht, durch sie sind wir da, wo wir heute beruflich stehen. Sie schienen Garanten und Katalysatoren für beruflichen Erfolg und Entwicklung – bisher. Und heute erleben wir sie mehr und mehr als limitierend, als nicht mehr adäquat für unsere Wirksamkeit – und für unser Wachstum. Sie sind gewissermaßen von Garanten des Erfolgs zu Ansatzpunkten für die persönliche und berufliche Weiterentwicklung geworden.

Der Vollständigkeit halber sei hier erwähnt, dass alles Gesagte analog für unser Privatleben gilt. Auch hier spielen die heute als Innere Fesseln erlebte Denk- und Verhaltensmuster eine entscheidende Rolle in der Auswahl unserer Freundeskreise, in der Partnerwahl und der Gestaltung unserer Beziehungen, in der Erziehung und im Umgang mit unseren Kindern.

Das wichtigste und auffälligste Charakteristikum ist, dass die Inneren Fesseln oft einen **Automatismus**, einen **Programmcharakter** haben. Sie laufen automatisch ab, wie ein einmal gestartetes Programm – eine Unterbrechung ist scheinbar unmöglich. Es fühlt sich nach einem starken, fast unwiderstehlichen inneren Zwang von »Du musst …« an. Wir werden Sklaven des

31 Siehe u. a. https://de.wikipedia.org/wiki/Persona sowie die vielfältige Standardliteratur zu C.G. Jungs Tiefenpsychologie.

Programms. Unser Verstand, der manchmal erkennt, was passiert, ist oft nicht imstande, das Programm zu unterbrechen und muss hilflos zuschauen, wie wir erneut den Automatismen erliegen. Eine Steuerung oder ein Eingreifen scheint unmöglich, wir sind dem Programm für eine Zeit wie ausgeliefert. Es ist, als würde uns etwas »anderes« übernehmen, uns steuern und in die bekannten Denk- und Verhaltensmuster zwingen – obwohl wir kognitiv erkannt haben, dass diese für die Situation ganz und gar nicht hilfreich sind. Die Programme scheinen stärker als wir. Ein Beispiel: Wir haben am Ende des Arbeitstages noch eine Masse unbearbeiteter E-Mails im Postfach. Nach schneller Durchsicht der Betreffzeilen kommen wir kognitiv zum Schluss, dass keine der Mails eine sofortige Bearbeitung erfordert oder zeitkritisch ist. Trotzdem wird ein innerer Zwang spürbar, diese doch noch abzuarbeiten. Oder unsere Erfahrung sagt uns, dass die Daten für die Präsentation im Großen und Ganzen stimmig sind und für den Zweck des Gesprächs mehr als ausreichend, trotzdem empfinden wir den inneren Zwang zu weiteren Analysen und Überprüfungen. Oder wir wissen, dass wir dem Mitarbeitenden die Aufgabe gut anvertrauen können, weil er hervorragend ausgebildet ist und auch bereits bewiesen hat, dass er ähnliche Aufgaben zur vollen Zufriedenheit erledigen kann. Trotzdem nagt ein grundlegender Zweifel an uns und wir schauen dem Mitarbeitenden häufig über die Schulter, um seine Arbeit zu kontrollieren, oder geben ihm so detaillierte Vorgaben, dass er nur noch abarbeiten kann und kein Raum für eigenes Denken und Handeln bleibt. Die Kollateralschäden – zum Beispiel mangelnde Eigeninitiative, das Nicht-Mitdenken des Mitarbeitenden, Demotivation und Lustlosigkeit – werden zwar erkannt, aber unser innerer Zwang zur Kontrolle lässt uns keine Wahl. Ein weiteres Beispiel wäre ein potenziell konfliktträchtiges Gespräch mit einem Kollegen, bei dem es uns trotz entsprechender Vorbereitung nicht gelingt, ruhig zu bleiben. Wir haben es vorgeplant, unsere Argumente sind parat, wir haben uns auch auf die zu erwartenden Gegenargumente eingeschwungen und uns Verhaltensweisen zurechtgelegt, um den Konflikt ohne aufschäumende Emotionen konstruktiv zu lösen. Und trotzdem bekommen wir es nicht hin: Innerhalb von Sekunden sind wir »auf 100« und der Konflikt eskaliert – oft ausgelöst und geschürt durch unser eigenes Verhalten.

Die Emotionsampel

Um Situationen bezüglich einer möglicherweise wirkenden Inneren Fessel einordnen zu können, habe ich als Hilfsmittel in der Arbeit mit meinen Klienten das Modell der Emotionsampel entwickelt.

Die Grundannahme hierbei ist zunächst, dass alle Emotionen in unserem Alltag grundsätzlich einen Sinn haben und es wert sind, beachtet zu werden. Die meisten Emotionen können aus meiner Perspektive auch als »Anwälte unseres Lebensglücks« betrachtet werden. So weisen Ängste auf mögliche Gefahren hin, Ekel hält uns zum Beispiel davon ab, für uns gegebenenfalls Schädliches zu konsumieren. Schmerzen weisen uns darauf hin, dass wir an einer Körperstelle beeinträchtigt und nicht voll leistungsfähig sind, selbst Liebeskummer kann als Hinweis auf die Bedeutung von nahen Beziehungen interpretiert werden. Schließlich setzt sich auch die Wut letztendlich für unser Lebensglück ein, denn sie entsteht regelmäßig, wenn wir an dem Erreichen unserer Ziele und Wünsche gehindert werden. Den aufkommenden Gefühlen einen Raum zu geben und ihnen mit Neugier zu begegnen, ist eine Grundvoraussetzung, diese zu verstehen und ggf. zu bearbeiten. Das »Wegdrücken« oder Negieren, das Überspielen oder das wütende Abwerten sind – für eine Veränderung – keine hilfreichen Aktionen, sosehr wir das in den jeweiligen Situationen vielleicht auch wünschen. Denn: »Verdrängtes geht in den Keller und macht dort Fitness.«[32]

Wenn wir uns der sich zeigenden Emotionen bewusst geworden sind, kann es förderlich sein, sie innerlich in eine Ampellogik einzuordnen: »Grün« wird hierbei für situationsadäquate Emotionen genutzt, »gelb« und »rot« für nicht-situationsadäquat (hierbei ist der Übergang zwischen gelb und rot eher als graduell einzustufen und soll eher die individuelle Einschätzung der Inkongruenz mit der Situation ausdrücken). In den »gelb/roten« Fällen ist die Intensität der Emotionen oder die Emotionen selbst also nicht einfach aus der Situation abzuleiten, quasi nicht als »natürliche« Reaktion auf die Situation zu werten. Wir scheinen »überzureagieren«. Bei »gelb/roten« Emotionen reagieren wir auf äußere Trigger, auf die sich uns darstellenden oder antizipierten Situationen und Kontexte, mit Emotionen, die mit anderen Erlebnissen verbunden sind. Aus diesen kann sich die Amplitude der Emotionen in der aktuellen Situation speisen. In den meisten Fällen triggern die Situationen emotionale und oft unbewusste Erinnerungen an frühere, als schwere Wunden erlebte Erlebnisse. Wir bekommen gewissermaßen »Besuch aus der Vergangenheit«. Auf jeden Fall spielen bei »gelb/roten« Emotionen Verknüpfungen mit anderen, früheren und oft nur unbewusst abgespeicherten Erlebnissen – jenseits der aktuellen Situation – eine wichtige Rolle und stellen die Ampel gewissermaßen von »grün« auf »gelb« oder »rot«.

Natürlich ist Einordnung entlang der Emotionsampel äußerst subjektiv und kann nur auf einer inneren Bewertung von Stimmigkeit beruhen. Sie unterscheidet sich auch für eine gegebene Situation sicherlich von Mensch zu Mensch. Was für den einen noch »grün« ist, ist für einen anderen bereits »gelb« oder gar »rot«. Maßstab ist, inwieweit sich die Emotion für das angestrebte Verhalten als adäquat anfühlt. In nicht wenigen Fällen kann die Einordnung entlang der Emotionsampel sich auch im Laufe eines Entwicklungsprozesses verändern: Was gestern noch als »grün« bezeichnet wurde, erscheint uns heute immer mehr als »gelb« und vielleicht sogar irgendwann als »rot«.

Hier ein Beispiel zur Illustration: Eine gewisse Grundaufregung vor einer wichtigen Präsentation vor einem Aufsichtsgremium ist wohl in den meisten Fällen als »grün« zu klassifizieren. Schließlich steht etwas auf dem Spiel und eine gewisse Grundanspannung ist eine physiologische Reaktion auf diese Herausforderung. Unsere Aufmerksam-

32 Germer, Christopher (2015): Der achtsame Weg zum Selbstmitgefühl, 2. Auflage, Freiburg 2017.

keit steigt, wir sind auf die anstehende Aufgabe fokussiert und alle inneren Systeme laufen auf Hochtouren, um das Beste zu erreichen. Die Aufregung kann ein Signal sein, dass unsere Intuition uns zeigt, dass bestimmte Aspekte der Präsentation oder Gesprächsplanung noch Lücken aufweisen, bestimmte realistisch zu erwartenden Fragen nicht vorbereitet sind oder Inkonsistenzen in der Präsentationslogik existieren. Diese Aufregungsemotionen wären in der Ampellogik noch immer »grün«. Sie sind hilfreiche (unbewusst oder halbbewusst erzeugte) Hinweisgeber, dass wir noch auf etwas achten sollen. Auf der anderen Seite wären mehrere schlaflose Nächte vor der Präsentation, eine Erstarrung in lähmender »Prüfungsangst«, überschäumende Aggressivität oder eine ausgeprägte innere Unruhe vor einer gut vorbereiteten und nach allen Regeln der Kunst gestalteten Präsentation vermutlich bei den meisten Führungskräften eher als »gelb« oder »rot« einzustufen. Sie sind weder adäquat noch zieldienlich, sondern haben das Charakteristikum von Inneren Fesseln. Sie stehen unserer Wirksamkeit im Wege, wirken wie innere Saboteure.

Als eine weitere Illustration soll das Thema des Mikromanagements dienen. Einem weniger qualifizierten Mitarbeitenden regelmäßig über die Schulter zu schauen, engere Deadlines zu setzen und den Arbeitsfortschritt in bestimmten Abständen zu kontrollieren, weil man ein Störgefühl empfindet und das Vertrauen eingeschränkt ist, scheint in vielen Fällen situationsadäquat, also »grün«. Insbesondere, wenn wir noch weitere Beobachtungen haben, in denen der Mitarbeitende unsere Erwartungen nicht erfüllt hat. Dasselbe Störgefühl und dieselbe innere Unruhe bei erfahrenen, hoch qualifizierten und nachweislich verlässlichen Mitarbeitenden zu empfinden, wäre eher »gelb/rot«. Allgemeiner: Ein stabiles, breites Grundvertrauen in die anderen mit einem punktuellen, personenkonkreten und von spezifischen Erfahrungen geprägten Misstrauen wäre in vielen Fällen als »grün«, also situationsadäquat zu interpretieren. Ein grundsätzliches und umfassendes Misstrauen anderen gegenüber, allgemeingültige Überzeugungen von »auf den kann ich mich nicht verlassen« oder »das wird bestimmt wieder nichts bei dem« wären vermutlich eher als »gelb/rot« einzustufen.

Schließlich noch ein letztes, verwandtes Beispiel aus dem Bereich Empathie. Wenn wir im Regelfall die Mitarbeitenden auf ihre Funktion und Aufgaben reduzieren, ohne den Menschen mit seinen Bedürfnissen, Nöten und Wünschen dahinter wahrnehmen zu können, muss dies eher als »gelb/rot« gewertet werden. Im situativen Notfall, in einer akuten Krise oder unternehmerischen Schieflage kann es natürlich situationsadäquat (»grün«) sein, kurzfristig eher auf die Funktion des Mitarbeitenden zu fokussieren und ggf. auch emotionale oder menschliche Themen etwas weniger wichtig zu nehmen. Ist der Empathiemangel jedoch ein Dauerzustand, ist dies in den meisten Fällen nicht zieldienlich für die Führungsaufgabe, da wir Mitarbeitende verlieren, demotivieren, auf Abarbeitung reduzieren oder zur inneren Kündigung einladen. Der Empathiemangel weist dann häufig auf die Frage hin, inwieweit wir selbst mit uns eigentlich empathisch und mitfühlend umgehen und offenbart so eine Innere Fessel.

Abschließend sei erwähnt, dass schon das Anwenden der Emotionsampel in einzelnen Fällen eine Lockerung von Inneren Fesseln bewirken kann. Durch die gedankliche Einordnung der Emotion wird ein innerer Beobachter aktiviert, der bereits eine Neuausrichtung auf das als »grün« assoziierte Verhalten oder Denken ermöglicht – bei gleichzeitiger Beobachtung der inneren Einladung zur Regression (siehe unten). Psychologisch gesehen hilft uns dann das Etablieren des inneren Beobachters, im Hier und Jetzt zu bleiben und situationsadäquat zu reagieren.

Es ist an dieser Stelle ratsam, Innere Fesseln auch von lieb gewonnenen Gewohnheiten und alltäglichen Routinen abzugrenzen. Auch Gewohnheiten und Routinen können uns behindern, uns im Wege stehen, und sie können sich als recht hartnäckig herausstellen. Der Übergang zu Inneren Fesseln ist deshalb oft fließend. Um die beiden Phänomene gegeneinander abzugrenzen, kann es sinnvoll sein, den Unterschied vor allem daran festzumachen, dass wir Gewohnheiten und Routinen irgendwie doch selbst in den Griff bekommen können. Unsere Eigensteuerungsfähigkeit funktioniert hier noch. Wir haben – zwar nur unter einer gewissen Anstrengung – letztlich die Kontrolle und können Gewohnheiten und Routinen durch kognitive Einsicht und aus innerer Überzeugung verändern. Auch können wir diese inneren Prozesse oft unter Zuhilfenahme einiger psychologischer (verhaltensorientierter) Tipps und Tricks »überlisten« oder »austricksen«. Dies ist damit zu erklären, dass die inneren, emotionalen Barrieren für eine Veränderung meist deutlich niedriger sind. Veränderungen von Gewohnheiten und Routinen sind zwar manchmal lästig, sie destabilisieren uns emotional aber deutlich weniger und scheinen insgesamt emotional besser verarbeitbar zu sein. Anders bei Inneren Fesseln: Hier reicht unser Verstand, die Einsicht, dass das Verhalten nicht hilfreich ist, allein in der Regel nicht aus, um eine Veränderung zu vollziehen. Ein weiterer wichtiger Aspekt, um Innere Fesseln von Gewohnheiten und Routinen abzugrenzen, scheint der Preis zu sein, den wir für das Verhalten, für die Wirkung der Inneren Fessel, zahlen. Nicht jede – wenn auch lästige – Gewohnheit schränkt uns gleich ein, vor allem wenn sie beispielsweise nur selten auftritt oder wenn wir bereits gute »work-arounds« entwickelt haben. Wir werden uns in Kapitel 4.2 mit diesem Preis der Inneren Fesseln noch genauer beschäftigen.

Es sei hier noch auf ein weiteres Charakteristikum von Inneren Fesseln hingewiesen, das sich jedoch oft erst durch genauere Beobachtung zeigt und nicht so offensichtlich ist. Häufig geht mit dem Einsetzen der genannten Programme das Gefühl einer sogenannten **Altersregression** einher. Wir fühlen uns in diesen Momenten nicht mehr wie die erwachsenen, kompetenten Manager, die wir in der gegenwärtigen Realität sind, sondern schrumpfen quasi innerlich. Es fühlt sich an, als wären wir wieder Kleinkinder und nicht ausgewachsene, exzellent ausgebildete Führungskräfte. Analog zur gefühlten Regression stehen uns auch manche der erwachsenen Kompetenzen weniger zur Verfügung, es stellen sich eher kindliche Verhaltensmuster wie Trotz, Wutausbrüche, Resignation und Rückzug und Ähnliches ein. Unsere Kompetenzen zur Konfliktmoderation, Emotions- und Frustrationskontrolle, multimodaler Beziehungsgestaltung, Verhandlungsführung usw. – alles, was wir in den Jahren unseres beruflichen und persönlichen Wachstums gelernt und verinnerlicht haben – scheinen uns nicht (mehr) oder nur schwer zugänglich. Übrig bleiben nicht situationsadäquate, nicht mehr altersadäquate Verhaltensmuster, in denen wir für einen Moment wie gefangen sind. Das Beobachten der eignen Altersregression braucht ein wenig Übung und vor allem eine gewisse Erfahrung mit Selbstreflexion und Selbstbeobachtung. Die einfache Frage »Wie alt fühlen Sie sich genau jetzt (bitte nehmen Sie die erste Zahl, die Ihnen einfällt)?« kann helfen, um dem Phänomen auf die Spur zu kommen.

Häufig ist die Begegnung mit Inneren Fesseln, das Ablaufen der o.g. Programme und Automatismen mit einer Reihe von **inneren emotionalen Kollateralschäden** begleitet. Selbstverurteilung und Selbstabwertungen im Sinne von »Das hast Du wieder mal verbockt« oder »Du hast es wieder nicht geschafft, obwohl Du doch weißt, was sinnvoll wäre« sind häufige Begleiterscheinungen. In manchen Fällen tritt auch ein Gefühl von Scham auf. Wir spüren, dass wir nicht situationsadäquat reagiert haben, und fürchten die Reaktion anderer. Gefühle von Hilflosigkeit und Verzweiflung, von Überforderung bis zur Resignation ob der Nicht-Steuerbarkeit der Programme sind nicht unüblich. Auch kann sich die – häufig sehr unangenehme Scham – in einer Wut auf uns selbst manifestieren. Schließlich können wir uns als Opfer unserer eigenen Unzulänglichkeiten fühlen. Und fast immer ärgern wir uns, dass wir es nicht besser hinbekommen haben, sondern wieder »in die Falle getappt« sind.

Die Ausprägung der in diesem Abschnitt genannten Charakteristika ist naturgemäß bei jeder Führungskraft individuell verschieden. Entscheidend ist jedoch, dass wir das Verhalten als nicht hilfreich klassifizieren und das Gefühl oder die Erfahrung haben, es nicht so ohne Weiteres verändern zu können. Dies ist der Ansatzpunkt – und die unbedingte Voraussetzung – für das Lockern der zugrunde liegenden Inneren Fesseln.

4.1.4 In Inneren Fesseln sind viele Kompetenzen gebunden

Bei Betrachtung der vielfältigen Inneren Fesseln wird deutlich, dass viele auch für die Führungsaufgabe im Prinzip zielführende Kompetenzen enthalten, ohne die man seine Rolle als Führungskraft nur schwer ausführen kann. In der »gefesselten« Version sind diese Kompetenzen Sklaven des »Muss«, sie werden pauschal immer und in voller Stärke angewendet, eine situativ angepasste Nutzung, Anpassung oder eine Aussteuerung der Amplitude finden nicht statt. Wir werden später sehen, dass nach Wegfall dieses »Muss«, nach der Ent-Fesselung, viele der verborgenen Kompetenzen verfügbar und situativ steuerbar werden und uns dann gute Dienste leisten[33].Welche Kompetenzen sind denn nun in Inneren Fesseln gebunden? Hier einige illustrative Beispiele:

Der Perfektionismus und der »Datenfetischismus« beinhalten meist die Kompetenz, sich tief in Details einarbeiten zu können und Lücken, Unzulänglichkeiten oder Inkonsistenzen im Ge-

33 Vergleiche hierzu auch Peichl, Jochen (2018): Integration in der Traumatherapie, Stuttgart.

samtbild schnell und effizient zu erkennen. Auch die Fähigkeit, die jeweils optimal denkbare, ideale Lösung zu erkennen, ist als Kompetenz angelegt.

Im Mikromanagement steckt zum Beispiel oft auch eine hohe Lösungsorientierung und eine hohe Identifikation mit den Themen als gebundene Kompetenz, schließlich beinhaltet diese Innere Fessel eine hohe Bereitschaft, zum Erreichen des Ziels alles und alle in Bewegung zu setzen. Ebenso ist hier die Bereitschaft verankert, selbst mit Hand anzulegen, wenn nötig, also gegebenenfalls auch tief in operative Details einzusteigen. Auch ist die Kompetenz, komplexe Themen und Projekte managen zu können, dort angelegt – ein Mikromanager kann meist über Vieles einen Überblick behalten und Verkettungen und Abhängigkeiten schnell erkennen.

Der Empathiemangel und die mangelnde Begeisterungsfähigkeit beinhalten z. B. die Kompetenz, sich auf die Sachebene zu konzentrieren und sich nicht durch Emotionen »ablenken« zu lassen. Auch zeigen Führungskräfte mit Empathiemangel oft einen deutlich ausgeprägten Mut, auch – für die Mitarbeitenden – unangenehme aber im Sinne der Organisation notwendige Entscheidungen zu treffen und umzusetzen.

Führungskräfte mit prinzipiellem Misstrauen anderen gegenüber können meist recht gut zwischenmenschliche Schwingungen und feine Unstimmigkeiten wahrnehmen, sie haben oft die Kompetenz, das »Gras wachsen zu hören« und schnell zu merken, wenn »etwas nicht stimmt«.

Die Innere Fessel, die Führungskräfte schnell emotional überreagieren lässt, beinhaltet oft auch eine Kompetenz für ein bestimmtes (im schlimmeren Fall als autoritär oder dominant wahrzunehmendes) Auftreten mit einer gewissen Gravitas und Präsenz.

Konfliktvermeidung und die Unfähigkeit, »Nein« zu sagen beinhalten häufig die Kompetenz, schnell und einladend einen (gegebenenfalls nur scheinbaren) Konsens herbeizuführen. Führungskräfte mit diesen Inneren Fesseln wirken meist auch ausgleichend und angenehm, sorgen oft für eine (oberflächlich) gute Stimmung und bauen relativ leicht Beziehungen auf.

In der Selbstüberschätzung sind oft Mut und die Fähigkeit angelegt, sich nicht von Widrigkeiten abschrecken zu lassen und auch einmal etwas zu wagen. Das Gleiche gilt für »Es reicht nie« und die Innere Fessel der Grenzenlosigkeit.

»Ich muss es allein schaffen« beinhaltet eine hohe, individuelle Identifikation mit der Aufgabe und den Zielen. Bei dieser Inneren Fessel ist meist auch ein hohes intrinsisches Verantwortungsbewusstsein gebunden, ähnlich wie beim Pflichtbewusstsein.

Führungskräfte mit einer übersteigerten Suche nach Anerkennung durch andere haben oft eine ausgeprägte Kompetenz, das Gegenüber zu »lesen«, einzuordnen, sich in dessen Stimmung, Bedürfnisse und Wünsche hineinzuversetzen, und die verbalen und vor allem die non-verbalen Signale einer Beziehung zu empfangen und zu interpretieren.

Schließlich hat sogar die Existenzangst einige gebundene Kompetenzen: die Fähigkeit, sein Leben auch in finanzieller Hinsicht planen und überschauen zu können sowie eine Verantwortung für den eigenen Lebensweg übernehmen zu wollen.

Viele Inneren Fesseln enthalten Durchhaltevermögen und Frustrationstoleranz, aber auch eine hohe Zielorientierung und ein hohes persönliches Engagement mit einer umfassenden Identifikation mit der Aufgabe als gebundene Kompetenz, z. B. der Perfektionismus, der »Workaholismus«, das Getriebensein, das Mikromanagement, die mangelnde Selbstfürsorge usw.

Die Beispiele zeigen, dass in den meisten Inneren Fesseln wichtige Kompetenzen gebunden sind – gebunden, weil sie nicht frei ansteuerbar, nicht unter unserer kognitiven Kontrolle stehen[34]. Sie wirken, aber wir können nicht über deren Einsatz oder die situative Dosierung entscheiden.

Wir werden später auf diesen Punkt zurückkommen. Jetzt nur so viel: Es geht bei dem Lockern von Inneren Fesseln nicht um den Verlust dieser Kompetenzen, sondern um das Verfügbarmachen, das Herauslösen der für unsere Aufgabe notwendigen Kompetenzen aus dem Automatismus, um diese dann bewusst und gesteuert im Sinne der Zieldienlichkeit für die jeweilige Führungsaufgabe einsetzen zu können.

4.2 Innere Fesseln haben einen hohen Preis

Aus dem bisher Beschriebenen geht schon hervor, dass Innere Fesseln zum Teil signifikante Auswirkungen haben – auf uns als Führungskräfte selbst sowie auf die Führungsaufgabe und somit die Organisationen, in denen wir wirken.

Im Außen zeigt sich der Preis der Inneren Fesseln am klarsten in der **Limitation der Führungswirksamkeit.** Die Führungsaufgabe, das Sicherstellen der Überlebensfähigkeit der Organisation, kann dann nicht optimal wahrgenommen werden. Innere Fesseln verhindern, dass wir den kompletten Satz unserer Kompetenzen und Erfahrungen, unseres Wissens und des im Laufe des Lebens und der Karriere Gelernten auf die Straße bringen. Im Sinne des Modells der Altersregression agieren wir in bestimmten Situationen dann eher mit dem Kompetenzsatz und aus dem Erfahrungshorizont eines Kindes. Nicht das zieldienlichste Verhalten wird gezeigt, sondern nur das uns in dem Moment zugängliche, weit weniger wirksame. Die Folgen können vielfältig sein: nicht gelöste oder eskalierte, den Prozess aufhaltende Konflikte, Beziehungsabbrüche oder Verhärtungen, subopti-

34 Als Vorab-Referenz auf spätere Ausführungen hier ein Verweis auf den US-amerikanischen Familientherapeuten Richard Schwartz, der in seinem Modell der inneren Familiensysteme IFS vorschlägt, dass die für einschränkende Verhaltensweisen verantwortlichen Anteile (er nennt sie »Verbannte« oder »Beschützer« – wir werden diese im Anhang mit Inneren Fesseln in Bezug setzen) »belastet« sind und dadurch ihre inneren Kompetenzen und Ressourcen dem Selbst nicht zur Verfügung stellen können; vergleiche Schwartz, Richard C. (1997): Systemische Therapie mit der inneren Familie, 8. Auflage, Stuttgart 2018; Schwartz, Richard C. (2022): Kein Teil von mir ist schlecht, Freiburg im Breisgau.

male oder nicht ausdiskutierte Entscheidungen, ineffiziente oder nicht zum Vorteil der Organisation oder zur optimalen Bearbeitung der Aufgabe abgeschlossene Verhandlungen.

Nicht selten werden durch Innere Fesseln **Täter-Opfer-Dynamiken** initiiert. Durch unsere Inneren Fesseln werden wir zum Täter an dem anderen, machen unser Gegenüber zum Opfer unserer unverhältnismäßigen Programme. Die zum Opfer Gewordenen werden später selbst zum Täter und sorgen so für eine unendliche Proliferation der Täter-Opfer-Spiralen. Ein Beispiel: Eine nicht-situationsadäquate (»gelb/rote«) Eskalation einer Verhandlung zu einem Konflikt mit persönlichen Angriffen und emotionalen Ausbrüchen hat meistens eine Wirkung auf das Gegenüber. Im besten Falle bleibt das Gegenüber bei sich, erkennt das Wirken von nicht-situationsadäquaten Programmen bei uns und nimmt die Angriffe oder unser Verhalten nicht persönlich. Dies erfordert beim Gegenüber ein hohes Maß an Selbstreflexion und innerer Stärke. In den weit häufigeren Fällen kann sich das Gegenüber jedoch ungerecht behandelt, ohne Grund angegriffen oder beleidigt fühlen und wird somit zum Opfer unseres Verhaltens. Nur durch das Erkennen der Dynamik und den bewussten Ausstieg kann die sich anbahnende Täter-Opfer-Spirale unterbrochen werden. In vielen Fällen bestimmt jedoch das Erlebte die weitere Kommunikation und Beziehungsgestaltung und das zum Opfer gewordene Gegenüber beginnt nun seinerseits, »zurückzuschlagen« – durch entsprechende Gegenangriffe oder kommunikative Eskalationen, durch Strategien wie Rückzug, offensichtliche Resignation als Vorwurf, passiv-aggressives Verhalten, oder auch indirekt durch Schmieden von Koalitionen hinter unserem Rücken oder durch versuchte Schädigung unseres Rufes. All dies sind Anzeichen und Schritte einer immer weiter eskalierenden Täter-Opfer-Dynamik. Das Entscheidende ist hierbei: Es kann keine Gewinner geben, alle werde über kurz oder lang verlieren. Wir kommen damit unserer Führungsaufgabe nicht nach.

Aber auch jenseits von Täter-Opfer-Dynamiken haben die aus den Inneren Fesseln entstehenden Programme oft signifikante Auswirkungen auf das uns umgebende System, insbesondere auf die **Mitarbeitendenführung**, auf die in unserer Verantwortung stehenden Mitarbeitenden. Auf der persönlichen Seite können Demotivation und Lustlosigkeit, innere Kündigung und geringere Identifikation mit der Arbeit und dem Unternehmen (»Dienst nach Vorschrift«) und schließlich geringere Loyalität die Folge sein. Unsere Mitarbeitenden leiden unter unseren Inneren Fesseln und das rächt sich. Auf der Seite der Arbeitsprozesse führen Innere Fesseln nicht selten zu vielerlei Ineffizienzen wie Doppelarbeit, Prozessschleifen oder unproduktiven Wartezeiten. Auch damit demotivieren wir die Mitarbeitenden, nehmen ihnen ihr verdientes Erfolgserlebnis und zwingen sie in langwierige, langweilige und oft sinnbefreite Routinen und Wiederholungen mit geringem Mehrwert. Und auf der fachlichen Seite kommt es durch Innere Fesseln häufig zu Qualitätsthemen: in den Entscheidungen, bei den Produkten, in den Konzepten und Strategien. Viele Inneren Fesseln verhindern einen multidisziplinären, sach- und problemorientierten Austausch mit den entsprechenden, direkten Konsequenzen für die Qualität der Meetings, Abstimmungen, Beratungen und Entscheidungen. Und unsere Mitarbeitenden müssen unter diesen Qualitätsmängeln in der Regel mindestens leiden, müssen sie im schlimmsten Falle sogar ausbügeln, kompensieren oder geradebiegen. Oft, obwohl sie uns früher sogar auf genau diese Mängel aufmerksam gemacht haben und ungehört ignoriert wurden.

Schließlich sei auch erwähnt, dass die Auswirkungen unserer Programme auf unsere Führungskompetenzen in der Regel auch unseren Vorgesetzten und dem Markt gegenüber nicht verborgen bleiben. Im schlimmsten Falle beschädigen wir hier sukzessive unseren Marktwert bzw. das innerhalb der Aufsichtsgremien und das von außen **wahrgenommene Potenzial** für weiterführende Aufgaben als Top-Führungskraft. Es besteht die Gefahr, dass wir uns unsere weitere Entwicklung aktiv selbst verbauen.

Indirekt tragen wir damit – je nach Ausmaß unserer Exposition gegenüber der Außenwelt – auch zur Reduktion der Markenstärke der Organisation als Arbeitgeber bei (**Employer Branding**). Nicht nur in Zeiten von Fachkräftemangel kann eine diesbezügliche geringere Attraktivität einen entscheidenden Wettbewerbsnachteil darstellen.

Bereits im letzten Abschnitt wurde über die endogenen **emotionalen Kollateralschäden** der Inneren Fesseln berichtet: Selbstabwertung und Selbstvorwürfe, Scham und Wut, Verzweiflung und Hilflosigkeit, Resignation oder ein Gefühl von Sinnlosigkeit und Leere, und viel mehr. Diese schwächen uns in der Regel, da sie für die notwendige Kompensation ein nicht unbedeutendes Maß an innerer Energie binden. Wir müssen uns selbst wieder motivieren, uns aus dem emotionalen Loch befreien. All das lenkt von der Führungsaufgabe ab. Wir sind mit uns beschäftigt und können uns nicht mit voller Energie um unsere Führungsaufgabe kümmern.

Das Wichtigste jedoch sollte am Schluss genannt werden: Als Folge der Wirkung unserer Inneren Fesseln erleben wir häufig eine **innere Unzufriedenheit**. »Gut leben« scheint anders zu gehen. Die Inneren Fesseln und die daraus entstehenden emotionalen Kollateralschäden scheinen sich mit Glück und Zufriedenheit nicht vereinbaren zu lassen. Insbesondere die Selbstabwertungen mit den daraus entstehenden Selbstwertzweifeln machen das Leben nicht leichter und lassen es oft nicht so lebens- und liebenswert erscheinen wie eigentlich – aufgrund der Rahmenbedingungen – möglich. Das Erreichte, die erarbeiteten Privilegien und Erfolge verblassen in ihrer Wirkung auf unsere Zufriedenheit. Oft sind diese Inneren Fesseln eng verknüpft mit dem (wenigen), was uns abhält, das Leben wirklich zu genießen, ein »gutes Leben« zu führen. Das wäre doch ein lohnenswertes übergeordnetes Ziel: die Inneren Fesseln zu lockern, um wieder ein Stück mehr ein »gutes Leben« zu leben.

4.3 Frühes Psychotrauma als ein Erklärungsmuster für Innere Fesseln

Wie kann man nun die Wirkmächtigkeit und Autonomie der Inneren Fesseln erklären oder zumindest begreifbar machen?

Die Kernhypothese dieses Buches ist, dass die Charakteristika und Ausprägungen der beschriebenen Inneren Fesseln die **Gestalt von Trauma-Überlebensstrategien** haben. Hierunter verstehen wir Verhaltens- und Denkmuster, die sich als Folge vor allem früher Traumatisierungen etabliert haben und die durch oft unspezifische Trigger (zum Beispiel bestimmte Situationen, Kontexte, Muster etc.) – unter Umgehung unseres bewussten Verstands – quasi automatisch, reflexhaft, nicht steuerbar aktiviert werden, und das in Windeseile[35].

Unter frühen Traumatisierungen, sogenannten Entwicklungstraumata, verstehen wir die psychische Reaktion auf Erfahrungen vor allem aus der Kindheit und frühen Jugend, also aus den ersten etwa 10 Lebensjahren, teilweise auch auf pränatale Erfahrungen. Traumatisierende Erfahrungen sind signifikante, dramatische Erfahrungen von existenziellem Charakter. In Situationen, die Traumareaktionen auslösen können, befinden wir uns in einem existenzbedrohenden Kontext, im dem wir buchstäblich um das Überleben kämpfen müssen und gleichzeitig Gefühle von Ausgeliefertsein und vollständiger Hilflosigkeit erleben. Entscheidend ist hierbei nicht das tatsächlich, objektiv Vorgefallene, sondern wie wir bestimmte Situationen erlebt, gefühlt, erfahren haben. Solche Situationen von gefühlter existenzieller Bedrohung und Ausgeliefertsein haben viele, wenn nicht die Mehrheit von uns erleben müssen. So haben nach Aussage des Traumatologen Bruce D. Perry auf Basis einer Studie des National Survey of Children's Health fast 50 % der Kinder in den USA eine oder mehrere traumatische Erfahrungen in ihrer Kindheit erleben müssen[36]. Mehr dazu werden wir in den folgenden Kapiteln erfahren.

Auf Basis solcher existenziellen Erfahrungen entwickeln wir – als Folge und oft unbewusst oder halbbewusst – Strategien, die unser Überleben sichern sollen und die sich – wenn man sie nicht bearbeitet – oft langlebig und wirkmächtig in unserer Psyche etablieren. Diese Überlebensstrategien unterscheiden Trauma auch von den – wesentlich häufigeren – »einfachen« dramatischen Erfahrungen, die in der Regel gut in unsere Psyche verarbeitet und prozessiert sind und uns im Alltag kaum oder nur wenig beeinflussen.

Die hinter den Überlebensstrategien liegende existenzielle Erfahrung ist die Basis für die »Unabdingbarkeit«, die Langlebigkeit, Hartnäckigkeit und Autonomie von Trauma-Folgeerscheinungen – sie sind quasi mit Überleben verknüpft. Dies rechtfertigt in gewisser Weise ihre absolute Priorität. Und in dieser Hinsicht sind sie mit der Langlebigkeit, Hartnäckigkeit und Autonomie, der Nicht-Steuerbarkeit von Inneren Fesseln durchaus vergleichbar.

In der Medizin sind Traumafolgen ein gut bekanntes Phänomen. Bei »klassisch Traumaerkrankten« werden sie als Traumafolgestörungen (insbesondere als PTBS – posttraumatische Belastungsstörungen) klassifiziert und sind entsprechend im Rahmen des medizinisch-therapeutischen Systems zu behandeln. Die betroffenen Traumaerkrankten erleben häufig das alltägliche Leben als herausfordernd, schwierig oder gar unmöglich und benötigen aus diesem Grund eine kompetente medizinische Versorgung. Die Programme der Inneren Fesseln sind dagegen häufig deutlich sozialkompatibler und – wie beschrieben – manchmal sogar Vor-

35 Die Hirnforschung spricht von etwa 200 Millisekunden, vergleiche hierzu unter anderem Peichl, Jochen (2018): Integration in der Traumatherapie, Stuttgart.

36 Perry, Bruce D., Winfrey, Oprah (2021): What happended to you? London.

aussetzung oder zumindest Kernbaustein für beruflichen und sozialen »Erfolg«. Das mit den Programmen assoziierte Leiden und die entstehenden Kollateralschäden – im Inneren wie im Äußeren – sind (ohne hier einen Vergleich des Ausmaßes an Leid anzustreben) jedoch ähnlich.

Die Beschreibung von Inneren Fesseln als Trauma-Überlebensstrategien erklärt insbesondere ihre Hartnäckigkeit, den Automatismus und die schwere Steuerbarkeit. Sie bietet ein Modell, das erklärt, warum wir diese Verhaltens- und Denkmuster oft nicht so einfach verändern können, warum sie uns in gewisser Weise kontrollieren. Und sie bietet einen Ansatzpunkt zur Veränderung.

Eins gilt es zu bedenken: Angesichts der Komplexität unserer Psyche sollte man mit jeder einfachen Kausalitätshypothese bezüglich Ursache-Wirkungsmechanismen sehr vorsichtig sein. Die allermeisten psychischen Vorgänge verstehen wir auch im 21. Jahrhundert immer noch nicht vollständig. Insofern stellt auch die diesem Buch zugrundeliegende Verknüpfung von Inneren Fesseln mit Trauma-Überlebensstrategien nur eine Hypothese dar, ein Modell. Entscheidend ist wie bei allen Modellen, inwieweit es dabei hilft, beobachtete Phänomene einzuordnen und zu einer Gestaltung bzw. Veränderung der beobachteten »Probleme« beizutragen. Wie wir sehen werden, scheint das Modell der Inneren Fesseln als Trauma-Überlebensstrategien in dieser Hinsicht eine hilfreiche Hypothese zu sein.

Die folgenden Abschnitte sollen eine kurze Einführung in die Psychotraumatologie darstellen. Es wird hier bewusst nicht der Anspruch an eine medizinisch-wissenschaftliche Detailgenauigkeit oder auf einen umfassenden und erschöpfenden Überblick angestrebt. Vielmehr sollen die Modelle der Psychotraumatologie in einer Weise vorgestellt und erläutert werden, der dem Thema des Buches gerecht wird: **Es geht final um Führung und Führungswirksamkeit** und nicht um Pathologien oder medizinisches Fachwissen. Es wird deshalb an dieser Stelle um Nachsicht gebeten, sollten – aus Gründen der Verständlichkeit für die Leserschaft dieses Buches – die wissenschaftlichen Ableitungen etwas zu kurz kommen und vereinzelt Vereinfachungen vorgenommen werden.

4.3.1 Was ist ein Psychotrauma?

Mögliche Auslöser für eine Traumatisierung sind Situationen, in denen – vereinfacht gesagt – zwei Aspekte zusammenkommen:

1. Ein Gefühl von **existenzieller Bedrohung**, also Todesangst. Hierbei ist es sekundär, ob wir tatsächlich faktisch einer Todesdrohung ausgesetzt sind oder wir nur – aufgrund unserer Wahrnehmung der Situation – diese als existenziell bedrohlich empfinden.
2. Das Gefühl, **nichts dagegen tun zu können**, also ausgeliefert, ohnmächtig, hilflos zu sein. Auch hier ist es primär wichtig, ob wir das beschriebene Gefühl entwickeln, nicht, ob gegebenenfalls eine mögliche Lösungsoption, ein möglicher Ausweg theoretisch denkbar gewesen wäre.

Kommen die beiden genannten Aspekte zusammen, geraten wir in einen extremen Stress und bangen um unser Überleben[37].

Als Reaktion auf diese Erfahrung kann es zu einer Traumatisierung kommen. Wichtig ist hierbei, dass jeder Mensch solche Situationen anders erlebt und es in einer gegebenen Situation nicht gleichmäßig bei allen zu einer Traumatisierung kommen muss. Dies ist schon damit erklärbar, dass es – wie oben beschrieben – um die subjektive Wahrnehmung von Todesgefahr und Ausgeliefertsein ankommt, die naturgemäß individuell verschieden ist. Warum ist das so? Traumatisierung ist mitnichten ein rein psychischer Vorgang, sondern findet vor allem auch in unserem Körper statt und hinterlässt dort entsprechende Spuren, auch in den tieferen Schichten unseres Gehirns (vergleiche Anhang). Unser denkendes, rational beurteilendes Gehirn, der präfrontale Cortex, spielt bei der Wahrnehmung von Gefahr vermutlich eine weit weniger bedeutende Rolle als unser Körper. Es geht also um das individuell verschiedene Empfinden und Wahrnehmen von Gefahr, weniger um das rational begründbare Bewerten einer Situation[38]. Auch hilft manchen Menschen eine stärker ausgeprägte Resilienz[39], also die Fähigkeit, besser mit Stress und Herausforderungen umzugehen. Heute gehen wir davon aus, dass die unterschiedliche Ausprägung von Resilienz viel mit unserer individuellen Entwicklungsgeschichte zu tun hat und sich auch verändern kann. Eine andere Beschreibung dieser individuell verschiedenen »Anfälligkeiten« für eine Traumatisierung kann über das Modell des »Window of Tolerance« erfolgen, das unsere Fähigkeit, mit bestimmten Stresssituationen umzugehen in Form eines – individuell verschieden ausgeprägten – Toleranzfensters beschreibt[40].

Der Begriff Traumatisierung beschreibt also nicht das auslösende Ereignis selbst, sondern die Folgen für uns und unsere Psyche. Wir erkennen eine Traumatisierung in der Regel nur an diesen zu beobachtenden Folgen, den Trauma-Überlebensstrategien, also an bestimmten Denk- und Verhaltensmustern. Das eigentliche Ereignis zum Zeitpunkt der Traumatisierung wird in der Regel aktiv von unserer Psyche vergessen. Amnesie, der Verlust der Erinnerung an das Ereignis, ist ein wesentliches Charakteristikum von Trauma. Wohl aber spüren wir in bestimmten Situationen die Wirkung der Trauma-Überlebensstrategien, die durchaus auch von intensiven, dahinterliegenden Emotionen begleitet werden können. Emotionen, die uns dann teilweise in Zustände zurückversetzen, die der ursprünglich erlebten Situation ähnlich zu sein scheinen[41].

---

37 Die Psychotraumatologin Michaela Huber beschreibt dies auch als »traumatische Zange«, vergleiche Huber, Michaela (2003): Trauma und die Folgen, 6. überarbeitete Neuauflage, Paderborn 2020.

38 Die Traumatologin Maggie Philips schreibt hier in Interpretation von Stephen Porges: »Unsere linkshemisphärischen (= verstandsmäßigen, Anmerkung des Autors) Einschätzungen von Gefahr spielen im Vergleich zu unseren viszeralen (= körperlichen, Anmerkung des Autors) Reaktionen auf Menschen und Orte eine untergeordnete Rolle«. Maggie Philips im Vorwort in Zanotta, Silvia (2018): Wieder ganz werden, 2. Auflage, Heidelberg 2019.

39 Siehe hierzu unter anderem: Gildhoff-Fröhlich, Klaus, Rönnau-Böse, Maike (2014): Resilienz, 3. Auflage, München.

40 Sie unter anderem Siegel, Daniel J. (2002): The developing mind, 3rd edition, New York/USA 2020.

41 Bei Trauma-Erkrankungen spricht man hier auch von Flashbacks, dem Wiedererleben von Teilen der traumatisierenden Situation.

Traumatisierung ist also als ein Notfallmechanismus unserer Psyche anzusehen, der uns in dem Moment der Todesbedrohung und des Ausgeliefertseins ein Überleben ermöglicht. Der Preis des Überlebens ist, dass wir mit der Wirkung der Trauma-Überlebensstrategien leben müssen. Manchmal sind diese gut in unser heutiges Leben integriert, häufiger jedoch machen sie uns das Leben schwer und hindern uns an einem »guten Leben«.

4.3.2 Frühe Traumatisierungen sind besonders folgenreich

Im Erwachsenenleben sind Ergebnisse, die traumatisierend wirken können, in vielen Teilen unserer Welt zum Glück relativ selten. Schwere Unfälle, Gewalterfahrungen und Vergewaltigungen, eine schwere Krankheit, Naturkatastrophen oder – fast immer – Kriege wären Beispiele für Situationen, in denen wir auch als Erwachsenen einer möglichen Traumatisierung ausgesetzt wären. Man spricht hier auch von Akut- oder Schock-Traumatisierungen. Als Erwachsene können wir solche Situationen häufig antizipieren und vermeiden, können uns vorbereiten und den Effekt ggf. etwas abmildern. Häufig stehen auch unmittelbar danach geschulte Hilfskräfte zur Verfügung, die uns zeitnah helfen, das Erlebte zu integrieren und so einer Traumatisierung entgegenzuwirken. Wir sind üblicherweise nicht alleingelassen mit dem Erlebten, haben ein funktionierendes Sozial- und Beziehungssystem, das uns unterstützen, auffangen und mit uns die richtigen Hilfsangebote finden kann.

Gänzlich anders verhält es sich bei frühen Traumatisierungen. Unter früher Traumatisierung beziehen wir uns hierbei auf auslösende Ereignisse in der Kindheit oder frühen Jugend, etwa innerhalb der ersten etwa 10 Lebensjahre. Zusätzlich können pränatale Ereignisse eine frühe Traumatisierung auslösen.

Natürlich können die oben genannten Akuttraumatisierungen uns auch als Kind widerfahren. Viel höher jedoch ist die Gefahr, ein sogenanntes Entwicklungstrauma zu erleben. Hierbei geht meist um dramatische Bindungserfahrungen in unserem Herkunftssystem oder den näheren Kontexten: emotionale und körperliche Vernachlässigung und Kälte, Gewalt und Einsamkeit, Ausgestoßensein und nicht gewollt sein etc. Wir werden uns mit den verschiedenen möglichen Auslösern in Kapitel 4.3.4 ausführlicher beschäftigen.

Doch wie früh ist früh in diesem Zusammenhang? Hier hilft ein kurzer Blick in die Entwicklungspsychologie[42]. Schon in den ersten zwei Wochen nach der Empfängnis beginnt im Fötus die Entwicklung des zentralen Nervensystems, das bei der Entwicklung von Traumata eine zentrale Rolle spielt (vergleiche auch die Ausführungen im Anhang). Zusammen mit dem Herz sind dies die ersten Strukturen, die in unserem noch ganz frühen Körper angelegt werden. Schnell entwickeln sich dann die für eine Sinneswahrnehmung wichtigen Strukturen. So kann der Fötus

42 Schenk-Danzinger, Lotte (2006): Entwicklungspsychologie, 2. Auflage, Wien 2006; Oerter, Rolf, Montada, Leo (Hrsg.) (1982): Entwicklungspsychologie, 6. Auflage, Weinheim 2008.

bereits ab der 8. Woche Berührung wahrnehmen und etwa ab der 26. Woche ist die Sinneswahrnehmung komplett ausgeprägt: Berührungen, Wärme, Schmerz, Geschmack, Gehör und Geruch sind für den Embryo wahrnehmbar. Wesentlich früher reagiert der Embryo bereits deutlich auf Stress der Mutter. So hat man bereits in den 40er Jahren des 20. Jahrhunderts bei Soldatenfrauen eine »Aktivierung« der Föten feststellen können, die später häufig in »Entwicklungsauffälligkeiten« gemündet sind. Auch kann man beispielsweise zeigen, dass ängstliche Mütter eine höhere Wahrscheinlichkeit haben, sogenannte »Schreibabys« auf die Welt zu bringen; auch diese zeigen später mit einer höheren Wahrscheinlichkeit psychische Labilität und Ess- bzw. Verhaltensstörungen. Auch wenn in den damaligen Untersuchungen – aufgrund des Stands der Forschung – noch nicht mit Traumamodellen als Erklärungsmuster gearbeitet wurde, so weisen die beobachteten »Auffälligkeiten« doch viele Parallelen zu frühen Traumatisierungen auf. Aus der Sicht der Traumatologie könnte man also davon ausgehen, dass Embryos und Föten schon sehr früh in der Entwicklung anfällig für Traumatisierungen sind. Wir spüren die Liebe oder Abneigung der Mutter, ihren Stress oder ihr Wohlbefinden schon ganz früh.

Die überragende Bedeutung von frühen Erfahrungen auf unsere generelle psychische und physische Entwicklung ist in vielen Untersuchungen eindeutig belegbar. Hier soll insbesondere auch noch auf die sogenannten ACE-Studien[43,44] (Adverse Childhood Experiences) hingewiesen werden. Mit dem Begriff ACE werden in diesen Studien Erlebnisse in der Kindheit beschrieben, die in Familien mit Scheidung/Trennung, Alkohol- oder Drogenmissbrauch der Eltern, emotionaler Vernachlässigung oder Misshandlung etc. auf die Kinder einwirken. Diese Studien zeigen zum Beispiel, dass etwa zwei Drittel der untersuchten Probanden eine oder mehrere ACEs erlebt haben und dass diese im Erwachsenenalter zu signifikanten Einschränkungen (wie chronischen somatischen oder psychischen Erkrankungen) führen können[45]. Auch wenn diese Studien nicht primär angelegt wurden, um die Hypothesen zur frühen Traumatisierung zu validieren oder zu quantifizieren, so zeigen sie doch unsere Anfälligkeit als Kinder für psychische Verletzungen und Wunden.

Frühe Traumatisierungen haben vermutlich auch eine deutliche höhere Auswirkung auf unsere psychische und physische Gesundheit als vergleichbare Erfahrungen in den späteren Lebensjahren. So beschreibt der Traumatologe Bruce D. Perry, dass Kinder, die eine traumatische Erfahrung in den ersten zwei Monaten des Lebens erlebt haben und danach für 12 Jahre in einer stabilen, unterstützenden, sicheren Umgebung gelebt haben, mehr gesundheitliche Beeinträchtigungen zeigen als Kinder, die umgekehrt die ersten 2 Monate in einer nicht-traumatisierenden, sicheren und die folgenden 12 Jahre in einer traumatisierenden Umgebung aufgewachsen sind[46]. Der US-amerikanische Neurowissenschaftler und Entwicklungsforscher

43 Die wichtigsten Erkenntnisse sind auf der Website www.acetoohigh.com zusammengefasst.

44 Für Untersuchungen im deutschen Sprachraum siehe zum Beispiel: Witt, Andreas et al. (2019): Prävalenz und Folgen belastender Kindheitserlebnisse in der deutschen Bevölkerung, Deutsches Ärzteblatt, Heft 10, S. 464.

45 Kain, Kathy L.; Terrell, Stephen J. (2020): Bindung, Regulation und Resilienz, Paderborn.

46 Perry, Bruce D., Winfrey, Oprah (2021): What happended to you? London.

Daniel Siegel beschreibt frühe Traumatisierungen deshalb auch als ein »major public health problem«.[47]

Frühe Traumatisierungen unterscheiden sich in einer Reihe von Aspekten von Traumatisierungen, die wir im Erwachsenenleben erleben können. Was macht frühe Traumatisierungen nun so besonders?

Zunächst gibt es in den frühen Phasen unseres Lebens eine wesentlich höhere Wahrscheinlichkeit, in traumatisierende Situationen zu kommen. Als Menschen können wir als biologisch Frühgeborene betrachtet werden. Im Vergleich zu anderen Spezies sind wir nach der Geburt nur extrem eingeschränkt allein überlebensfähig, wir sind existenziell auf die Unterstützung anderer angewiesen. Dies erklärt die Existenz einiger elementarer Grundbedürfnisse, mit denen wir geboren werden. Das wichtigste Ziel ist Sicherheit, das wir vor allem über die beiden Grundbedürfnisse **Gesehenwerden** und **Zugehörigsein** befriedigen können.

Wenn die Mutter (oder unter bestimmten Umständen auch eine andere Bezugsperson) uns sieht, wenn wir uns erkannt und geliebt, gebunden fühlen, scheinen wir sicher zu sein, und werden mit allem versorgt, was für unser Überleben notwendig ist: Nahrung, Schutz, körperliche Nähe und Wärme, Liebe und Zuneigung etc. Die Bedeutung der Bindung zu einer Bezugsperson (meist die Mutter) ist in vielen psychologischen Untersuchungen nachgewiesen worden und hat sich heute vor allem in der Bindungstheorie manifestiert.

Analoges gilt für das Gefühl von Zugehörigkeit: Auch dies vermittelt Sicherheit, versorgt zu werden, schwach sein zu können, ohne dadurch in Lebensgefahr zu geraten. Entwicklungsgeschichtlich dockt dies an unsere Vergangenheit als Herdentiere an: Die Jüngsten werden im Inneren der Herde vor den Raubtieren geschützt und Zugehörigkeit sichert sie vor dem Ausgeliefertsein und Gefressenwerden.

Die Befriedigung dieser Grundbedürfnisse ist für uns in diesen frühen Jahren von existenzieller Bedeutung. Es geht buchstäblich um Leben oder Tod. Gleichzeitig sind wir maximal hilflos und ausgeliefert, uns bleibt oft nur der Versuch, über Schreien auf uns aufmerksam zu machen. Selbst können wir nichts tun. So sind wir bei einer Verletzung dieser Grundbedürfnisse schnell an der Grenze zu Gefühlen von Todesangst und Ausgeliefertsein, den Ingredienzien zum Auslösen von Trauma. (Es sei noch einmal erinnert, dass es zur Konstitution einer potenziell traumatisierenden Situation keine absolute Todesbedrohung geben muss, sondern es primär um das subjektiv empfundene Gefühl einer Bedrohung geht.)

Für die Verletzung der beschriebenen Grundbedürfnisse gibt es im Alltag eines Babys oder Kleinkindes (aber auch im Mutterleib) eine Vielzahl von niedrigschwelligen Möglichkeiten. Es

47 Siegel, Daniel J. (2002): The developing mind, 3rd edition, New York/USA 2020.

scheint relativ einfach zu sein, uns in den frühen Jahren unseres Lebens zu traumatisieren. Einige solcher möglicher früher Erfahrungen werden wir in einem der nächsten Abschnitte weiter betrachten. Mit zunehmendem Alter nehmen einerseits die gefühlten Bedrohungen ab, andererseits wächst quasi täglich unsere Kompetenz, gefährliche Situationen zu managen und zu bewältigen. Es wird also gewissermaßen immer weniger gefährlich für uns.

Aber frühe Traumatisierungen sind noch aus einem anderen Grund besonders folgenreich. Aufgrund der Entwicklung unseres Gehirns und seiner Physiologie werden diese Erfahrungen tendenziell eher in tieferen Hirnschichten abgespeichert. Im Extremfall können frühe traumatisierende Erfahrungen sogar zu Fehl- und Unterentwicklung bestimmter Hirnzentren führen. Dann kann das gravierende Folgen für die Betroffenen haben, mit der Gefahr der Entwicklung schwerer Erkrankungen. Auf alle Fälle zeigen frühe Traumatisierungen auch aufgrund der hirnphysiologischen Rahmenbedingungen oft ein hohes Maß an Hartnäckigkeit und Persistenz. Doch dazu später mehr.

Schließlich ist zu erwähnen, dass die häufig zu beobachtende Geschlossenheit der Herkunftssysteme eine mögliche schnelle Hilfe bei einer frühen Traumatisierung – analog einer Kriseninterventionen bei Akuttrauma – fast unmöglich macht. Meist bekommt keiner außerhalb des Systems – welche ja gerade für die Traumatisierung verantwortlich ist – mit, dass es dem Embryo, Baby oder Kind schlecht geht. Die Traumatisierung bleibt im Verborgenen[48], weil diejenigen, die es erkennen und helfen könnten, ursächlich für die traumatisierende Erfahrung sind, diese meist sogar beispielsweise durch Vernachlässigung oder Grenzverletzungen verantworten – meist ohne sich dessen bewusst zu sein. So ist die Schwelle für eine Chronifizierung niedrig. Gleichzeitig wird die Bedeutung der möglicherweise alarmierenden Instanzen wie beispielsweise Kindergärtner, Lehrer und Kinderärzte eindrücklich deutlich.

4.3.3 Was passiert bei einer Traumatisierung?

Es ist sinnvoll, für ein tieferes Verständnis kurz anzuschauen, was passiert, wenn wir in eine Situation von Todesbedrohung und vollkommener Hilflosigkeit geraten und traumatisiert werden.

Für das Phänomen der Traumatisierung gibt es verschiedene Modelle. Leider existiert aber bisher keine einheitliche, alles umfassende Theorie zu Psychotrauma. Vielmehr spiegeln sich in den verschiedenen Erklärungsmodellen auch verschiedene psychologische Schulen, die sich gegenseitig teilweise auch aufmerksam bis misstrauisch beobachten und sich in manchen Ansätzen scheinbar gar teilweise widersprechen. Gleichzeitig ist das Feld der Psychotraumatologie recht dynamisch und hat sich in den letzten Jahren sehr weiterentwickelt, so dass Ge-

48 Siegel, Daniel J. (2002): The developing mind, 3rd edition, New York/USA 2020.

samtzusammenhänge gerade erst wissenschaftlich herausgearbeitet und sichtbar werden[49]. Es würde ein tiefes Eintauchen in medizinische Zusammenhänge in der Physiologie, Anatomie, Neurobiologie, Hirnforschung und vielen anderen Disziplinen notwendig machen und dem Buch eher einen Lehrbuchcharakter verleihen. Eine wissenschaftlich umfassende Betrachtung der verschiedenen Modelle würde den Rahmen dieses Buches sprengen.

Für das Buch ergibt sich daraus die Herausforderung, ein ebenso einfaches und für die lesenden Laien anschlussfähiges Modell zu wählen, das gleichzeitig hinreichend wissenschaftlich genau ist und an den Stand einiger der wissenschaftlichen Diskussionen zumindest anknüpfen kann. Ein solches Modell stellt das Anteilemodell des Psychotraumatologen Franz Ruppert[50] dar und wir werden uns in den folgenden Ausführungen zunächst vor allem auf dieses Modell beziehen[51].

Die wissenschaftlich tiefergehend interessierten Lesenden seien auf die mit Ruppert im Ansatz sehr vergleichbaren Modelle hingewiesen, die im Anhang kurz beschrieben werden: zum Beispiel das Ego-State-Modell, das Modell der strukturellen Dissoziation und das Modell der Inneren Familiensysteme (Internal Family Systems IFS). Alle diese Modelle erlauben eine Beschreibung der Inneren Fesseln als Überlebensstrategien einer Traumatisierung. Für das grundlegende Verständnis des Buches sind diese vertiefenden Ausführungen zunächst nicht unbedingt wesentlich.

Bei Traumatisierung kommt es zu einer Spaltung der Psyche

Einen einfachen Zugang zu den Mechanismen einer Traumatisierung liefert wie oben ausgeführt das Modell von Franz Ruppert.

Nach diesem Modell kommt es in der Situation der Traumatisierung zu einer Spaltung, einer Fragmentierung unserer Psyche, die auch als Dissoziation beschreibbar ist. Es bilden sich diskrete Anteile, das Ganze wird aufgelöst und unsere Psyche wird fragmentiert (Abbildung 3).

49 Vergleiche die durchaus »systemkritische« Perspektive von Kai Fritsche auf das Feld der Psychotraumatologie in Fritsche, Kai (2020): Ego-State-Therapie bei Traumafolgestörungen, Heidelberg.

50 Ruppert, Franz (2014): Frühes Trauma, Stuttgart.

51 Der Vollständigkeit halber sei hier kurz darauf hingewiesen, dass Franz Ruppert neben seiner hier zitierten theoretischen Modelle auch eine Therapiemethode, die IoPT (Identitätsorientierte Psychotraumatologie), entwickelt hat. Ausführungen zur Zieldienlichkeit, Wirksamkeit oder zu den Risiken dieses methodischen Ansatzes sind ausdrücklich nicht Gegenstand des Buches.

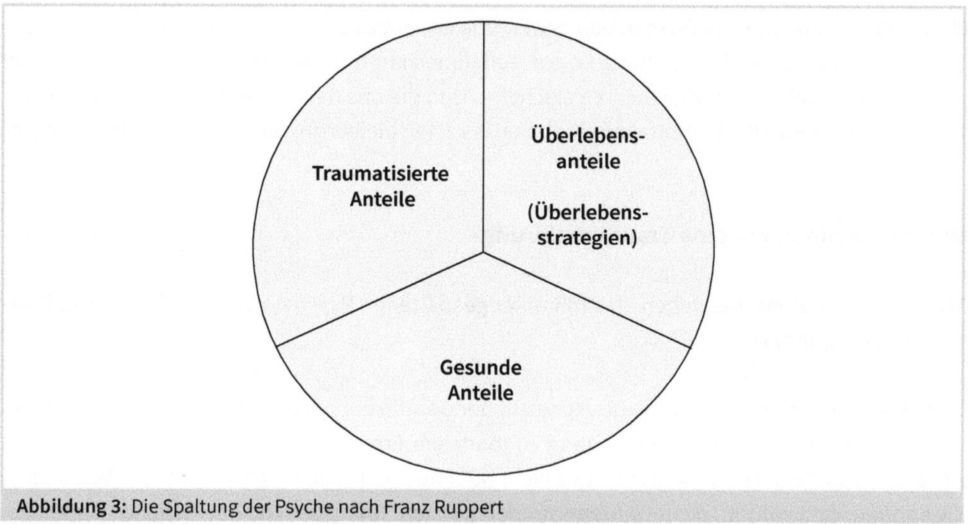

Abbildung 3: Die Spaltung der Psyche nach Franz Ruppert

Wie kann man sich das nun vorstellen? Vereinfacht beschrieben spaltet unsere Psyche in der Situation der größten Not die belastenden Gefühle ab. Hiervon betroffen sind alle Gefühle, die mit der Notsituation unmittelbar verknüpft sind: Todesangst, Alleinsein, Hilflosigkeit, Ohnmacht, Ausgeliefertsein, Hoffnungslosigkeit, Resignation etc. Aber auch mittelbar verknüpfte Gefühle wie zum Beispiel Wut und Ärger (zum Beispiel auf den Täter) können abgespalten werden. Diese abgespaltenen Teile unserer Psyche beschreibt Ruppert als traumatisierte Anteile.

Gleichzeitig bilden sich Schutzprogramme, die verhindern sollen, dass diese Gefühle erneut spürbar werden. Diese Schutzprogramme beschreibt Ruppert als Überlebensanteile. Sie entsprechen den schon skizzierten Trauma-Überlebensstrategien, die – so die Hypothese dieses Buchs – unseren Inneren Fesseln zugrunde liegen. Ihre primäre Aufgabe ist es, zu verhindern, dass wir erneut in Situationen kommen, die die bei der Traumatisierung gespürten Gefühle spürbar werden lassen, und somit besser überleben können.

Bildlich gesprochen, werden in der Traumatisierung die mit der Situation direkt oder indirekt assoziierten Gefühle abgespalten und in einen »sicheren Kellerraum« der Psyche gesperrt. Die Überlebensanteile stehen als Wächter davor und verhindern, dass diese traumaassoziierten Gefühle wieder befreit, d. h., für unser Leben zugänglich werden, und uns belasten. Und diese Aufgabe erledigen die Überlebensanteile meist recht effizient, wenn auch nicht perfekt.

Es kommt in der Situation der Traumatisierung also zu einer Teilung der Psyche: Aus dem ehemaligen Ganzen entstehen traumatisierte Anteile sowie Überlebensanteile mit der Aufgabe, die sich bildenden Trauma-Überlebensstrategien rigoros umzusetzen. Übrig bleibt aber auch ein – sehr wichtiger – dritter Teil, die sogenannten gesunden Anteile. Diese verkörpern zum Beispiel unsere Lebensfreude, den Wunsch nach gesunden Beziehungen, die Freude am Gestalten und daran, sich zu verwirklichen, die Selbstfürsorge etc.

Diese Fragmentierung, die Dissoziation der Psyche erlaubt es uns also, das traumatisierende Geschehen zu überleben. Die Spaltung ist ein Notfallmechanismus der Psyche, die zum Zeitpunkt des Erlebnisses als der einzige Ausweg erscheint. Und die uns dann – wenn wir es nicht bearbeiten – unser Leben weiter im Notfallmodus leben lässt. Wir bleiben im Überlebensmodus gefangen.

Woran erkennen wir eine Traumatisierung?

Traumatisierte Menschen leben also mit einer gespaltenen Psyche. Wie wird eine solche Fragmentierung spürbar[52]?

Zum einen zeigt sich eine Traumatisierung auf der Gefühlsebene, zum Beispiel durch das Nicht-Fühlen bzw. einem erschwerten Zugang zu manchen Emotionen. Die in den traumatisierten Anteilen gefangenen Gefühle stehen uns nicht oder nur noch sehr eingeschränkt zur Verfügung, sie können nicht gefühlt, nicht wahrgenommen werden. Oft haben wir von manchen dieser Gefühle nur eine Ahnung oder wir bemerken die komplette Abwesenheit einzelner Gefühle. Alternativ kann es sein, dass wir eine generelle innere Starre, eine Taubheit spüren. Es ist, als wären wir von unseren Emotionen komplett abgeschnitten. Wir erleben, dass wir in bestimmten Situationen, in denen unsere Mitmenschen zum Beispiel Anteilnahme und Trauer oder Freude und Glück empfinden, uns irgendwie leer und unbeteiligt fühlen. Wir sind nicht mehr oder nur schwer berührbar. Es fühlt sich an, als wären wir immer in Watte gepackt und alles würde irgendwie an uns vorbeilaufen, ohne uns zu wirklich zu tangieren. Wir können dies dann auch als depressive Phasen erleben, in denen wir einer unerklärlichen Schwere und Perspektivlosigkeit, einer Antriebs- und Mutlosigkeit begegnen.

Trauma erzeugt ein Gefühl des Nicht-Verbundenseins. Die Fragmentierung unserer Psyche, die Aufspaltung, trennt, was eigentlich zusammengehört. Das spüren wir in unserem Inneren. Und dieses innere Nicht-Verbundensein spiegelt sich meist auch in unseren Beziehungen: auch hier bleiben wir mit dem Gegenüber oft unverbunden. Unsere Beziehungen bleiben dann eher oberflächlich, unverbindlich, austauschbar. Das Gegenüber berührt und bewegt uns nicht wirklich. Es fehlt an Wahrhaftigkeit, stattdessen wird das Miteinander eher transaktional, technokratisch, mechanisch. Wir stehen nicht mit unserem gesamten Sein, mit allem, was uns ausmacht, für eine Beziehungsbildung zur Verfügung. Wir bleiben eng, haben keinen Zugriff auf alle Sinne, Ressourcen und Kompetenzen. Die Relevanz des Nicht-Verbundenseins mit unseren Führungskompetenzen, die ja einen wesentlichen Beziehungsanteil haben (vergleiche 2.3.2), wird unmittelbar deutlich.

In anderen Fällen, wenn die Überlebensstrategien ihre Aufgabe nicht perfekt erfüllen, holen uns manchmal einige der weggesperrten Gefühle wie ein Tsunami ein – oft unverhofft und un-

52 Vergleiche hierzu auch König, Verena (2021): Bin ich traumatisiert? München.

geplant. Dann gelingt es nur unter großer Anstrengung, diese wieder wegzudrücken. In der Fachsprache der Psychotraumatologie spricht man hier von »Flashbacks«, wir werden von Erinnerungsfragmenten und Gefühlslawinen überrollt, scheinen diesen hilflos ausgeliefert zu sein.

Schließlich bleibt bei Vielen ein Gefühl der Unvollständigkeit. Es zeigen sich Gefühle der inneren Leere, es wird spürbar, dass wir etwas suchen, ohne genau zu wissen, was das eigentlich ist. Klar ist nur, dass »etwas« zu fehlen scheint. Wir haben dann auch oft Kontakt zu Einsamkeit und einem Gefühl des Verlorenseins. Dies zeigt sich für Traumatisierte auch häufig in einer quälenden Frage nach dem Sinn, nach einem »Purpose«.

Viele der oben genannten »Symptome« sind nicht eindeutig und eher diffus oder unspezifisch. Oft stellen sie auch schon länger eine Normalität in unserem Leben dar – wir haben uns daran gewöhnt, empfinden es als normal oder als Teil unseres »Charakters«. Deshalb fällt es oft schwer, aus dem Auftreten von Emotionsarmut, Taubheit, dem Gefühl des Nicht-Verbundensein, des Überschwemmt-werdens oder der Unvollständigkeit auf das Vorliegen einer Traumatisierung zu schließen.

Am deutlichsten und eindeutigsten können wir eine mögliche Traumatisierung deshalb vor allem durch die Präsenz und die Wirkung der Überlebensstrategien (der Inneren Fesseln) in unserem alltäglichen Leben erahnen. Diese Überlebensstrategien sind häufig die einzigen Spuren, an denen wir heute eine frühere Traumatisierung erkennen können, zumal das eigentlich Erlebte häufig in der Vergessenheit, der Amnesie, verschwunden ist. Sie sind wie die Spuren aus Brotkrümeln im Märchen von Hänsel und Gretel: nur durch sie finden wir zum Ausgangspunkt, zu den »Ursachen«, zur Quelle unseres Leids zurück. Sie sind die heute noch wirkenden, meist einzigen Zeugen des Geschehenen. Und sie sind damit auch ein guter Ausgangspunkt für unseere Forschungsreise zum Ursprung.

Überlebensstrategien können große Teile unseres Lebens steuern

Überlebensstrategien entstehen in den Situationen einer existenziellen Not. Sie sind zum Zeitpunkt der Entstehung unsere besten Lösungen für das Überleben und sie laufen auf dem Ticket »Nur durch diese Strategie überlebst Du« – also mit dem Damoklesschwert von Leben und Tod. Sie haben als ultimative Aufgabe, zu verhindern, dass wir (wieder) Zugang zu den traumaassoziierten Gefühlen bekommen. Somit sind sie die natürlichen Gegenspieler zu den gesunden Anteilen, die unser Bestreben verkörpern, wieder »ganz« zu werden und die Spaltung aufzuheben bzw. umzukehren, das Abgespaltene wieder zu integrieren.

Das Identifizieren von Überlebensstrategien in unserem alltäglichen Leben ist nicht einfach. Häufig sind sie weniger offensichtlich, wirken indirekt oder versteckt oder geben sich den Anschein von Allgemeinwissen.

Eine erste Möglichkeit der Identifizierung ist die Frage nach dem Beitrag zu unserem Glücksempfinden: Trägt dieses Denk- und Verhaltensmuster zu einem »guten Leben« bei oder eher nicht? Oft sind Überlebensstrategien nur durch diese rigorose Kopplung an unsere Selbstverantwortung für ein »gutes Leben« aufdeckbar. Viele der in Kapitel 4.1.1 genannten Inneren Fesseln können mittels dieser Frage als Überlebensstrategien überführt werden.

Trotzdem ist eine Identifizierung nicht einfach. Überlebensstrategien sind Meister der Tarnung und werden häufig von starken Begleitprogrammen unterstützt.

So geben sie sich zum Beispiel den Anschein von Glaubenssätzen, Wissen, Erfahrungen oder Werten: »Das ist so ...«, »So macht man das ...« oder »Es ist doch klar, dass ...«, »Die Erfahrung zeigt, dass ...« können typische Vertreter sein, ebenso Sätze wie »Ich bin so ...« oder »Der/die ist so ...«.

Oder sie zeigen sich als Äußerungen vergleichbar dem Freud'schen Über-Ich und haben die Form von »Du musst ...«, »Du sollst ...«, »Du darfst nicht ...«, »Es wird erwartet, dass ...«, »Man macht das nicht oder so ...« usw. Ein Beispiel: Durch die Wirkung von internen »Du musst«-Anordnungen erscheinen uns bestimmte Verhaltens- und Denkweisen als alternativlos und unsere kognitive Fähigkeit zur Abwägung, zum immer neuen Bewerten von Vor- und Nachteilen und zu einer überlegten, freien Entscheidung wird scheinbar untergraben. Im Endeffekt »müssen« wir als erwachsene, kompetente und nicht traumatisierte Menschen gar nichts, es steht uns frei, jede Situation neu zu bewerten und uns frei zu entscheiden – mit allen Konsequenzen. Für uns gibt es im engeren Sinne kein »Muss«, sondern nur Optionen mit Vor- und Nachteilen. Das Überlebensprogramm »Du musst« gaukelt uns eine Alternativlosigkeit vor, die es in der Realität nicht gibt. Wir sind freier, als wir oft glauben.

Eine solche Verschiebung der Realitätswahrnehmung ist typisch. Die bekannten Traumatologinnen Kathy Steele und Suzette Boon sowie der Traumatologe Onno van der Hart sprechen auch von Nicht-Realisation[53]: das für den neutralen Beobachter so deutlich Erkennbare kann von uns nicht realisiert werden. Die Überlebensstrategien nutzen hierzu vielfältige Formen der Verschleierung. Wie Ruppert sagt: »Das Gegenteil von Trauma ist Klarheit«[54] – und diese Klarheit gilt es, aus Sicht der Überlebensprogramme, unbedingt zu verhindern. Mit allen Mitteln soll das Beschäftigen mit dem Trauma verhindert werden, mit der eigentlich guten Absicht, so ein erneutes Durchleben der mit dem Trauma assoziierten Gefühle zu verhindern. Typische Verschleierungsansätze sind:

- Relativierungen oder Abwiegeln in der Form von »Das war doch alles nicht so schlimm damals«, »Es ging dir doch noch relativ gut, anderen ging's schlimmer« (früher gerne im berühmten Vergleich mit den Kindern in Afrika) oder »Es ging doch allen so, das war normal« usw.

53 Steele, Kathy, Boon, Suzette, van der Hart, Onno (2017): Die Behandlung traumabasierter Dissoziation, 2. Auflage, Lichtenau/Westfalen 2021.

54 Persönliche Kommunikation im Rahmen einer Fortbildung zu Identitätsorientierten Psychotraumatologie (IoPT 2019).

- Durchhalteparolen wie »Lass mal besser nach vorne schauen« oder »Jetzt lass erst mal das andere fertigmachen« etc.
- Diskreditieren des begleitenden Coaches/Therapeuten oder des Begleitprozesses: »Kann der das überhaupt?«, »Der versteht dich doch gar nicht«, »Das braucht doch viel zu viel Zeit und ist zu teuer«, »Der ist doch selbst traumatisiert, wie kann der helfen?« usw.
- Repriorisierung und den Appell an ein schlechtes Gewissen: »Wir haben für sowas jetzt keine Zeit«, »Das ist doch jetzt nicht das Wichtigste, ging doch bisher auch gut« etc.

Durch diese Verschleierungsansätze sind Überlebensstrategien bzw. Überlebensanteile nicht immer einfach von gesunden Anteilen zu unterscheiden. So kann eine innere Stimme, die zum Verschieben des Termins mit dem Begleiter rät, durchaus auch aus einem gesunden Anteil entspringen und zu einem achtsamen, langsamen Herangehen raten. Andererseits kann es ein Plädoyer für Verdrängung oder Verschiebung auf den Sankt-Nimmerleins-Tag sein (dann aus dem Überlebensanteil kommend). Im schlimmsten Falle kann es sogar passieren, dass uns unsere Überlebensstrategien einen Weg empfehlen, der zunächst zu einer guten Lösung führen könnte, dahinter aber so innerlich inszeniert wurde, dass wir die Notwendigkeit und den Sinn des Überlebensprogramms bestätigen sollen (beispielsweise, indem sie uns zu riskanten Interventionen raten, die uns überfordern – um danach sagen zu können »Ich hab's ja gesagt, Finger weg vom Trauma.«). Dann inszenieren die Überlebensstrategien eine selbsterfüllende Prophezeiung. Eine sorgfältige Unterscheidung der Quelle der gerade aktiven inneren Stimme bedarf einer genauen inneren Prüfung und kann final nur durch das Gefühl der inneren Stimmigkeit entschieden werden. Hier könnte schon der Fokus auf der Frage »Wer spricht hier gerade in mir?« ein wichtiger erster Schritt sein.

An dieser Stelle ist wichtig zu erwähnen, dass Trauma-Überlebensstrategien vielfältige Formen wichtiger Kompetenzen beinhalten. Auch hier wird die Analogie zu Inneren Fesseln unmittelbar deutlich. Viele dieser zum Überleben entwickelten Kompetenzen sind für ein selbstbestimmtes, selbstverantwortetes »gutes Leben« extrem wichtig, ggf. sogar essenziell. Sie unterliegen jedoch dem Automatismus der Überlebensprogramme und sind damit nicht steuerbar. Wir sind dem Programm ausgesetzt und können nicht situativ selbst entscheiden, wann wir welche Kompetenz in welcher Form anwenden. Ein Beispiel: Wenn sich der Satz »Du musst immer zuerst für andere da sein« als Überlebensstrategie ausgebildet hat, stecken hierin üblicherweise Kompetenzen von Einfühlungsvermögen und Empathie, Frustrationstoleranz, sozialer Verantwortung usw. Alle Kompetenzen wären – sofern wir selbst entscheiden könnten, wann und wie wir sie einsetzen – vielfältig zieldienlich für ein »gutes Leben«. Was im Wege steht, ist der durch die Überlebensstrategie bedingte Automatismus, das »Du musst ...«. Durch dieses »Du musst« werden wir zu Sklaven unseres Altruismus und unsere Aktionen zu verzweifelten, eher auf das eigene Wohl ausgerichteten Dienstleistungen. Ein weiteres Beispiel wäre der Glaubenssatz »Du musst alles genau verstehen« – hierin stecken üblicherweise Kompetenzen von analytischem und logischem Denken, Detailgenauigkeit, die Fähigkeit zum konstruktiven Umgang mit großen Datenmengen und weitere. Und auch hier steht das »Du musst« im Wege, diese Kompetenzen zieldienlich zu nutzen.

Die Rationale für eine Bearbeitung von Überlebensprogrammen ist somit vor allem, den Automatismus zu unterbrechen, um die inhärenten Kompetenzen nutzbar und steuerbar zu machen – aus einem »Du musst ...« ein »Du kannst ...« zu machen. Aus den Ausführungen über die Charakteristika von Trauma-Überlebensstrategien in diesem Kapitel werden die Parallelen zur Dynamik und Wirkung von Inneren Fesseln unmittelbar offensichtlich. Die Hypothese eines Wirkzusammenhangs scheint belastbar.

4.3.4 Welche konkreten frühen Erfahrungen können Traumata auslösen?

In den Situationen, in denen wir traumatisiert werden, spielen Beziehungen eine zentrale Rolle. Das frühe Gefühl der Todesbedrohung kann wie beschrieben durch Nicht-Gesehenwerden oder sich Nicht-Zugehörigfühlen ausgelöst werden. Das Ausgeliefertsein als zweiter notwendiger Auslöser einer Traumatisierung ist qua kindlicher körperlich-geistiger Reife gegeben.

Gesehenwerden und sich Zugehörigfühlen werden aber wesentlich durch Beziehungen vermittelt, durch Beziehungen zu unseren engsten Bezugspersonen im Herkunftssystem. Die Feinfühligkeit, das Zugewandtsein, Mitgefühl und die Empathie, das tiefe Interesse unserer Bezugspersonen, deren bezogene Präsenz (nicht nur deren Anwesenheit) spielen in unserem Leben eine elementare Rolle. Die Qualität dieser Beziehungen stellt auf diese Weise einerseits sowohl einen wesentlichen Schutzfaktor vor, andererseits aber gleichzeitig einen wesentlichen Risikofaktor für eine Traumatisierung dar. Traumata sind so gesehen häufig Folgen von elementaren und tiefreichenden Beziehungsstörungen. Entsprechend haben die sich bildenden Trauma-Überlebensstrategien sehr häufig einen wesentlichen Beziehungsbezug.

Hier schließt sich einer der Kreise zum Thema Führung. Wir haben in Kapitel 2 und 3 die Bedeutung von Beziehungsgestaltung für Führungsexzellenz bereits beleuchtet. Trauma-Überlebensstrategien, die aus Beziehungstraumata erwachsen sind, sind somit meist für die optimale Wirksamkeit als Führungskraft relevant und schränken diese mit hoher Wahrscheinlichkeit eher ein als sie zu erweitern. Sie wirken als Innere Fesseln.

Es gibt eine Vielzahl von möglicherweise traumatisierenden Erfahrungen. Um diese etwas zu klassifizieren, bietet es sich an, eine weiteres Modell von Franz Ruppert heranzuziehen: die sogenannte **Traumabiografie**[55] (Abbildung 6[56]). Diese erlaubt eine gewisse Strukturierung und Kategorisierung und soll hier in Ansätzen skizziert werden[57]. Das Modell von Franz Ruppert eig-

55 Ruppert, Franz (2017): Mein Körper, mein Trauma, mein Ich. München.; Ruppert, Franz (2019): Liebe, Lust und Trauma, München. Ruppert, Franz (2018): Wer bin ich in einer traumatisierten Gesellschaft? Stuttgart.

56 Zur besseren Referenz auf die Originalliteratur von Franz Ruppert sei hier erwähnt, dass sein Originalmodell für die Zwecke dieses Buches modifiziert und ergänzt wurde.

57 Ähnliche Kategorisierungen von frühkindlichen Erfahrungen schlagen auch andere Autoren vor, so zum Beispiel die Kategorien »gesehen werden«, »sich sicher fühlen«, »beschützt werden« und »beruhigt werden« nach Siegel, Daniel J., Bryson, Tina Payne (2021): Präsente Eltern, starke Kinder, München.

net sich vor allem zur Klassifizierung von frühen Traumata und wird im Kontext dieses Buches etwas angepasst und ergänzt. Für die vertieft interessierte Leserin wird auf die vielfältige Originalliteratur von Franz Ruppert verwiesen.

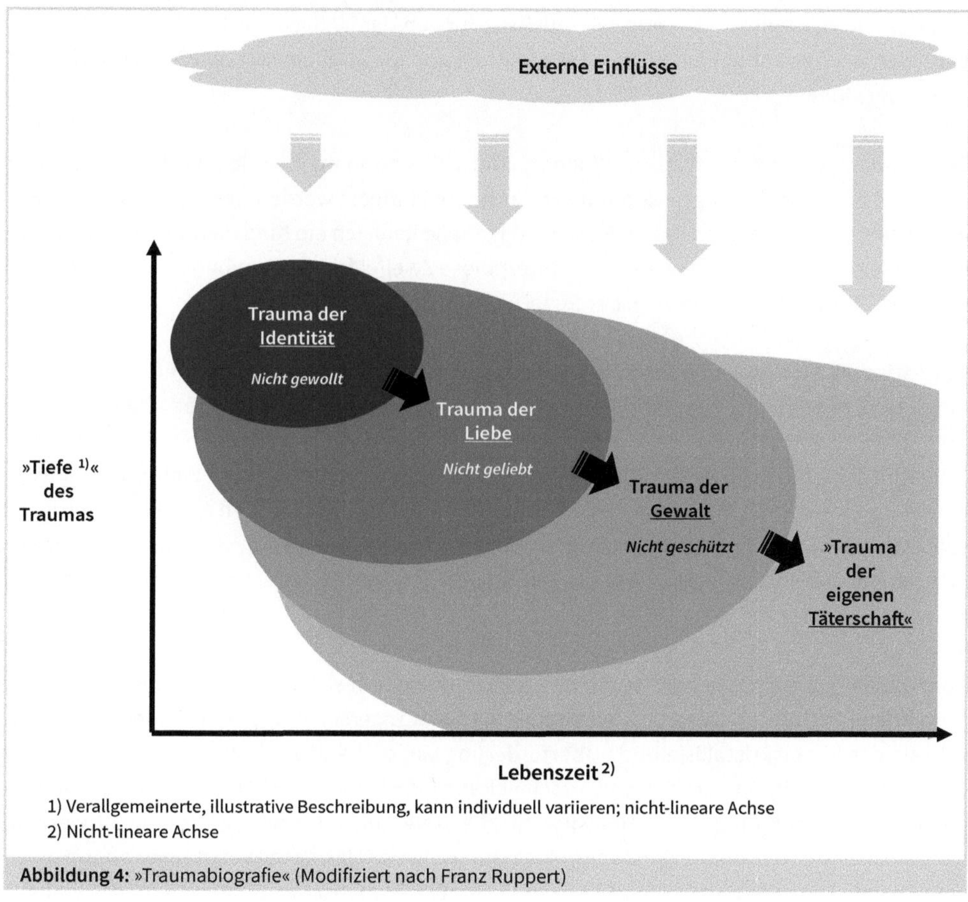

Abbildung 4: »Traumabiografie« (Modifiziert nach Franz Ruppert)

Wir werden in den nächsten Abschnitten zunächst die verschiedenen Kategorien bezüglich der möglichen zugrunde liegenden Erfahrungen beschreiben und eine erste Verknüpfung mit typischen, sich aus der Erfahrung entwickelnden Überlebensstrategien anbieten.

Trauma der Identität: Nicht gewollt sein

Die ersten potenziell traumatisierenden Erfahrungen können wir bereits im Mutterleib machen. Ruppert spricht hier von dem **Trauma der Identität** und beschreibt damit die frühe Erfahrung, auf der Welt nicht willkommen, nicht gewollt zu sein.

Hier wird davon ausgegangen, dass zum Beispiel das fundamentale Zweifeln einer Mutter[58], ob sie das Kind wirklich bekommen, austragen möchte, nicht ohne Wirkung auf das Embryo bleibt. Situationen, in denen die Empfängnis ein ungeplanter »Unfall« ist, durch eine Vergewaltigung oder durch einen One-Night-Stand im alkoholisierten Zustand entstanden ist, stellen für Mutter und Kind besonders schwierige Herausforderungen dar. Will ich das Kind? Kann ich es lieben? Werde ich es annehmen können? Die Mutter kann ins Zweifeln kommen, sich überfordert oder hilflos fühlen.

Die emotionale Bereitschaft zum »Wollen«, zum Willkommenheißen des Kindes, kann durch weitere Rahmenbedingungen und Konsequenzen beeinflusst werden: Was sagt mein Umfeld, meine Eltern, mein Partner, meine Freunde dazu? Wie kann ich ein Kind mit meiner Lebensplanung vereinbaren? Sollte die werdende Mutter diese Zweifel früh ausräumen können, scheinen die Auswirkung auf das Embryo in der Regel eher geringfügig.

Dramatischer wird es, wenn die Zweifel persistent weiterarbeiten oder gar in eine mehr oder minder klare Ablehnung des Embryos münden. Hier kann es dann zu spontanen Abgängen kommen, auch zu einem aktiven Abtreibungsversuch. Im für das Embryo psychisch schlimmsten Falle wird dieser dann überlebt. Eine überlebte Abtreibung stellt mit hoher Wahrscheinlichkeit eine traumatisierende Erfahrung des Embryos dar. Häufig wird über den Abtreibungsversuch später aus Scham oder schlechten Gewissens Stillschweigen bewahrt. Es ist für den Betroffenen deshalb meist schwer, die Bedingungen seines Heranwachsens im Mutterleib nachzuvollziehen.

Aber auch bei zunächst geplanten Schwangerschaften kann sich das Blatt wenden, wenn das Kind immer mehr als potenzielle Belastung, die Schwangerschaft als Fehler oder das Elternsein als sich herauskristallisierende Überforderung eingeschätzt wird. Mit einer Trennung vom Lebenspartner während der Schwangerschaft kann ein Wandel in der Liebe zum Ungeborenen einhergehen, das Kind gar als »Ursache« für die Trennung verantwortlich gemacht werden. Aber auch eine Entscheidung für das Kind nur aufgrund sozialer, gesellschaftlicher oder beruflicher Gründe kann aus den gleichen Gründen zu einer traumatischen Erfahrung für das Embryo werden.

Die Mutter, die das Kind ablehnt, es eigentlich nicht haben will, kann diesem ein Trauma der Identität zufügen: Das Nein der Mutter vermittelt diesem, nicht gewollt zu sein, nicht sein zu dürfen, überflüssig und wertlos zu sein – und das in der Regel über die Geburt hinaus. Das werdende Kind verliert auf einer sehr fundamentalen Ebene den Halt, es erlebt kein unkonditionales Ja zu seinem Leben und seinem Sein. Die Selbstliebe, der fundamentale Selbstwert, das

58 In den Fällen des Traumas der Identität, die embryonale Erfahrungen betreffen, ist die primär involvierte Person die Mutter. Bei Traumata der Identität, die nachgeburtlich entstehen, können auch andere primäre Bezugspersonen eine Rolle spielen. In diesem Kapitel wird daher die Mutter als Platzhalter für all diejenigen Personen verwendet, die als primäre Bezugspersonen die traumatisierende Erfahrung vermitteln.

tiefgreifende Wissen um »Es ist gut, dass ich am Leben bin« werden angegriffen oder zerstört. Und vor allem wird die frühe Bildung einer eigenen, wohlwollend angenommenen Identität erschwert oder verhindert.

Weitere pränatale und perinatale Traumatisierungen

Es gibt eine Reihe weiterer möglicherweise traumatisierender Erfahrungen, die der Fötus und Embryo im Mutterleib oder in der Geburtsphase durchleben kann, die nicht unbedingt eindeutig mit einem Trauma der Identität, einem »Nicht gewollt sein«, korrelieren.

Ein besonderer Fall eines pränatalen Traumas stellt der **Verlust eines Zwillings** im Mutterleib dar[59]. Auch wenn der Abgang physiologisch begründet ist, kann das Ereignis für den verbleibenden Fötus oder Embryo ein schwer traumatisierendes Ereignis darstellen. Ist der Abgang jedoch korreliert mit einer Ablehnung der Mutter den Föten oder Embryos gegenüber und ggf. einer entsprechenden Abtreibungsaktion, kann sich erneut ein Trauma der Identität bei dem überlebenden Fötus oder Embryo ausbilden. Zu den oben beschriebenen Auswirkungen auf das nicht gewollte Kind können sich hier jedoch weitere Gefühle entwickeln: z. B. ein Gefühl von Schuld und Scham, überlebt zu haben, eine fundamentale Verunsicherung oder eine tiefe innere Einsamkeit und Leere.

Schließlich sei hier auch noch auf eine besondere Form der Traumatisierung hingewiesen, die je nach Umständen als Trauma der Identität, aber auch als Trauma der Liebe oder der Gewalt eingestuft werden können: Die Traumatisierung durch einen entsprechend unachtsamen, wenig embryogerechten **Geburtsvorgang**. Auch hier kann die Verantwortung außerhalb bei Dritten liegen: Die bis vor wenigen Jahren oft noch wenig an den Erkenntnissen der modernen Bindungsforschung orientierte Geburtsmedizin kann als äußerer Faktor hier sicher beitragen. Aber auch die Ablehnung des Embryos durch die Mutter kann zu einer deutlichen Dramatisierung des Geburtsvorgangs führen und das Embryo weiter traumatisieren.

In der wissenschaftlichen Gemeinschaft ist die Wirkung früher emotionaler Störungen der Mutter auf Embryos im Mutterleib mittlerweile unstrittig. Hirnphysiologischen Auswirkungen, vor allem Veränderungen in der Hirnentwicklung als Folge von extremen traumatisierenden Erfahrungen beim Embryo und Kleinkind können eindeutig nachgewiesen werden (vergleiche hierzu auch – nur für Interessierte – die vielfältigen Bücher von Michaela Huber zu Patienten mit dissoziativer Identitätsstörung – DIS[60]). Parallel bleiben allerdings noch viele der molekularen oder energetischen Wirkzusammenhänge bei der Bildung eines Traumas der Identität im Unklaren, insbesondere vor dem Hintergrund der Entwicklungsphysiologie. So ist das oben

59 Austermann, Alfred R.; Austermann, Bettina (2006): Das Drama im Mutterleib, 4. Auflage, Berlin 2016.
60 Siehe zum Beispiel: Huber, Michaela (2010): Multiple Persönlichkeiten. Paderborn.

beschriebene Dreiteilungsmodell der Psyche für diese frühen traumatisierenden Erfahrungen sicher weiter zu konkretisieren. Hier scheint es sinnvoll, sich noch einmal zu vergegenwärtigen, dass Überlebensstrategien– insbesondere bei so frühen Traumatisierungen – primär nicht als im präfrontalen Cortex kognitiv abgespeicherte, logische Denkmuster zu verstehen sind, sondern sich in sich verselbstständigenden und nicht mehr steuerbaren Verhaltens- und Denkmustern äußern. Hirnphysiologisch handelt es sich um entsprechend angelegte neuronale Netzwerke, die auch in tieferen Schichten unseres Gehirns angelegt sein können.

Für den Zweck dieses Buches kann die Frage nach den frühen hirnphysiologischen Veränderungen und der konkreten Verarbeitungen der traumatisierenden Erfahrungen, die sich später in Trauma-Überlebensstrategien zeigen, zunächst unbeantwortet bleiben. Insofern gleicht das Konzept der Trauma-Überlebensstrategie einem Narrativ. Empirisch und in der beraterischen Praxis zeigt sich dieser Zusammenhang zwischen den frühen Primärerfahrungen und dem späteren Narrativ als hilfreich zur Bearbeitung der im Hier und Jetzt beobachteten Inneren Fesseln.

Unabhängig von der noch weiter zu klärenden Theorie sind die Auswirkungen des Nicht-Gewolltseins als Embryo oder Baby, eines Traumas der Identität vielfach auch bei Führungskräften beobachtbar. Welche Strategien können sich nun aus diesen frühen Erfahrungen entwickeln?

Am offensichtlichsten ist der aus dem Trauma der Identität oft erwachsende tiefe **Zweifel am Selbstwert**. Dieser Zweifel ist manchmal direkt, meist jedoch nur indirekt erkenntlich. Der Mangel – oder das Fehlen – an innerem Selbstwert kann sich in vielen Gefühlen zeigen: dem Gefühl, nicht wirklich in sich zu ruhen, keine sichere Basis in sich selbst zu haben, nicht wirklich gut zu sein, so wie man ist; dem Gefühl, nicht einfach so auf der Welt sein zu dürfen, nicht willkommen und wertvoll zu sein und keine Existenzberechtigung zu haben. Diese Gefühle, ebenso wie die dahinterliegenden Traumagefühle wie fundamentale Verzweiflung, Angst, Perspektivlosigkeit etc. sind uns oft nicht direkt zugänglich, zeigen sich erst bei einer vertieften Beschäftigung mit den Inneren Fesseln. Was sich jedoch oft phänotypisch zeigt, sind zum Beispiel tiefgreifende Glaubenssätze, bei denen bestimmte Handlungen, Denkmuster oder Überzeugungen konditional an Selbstwert gekoppelt sind. Es sind gewissermaßen Versuche, Surrogate für unseren mangelnden oder fehlenden inneren Selbstwert zu finden und sich doch wertvoll zu fühlen. Die sich bildenden Glaubenssätze haben oft die Struktur »Nur wenn ich …, dann bin ich etwas wert« und können fast beliebige Inhalte haben. Das Tun tritt an die Stelle des Seins, nur durch das Tun erhalten wir scheinbar eine Berechtigung zum Sein. Es kann um Leistung gehen, um das Für-andere-da-sein-Müssen, um eine bestimmte Haltung oder das Leben bestimmter Werte. Gemein ist diesen Glaubenssätzen, dass nur durch deren Ausführung ein Gefühl von Selbstwert erzeugt wird - scheinbar. Denn wenn der Selbstwert nicht aus uns selbst kommt, müssen die Glaubenssätze brüchig bleiben, nicht belastbar und unvollständig. Sie werden zu Trauma-Überlebensstrategien und beginnen, uns zu steuern, ohne das dahinterliegende Grundbedürfnis wirklich befriedigen zu können.

Eine weitere mögliche Folge eines Traumas der Identität ist die fehlende oder unzureichende Entwicklung der eigenen **Identität**. Wer bin ich eigentlich? – diese Frage bleibt unbeantwortet, weil die Entwicklung einer eigenen Identität durch das Trauma früh gestört wird. Zur Kompensation (oder besser: zur erhofften Linderung des Leids) kann es sich für die Betroffenen anbieten, sich mit anderen, externen Projektionsflächen zu identifizieren. Identifikation mit Gruppen, Ideen, Menschen und vielem mehr dient dann quasi als Substitut für die eigene, unzureichend ausgebildete Identität. Der Job, die Weltanschauung, Werte und politische Bewegungen, die Zugehörigkeit zu einer bestimmten Gruppe oder Schicht, das Bild der »idealen Führungskraft« bekommen plötzlich eine Identitätsstiftende und damit überhöhte Bedeutung. Der Motor ist die tiefgreifende Verzweiflung und Not um das eigene Nicht-Sein-Dürfen, Nicht-Gewolltsein. Das so übersteigerte Identifikationsbedürfnis übernimmt die Steuerung, überlagert viele Entscheidungen. Identifikation kann somit eine weitere Überlebensstrategie für ein Trauma der Identität sein.

Besonders dramatisch kann es sein, wenn sich die Mutter als Identifikationsfigur anbietet. Dann macht sich das Kind das Weltbild und die Ideen der Mutter zu eigen und damit derjenigen Person, die ursächlich für das Trauma der Identität verantwortlich ist. Es kommt zur Identifikation mit derjenigen, die uns eigentlich nicht haben wollte, die unsere Existenz eigentlich gerne verhindert hätte. Als Folge kann sich eine tiefgreifende Überzeugung von »Es wäre am besten, wenn ich nicht auf der Welt wäre, nicht leben würde« entwickeln. Das **Ablehnen der eigenen Existenz** ist die Folge. Die Betroffenen verinnerlichen die Ablehnung der Mutter, empfinden diese als richtig und angemessen. Die mich ablehnende reale Mutter wird von einem bestimmenden inneren Anteil nachgelebt und gespiegelt – etwas, das in anderen psychologischen Schulen auch als »Täterintrojekt« oder »täterimitierende Anteile«[61] beschrieben[62] und uns später, beim Trauma der Gewalt auch noch einmal begegnen wird. Täterimitierende Anteile sind nicht identisch mit den Tätern, sie sind verzweifelte, kindliche Anteile mit dem Lösungsversuch, das Traumatische zu überleben, es sind Überlebensstrategien mit einer eigentlich guten Absicht. Täterimitierende Anteile zehren von unserer auf den Täter gerichteten, im Zeitpunkt der traumatischen Erfahrung entstandenen Gegenaggression und richten diese gegen uns selbst. Und wir beginnen eine Reise der sukzessiven Selbstzerstörung – im Auftrag dieses verinnerlichten Anteils. Wir erfüllen gehorsam den Auftrag der Mutter. Als Folge gehen wir mit uns, unserem Körper und unserer Seele nachlässig um, gefährden wissentlich unsere Gesundheit und nehmen Selbstschädigungen in Kauf. Beispielsweise zeigen sich diese Muster in Überlebensstrategien wie Substanzmissbrauch oder dem Hingezogenfühlen zu hochriskanten und potenziell lebensgefährlichen Sportarten. Die hier genannten Überlebensstrategien können besonders gefährlich sein, da sie aufgrund der sozialen Akzeptanz schwerer als Innere Fessel zu identifizieren sind – man denke nur an die Bedeutung von übermäßigem Alkoholkonsum zum Beispiel bei Business Events, Geschäftsessen oder als »After Work«-Routine zu Hause.

61 Analog gibt es Täterinnenintrojekte und täterinnenimitierende Anteile.

62 Vergleiche hierzu auch Peichl, Jochen (2013): Innerer Kritiker, Verfolger und Zerstörer, Stuttgart; Peichl, Jochen (2018): Integration in der Traumatherapie, Stuttgart.

Ein kleiner gedanklicher Ausflug sei hier noch erlaubt: Als Hypothese formuliert, könnten auch bestimmte körperliche Symptomatiken als Versuche interpretiert werden, sich selbst zu zerstören und den verinnerlichten inneren Auftrag der Mutter auszuführen. Insbesondere könnte es aus dieser Sicht interessant sein, sich dann dem weitverbreiteten Thema der Autoimmunerkrankungen zuzuwenden: Hier bekämpft unser eigenes Immunsystem uns selbst, mit oft fatalen und schwerwiegenden Konsequenzen. Insofern könnten auch Autoimmunerkrankungen Ausdruck von frühen Traumatisierungen sein (Selbstverständlich bedürfen medizinisch klar definierte Erkrankungen wie Süchte, Substanzmissbrauch oder Autoimmunerkrankungen einer umfassenden medizinischen oder therapeutischen Abklärung und Behandlung und sollten nicht primär unter der Überschrift Führungskraftentwicklung verortet werden).

Eine allgemeine Bemerkung: Natürlich sind die beschriebenen Überlebensstrategien erneut nur als illustrative und nicht ausschließliche Beispiele zu verstehen. Jeder Mensch ist anders und prozessiert seine Erfahrungen höchst individuell. Jeder zeigt auf Basis anderer früher Erfahrungen und sicher auch aufgrund unterschiedlicher genetischer Prädisposition eine unterschiedliche Resilienz gegenüber den traumatisierenden Primärerfahrungen. Auch darauf gestützt kann es keine eindeutige und unmissverständliche 1:1-Zuordnung von bestimmten Überlebensstrategien zu einem spezifischen Trauma geben. Überlebensstrategien sind – als solche identifiziert – immer nur als Hinweisgeber für die dann notwendige Forschung nach den individuellen traumatisierenden Primärerfahrungen zu verstehen.

Trauma der Liebe: Nicht geliebt sein

Eine weitere Kategorie von Erlebnissen, die bei Embryo, Baby oder Kleinkind Trauma auslösen könnte, kann mit dem Begriff »Trauma der Liebe« beschrieben werden. Ruppert[63] bezieht sich hier in seinem Originalmodell vor allem auf die Traumata, die aus einem erlebten Trauma der Identität, dem notwendigen Abspalten der eigenen Identität durch das »Nicht gewollt sein«, unmittelbar und nahezu zwangsläufig entstehen können. Wir wollen für die Zwecke dieses Buches den Begriff »Trauma der Liebe« etwas erweitern und als mögliche Folge aller Erlebnisse beziehen, die auf mangelnder oder fehlender Liebe und Zuwendung durch die Mutter (oder die primäre Bezugsperson) beruhen.

In den frühen Jahren unseres Lebens sind wir existenziell von der Zuwendung und Liebe unserer Mutter (oder der primären Bezugsperson) abhängig. Diese korreliert in hohem Maße mit dem weiter oben beschriebenen Grundbedürfnis, gesehen zu werden, dessen Verletzung eine wichtige Ingredienz für eine Traumatisierung sein kann.

63 Ruppert, Franz (2019): Liebe, Lust und Trauma, München.

Die Bedeutung der Liebe der Mutter und ihrer emotionalen Zuwendung zum Kind findet in der Fachliteratur vor allem in Form der **Bindungstheorie**[64] ihren Widerhall. Aufgrund vielfältiger Forschungen, die auf frühe Untersuchungen von John Bowlby und Mary Ainsworth[65] zurückgehen, ist die Bindungstheorie heute fester Bestandteil der psychologischen Gedankenwelt.

Machen wir also einen kurzen Ausflug in die Bindungstheorie. Nach dem heutigen Stand der Bindungsforschung kann man vier verschiedene Bindungsmuster unterscheiden, die sich aufgrund bestimmter Bezugspersonen-Kind-Interaktionen in den frühen Jahren unseres Lebens herausbilden können[66]:

- Sicheres Bindungsmuster, gekennzeichnet durch eine stabile, belastbare Bindung zwischen Bezugsperson und Kind. Das Kind weiß, dass die Eltern seine Bedürfnisse erkennen und schnell und einfühlsam darauf reagieren werden. Es entsteht ein Vertrauen, dass auch andere Menschen sich ähnlich verhalten werden.
- Unsicher-vermeidendes Bindungsmuster, gekennzeichnet durch ein kontaktvermeidendes Verhalten des Kindes: Es wirkt scheinbar unabhängig, desinteressiert oder abgelenkt. Im Kind herrscht die Überzeugung vor, dass die Eltern zwar da sind, es ihnen aber eher egal ist, was das Kind braucht und fühlt. Deshalb lernt es früh, seine eigenen Emotionen eher zu ignorieren oder zu unterdrücken und diese auch nicht zu kommunizieren.
- Unsicher-ambivalentes Bindungsmuster, gekennzeichnet durch ein zum Teil sehr widersprüchliches Bindungsverhalten gegenüber der Bezugsperson: mal den Kontakt und die Nähe suchend, mal dieselbe vermeidend, oft begleitet von Ärger oder Aggressionen. Das Kind kann sich einer verlässlichen, vorhersehbaren Reaktion der Eltern auf seine Gefühle und Bedürfnisse nicht sicher sein und ist deshalb ständig vorsichtig und auf der Hut. Es hat kein grundsätzliches Vertrauen in die Stabilität und Verlässlichkeit von Bindungen, spüren aber gleichzeitig ihr Bedürfnis nach derselben – das Chaos ist vorprogrammiert.
- Desorientiertes/desorganisiertes Bindungsmuster, gekennzeichnet durch ein eher chaotisches Bindungsverhalten, beispielsweise mit Erstarrung des Kindes bei Kontaktaufnahme oder einer Reihe weiterer auffälliger Verhaltensweisen wie stereotyper Bewegungen oder völliger Emotionslosigkeit. Dem Kind fehlt jegliches grundlegende Vertrauen, dass es sicher ist und dass es jemanden gibt, der es beschützt. Dies ist sehr überfordernd und erzeugt ein Gefühl von Hilflosigkeit und Ausgeliefertsein. Bindungen werden als gefährlich eingestuft, entsprechend erzeugen Bindungsangebote eine extreme Not und müssen mit aggressiver Verteidigung oder defensiver Erstarrung pariert werden.

Der Unterschied zwischen den einzelnen Bindungsmustern kann mit dem Ausmaß korreliert werden, in dem emotionale Belastungen vom Kind selbst erfolgreich reguliert werden können.

---

64 Siehe unter anderem als erster Überblick: https://de.wikipedia.org/wiki/Bindungstheorie#cite_note-1. Weiterführende Literatur: Rass, Eva (2011): Bindung und Sicherheit im Lebenslauf. Stuttgart; Oerter, Rolf, Montada, Leo (Hrsg.) (1982): Entwicklungspsychologie, 6. Auflage, Weinheim 2008.

65 Zusammenfassung in Grossmann, Klaus, Grossmann, Karin (Hrsg.) (2015): Bindung und menschliche Entwicklung (2021); John Bowlby, Mary Ainsworth und die Grundlagen der Bindungstheorie, 7. Auflage, Stuttgart.

66 Vergleiche auch Siegel, Daniel J., Bryson, Tina Payne (2021): Präsente Eltern, starke Kinder, München.

Aus Bindungsmustern können sich Bindungsstörungen entwickeln, deren Ausprägungen zum Teil bereits durchaus Charakteristika von Trauma-Überlebensstrategien haben. Besonders deutlich ist dies bei Störungen auf Basis des desorientierten Bindungsmusters nachweisbar[67].

Bindungsmuster und -Störungen sind die Folge unserer ersten Bindungserfahrungen. Und einige der Störungen könnten möglicherweise eine alternative Betrachtungsweise für Traumatisierungen sein. So zeigen Untersuchungen, dass etwa 80 % der Kinder, die ein desorientiertes Bindungsmuster aufweisen, früher misshandelt wurden[68]. Auch kann man die Fähigkeit zur Resilienz, also zu einer Selbstregulation in Situationen von extremem Stress oder von emotionalen Belastungen, mit ersten positiven, sicheren Bindungserfahrungen korrelieren[69]. Wie die Schweizer Traumatologin Silvia Zanotta zusammenfasst: »Eine unsichere innere Bindungsrepräsentanz bzw. frühe Bindungsstörungen bilden also die direkte Ursache von komplexen Traumafolgestörungen und Dissoziation«[70].

Durch welches Verhalten der Eltern, durch welche Erlebnisse des Kindes kommt es nun zu den verschiedenen Bindungsmustern oder -Störungen? Und damit ggf. zur Ausprägung eines Traumas der Liebe? Auch hier liefert die Bindungstheorie erste Ansätze.

Eine besondere, wenn auch nicht ausschließliche Rolle scheint die **Feinfühligkeit**[71] der Mutter zu spielen. Diese stellt sicher, dass die Bedürfnisse des Kindes erkannt und befriedigt werden. Feinfühligkeit kann deshalb an dieser Stelle als eine mögliche Dimension der Liebe der Mutter angesehen werden.

Diese Feinfühligkeit in der Eltern-Kind-Interaktion ist gekennzeichnet durch:

- die umfassende **Wahrnehmung** der kindlichen Signale;
- die »richtige«, d.h. an der Entwicklung des Kindes und seinen Bedürfnissen orientierte **Interpretation** der Signale;
- eine angemessene, d.h. die Bedürfnisse befriedigende oder auf diese eingehende **Reaktion** auf diese Signale;
- eine für das Kind tolerable, in der Regel kurzfristige oder gar prompte **Reaktionszeit.**

Zusätzlich zur – oder auch als ein Element der – Feinfühligkeit zeigen Untersuchungen vor allem des US-amerikanischen Neurowissenschaftlers und Entwicklungsforschers Daniel Siegel, dass auch der elterlichen **Präsenz** ein besonderer Stellenwert zukommt[72]. »Seien Sie für Ihr

67 Zanotta, Silvia (2018): Wieder ganz werden, 2. Auflage, Heidelberg. 2019; Siegel, Daniel J. (2002): The developing mind, 3rd edition, New York/USA 2020.

68 Schenk-Danzinger, Lotte (2006): Entwicklungspsychologie, 2. Auflage, Wien 2006.

69 Oerter, Rolf, Montada, Leo (Hrsg.) (1982): Entwicklungspsychologie, 6. Auflage, Weinheim 2008.

70 Zanotta, Silvia (2018): Wieder ganz werden, 2. Auflage, Heidelberg 2019.

71 Brisch, Karl Heinz (1999): Bindungsstörungen, 11. Auflage, Stuttgart 2011.

72 Siegel, Daniel J. (2002): The developing mind, 3rd edition, New York/USA 2020.

Kind da« lautet die simple und gleichzeitig so anspruchsvolle Aufforderung von Siegel[73]. Mit Präsenz ist hier weit mehr gemeint als die schiere physische Anwesenheit. Präsenz bezieht sich auf unser ganzes Sein – auf unsere ungeteilte, konzentrierte Aufmerksamkeit, auf unser waches, zugewandtes und neugieriges Bewusstsein, auf unser Verankertsein im Hier und Jetzt. Es geht darum, dass wir mit unseren Gedanken nicht schon bei den anstehenden Aktivitäten, bei der Planung der nächsten Schritte, bei den bevorstehenden Erledigungen und Aufgaben sind. Und auch nicht bei der Analyse der letzten Erfolge und Misserfolge, bei dem Nachdenken über unsere Fehler und Probleme oder beim Nachspüren unserer Wunden. Und auch nicht beim Austauschen mit anderen und am Smartphone[74]. Es geht darum, mit dem Kind im gegenwärtigen Moment zu sein. Daniel Siegel nennt diesen Zustand »receptive awareness«, das mit dem Gegenüber im Kontakt stehende, das aufnehmende Gewahrsein im Hier und Jetzt. Präsenz hat einen elementaren Effekt auf Beziehungen, ja es ermöglicht wirkliche Beziehungsbildung erst. Sind wir in der Präsenz, kann sich das Kind »gefühlt fühlen« (»feeling felt«) – eine der wichtigsten Bedingungen für das Ausbilden einer sicheren Bindung.

Ist die Mutter feinfühlig und präsent, entsteht im Kind ein Gefühl von Sicherheit, aus dem heraus auch herausfordernde Situationen ohne Traumatisierung überstanden werden können. Darüber hinaus bietet die Feinfühligkeit der Mutter in einer sicheren Bindung die Basis für die für die Entwicklung des Kindes notwendige **Co-Regulation** des Nervensystems[75]. Das Kind lernt durch Beobachten und durch Resonanz mit der Mutter, sein eigenes sich gerade entwickelndes Nervensystem zu regulieren[76] – ein weiterer wichtiger Resilienzfaktor zur Verhinderung einer Traumatisierung.

Ein kleiner Exkurs zum Thema Schuld

An dieser Stelle vielleicht eine kurze Bemerkung zum Thema Schuld. Denn in allem, was wir in diesem und den vorangegangen bzw. folgenden Kapitalen über die Eltern-Kind-Beziehung ausführen, können uns Gedanken zu dem Thema Schuld begegnen.

So könnte es bei vielem dessen, was beispielsweise im aktuellen Kapitel ausgeführt wurde, naheliegen, den nicht präsenten, nicht feinfühligen Eltern mit einer Schuldzuweisung an unseren Inneren Fesseln und dem damit verbundenen Leidensdruck zu begegnen.

73 Siegel, Daniel J., Bryson, Tina Payne (2021): Präsente Eltern, starke Kinder, München.

74 Vor diesem Hintergrund ist die häufige Nutzung von Smartphones bei jungen Müttern durchaus als nicht unkritisch zu bewerten. Insbesondere da neuere Untersuchungen zeigen, dass die eingeschränkte Mimik der Mutter beim Telefonieren beim Kind durchaus dem Still-Face-Experiment vergleichbare Stresssymptome auslösen kann, vgl. z. B. https://www.nifbe.de/fachbeitraege/beitraege-von-a-z?view=item&id=995:stoerungen-der-mutter-saeuglings-interaktion-durch-smartphone&catid=42. Auch scheint die Smartphone-Nutzung unsere Feinfühligkeit zu verringern, vgl. hierzu z. B. https://idw-online.de/de/news728012

75 Kain, Kathy L.; Terrell, Stephen J. (2020): Bindung, Regulation und Resilienz, Paderborn.

76 Siehe hierzu auch die Ausführungen von Daniel Siegel zur Bedeutung von Beziehungen für die Regulation und Ausbildung des Nervensystems von Kindern in Siegel, Daniel J. (2002): The developing mind, 3rd edition, New York/ USA 2020.

Dies ist weder die Absicht des Buches noch ist es hilfreich für den Ent-Fesselungsprozess. Denn da kann ein innerer Versuch, die Eltern nicht zu beschuldigen, Ihnen nicht die Schuld daran zu geben, dass sie »schlechte Eltern« waren, also unsere inneren »Elternschutzprogramme« verhindern, dass wir die Inneren Fesseln und ihre Wirkung auf uns wahrnehmen können oder wollen. Insbesondere fällt es dann besonders schwer, Zugang zu dem zu bekommen, was gewesen ist: Wir wollen unsere Eltern in der Regel nicht beschuldigen und müssen deshalb das verleugnen, was uns tatsächlich passiert ist. Wie kann man damit umgehen?

Nun ist Schuld einerseits ein juristischer Begriff (den andere bewerten müssen) und in unserem Zusammenhang wäre der Begriff Verantwortung wesentlich angebrachter. Und in Verantwortung können wir unsere Eltern für ihr Tun und Nichttun meist durchaus nehmen.

Andererseits ist es wichtig zu bedenken, dass mangelnde Präsenz und Feinfühligkeit unserer Eltern ihrerseits in der Regel wieder Ergebnisse von Traumatisierungen sind[77]. Das Ergebnis von Traumatisierungen, die unsere Eltern in ihrem früheren Leben erlebt haben – wie Krieg, Vertreibung, Hunger, Tod – und die sie gezwungen haben, Teile ihrer Emotionen, ihre angeborene Feinfühligkeit abzuspalten. Meist haben unsere Eltern diese Traumatisierungen – generationsbedingt –nicht aufgearbeitet. Und wir als ihre Kinder müssen dann heute den Preis dafür zahlen, den Preis für die »Weitergabe«, für die Konsequenzen der Traumatisierung unserer Eltern, nämlich unsere eigene Traumatisierung. Ein eindrückliches Plädoyer auch für die heutigen Väter und Mütter in der Leserschaft: Bearbeiten Sie Ihre frühen Traumatisierungen, und wenn es »nur« zum Wohle ihrer Kinder ist.

Was erleben nun Kinder, die nicht in einer feinfühligen Umgebung aufwachsen müssen? Welche Gestalt haben die Erfahrungen, die im schlimmsten Fall zu einem Trauma der Liebe führen können?

Zunächst gibt es die verschiedenen Ausprägungen von **Vernachlässigung**. Das Kind nicht ausreichend beachten, kein oder wenig Mitgefühl empfinden oder zeigen, relativ desinteressiert an seinem Wohlbefinden zu sein, seine zu Beginn oft nur durch Schreien ausdrückbaren Bedürfnisse zu ignorieren, sind Spielarten der Vernachlässigung. Ihm oder ihr die nötige körperliche Nähe vorzuenthalten, es nicht achtsam und zugewandt, erklärend, ermunternd und stärkend durch seinen Alltag zu begleiten, sondern es wie ein Stück »Inventar« zu betrachten, das sich schon irgendwie selbst hilft und organisiert, sind weitere Formen.

77 Siegel, Daniel J. (2002): The developing mind, 3rd edition, New York/USA 2020; Ruppert, Franz (2018): Wer bin ich in einer traumatisierten Gesellschaft? Stuttgart.

Diese Verhaltensweisen der Bezugspersonen stehen oft unter dem Zeichen der Erziehung. Gezielte, pädagogisch früher fälschlicherweise als sinnvoll eingestufte emotionale Vernachlässigung hat hier eine lange Tradition. Erwähnt seien hier nur beispielhaft die bis in das späte 20. Jahrhundert hinein verfügbaren Erziehungsratgeber auf Basis des nationalsozialistischen Weltbilds[78]. Hier wurde zum Beispiel empfohlen, das Kind ruhig schreien zu lassen, da das »die Lungen stärke«. Auch das Wegsperren der Kinder in dunkle Räume, das Wegschauen, wenn dieses ein Bedürfnis äußerte, da es sonst »verweichliche« oder einen zu starken Willen entwickle, das bewusste Abschalten jeglicher Emotionen im Zusammensein mit dem Kind und das Reduzieren der Elternschaft auf die mechanische Erfüllung von physischen Bedürfnissen – all dies war bis vor Kurzem noch im Standardrepertoire von Erziehungsratgebern. Und bis heute gibt es Ratgeber zum Beispiel zur »Schlaferziehung«, die diesen Gedanken ideologisch nahestehen. Aus heutiger Sicht und mit dem aktuellen Wissen über Psychotrauma waren (und sind) viele dieser Ratgeber Anleitungen zum Traumatisieren eines Kindes.

Erziehungsideale sind oft, aber nicht immer der Grund für eine weitere Gruppe von – nicht feinfühligen – Verhaltensweisen dem Kind gegenüber: übermäßige emotionale **Härte, Kälte oder psychischer Druck**. Bewusster Liebesentzug als Erziehungsmittel, gegebenenfalls noch gepaart mit einem Ignorieren des Kindes, einem Tun, als sei es nicht da, sind weitere Formen der Härte. Hierzu zählen sicher auch die vielfältigen Versuche, das Kind durch emotionalen Druck zu manipulieren (»Willst du denn, dass Mama ganz traurig wird?«). Eine extreme Form von Härte ist die bewusste Abwertung oder das Lustigmachen über das Kind, das Beschämen, Verspotten oder Beleidigen. Auch der emotionale Druck auf das Kind, bestimmte Dinge auszuführen, ist kein Zeichen einer liebenden Beziehungsgestaltung. Als Beispiel sollen hier die gut dokumentierten Methoden dienen, das Kind durch eine Kombination von Strafandrohung, Liebesentzug und aggressiver Sprache zum Verzehr einer bestimmten, dem Kind eklig erscheinenden Mahlzeit zu zwingen, gegebenenfalls ergänzt um weitere Konsequenzen, sollte es diese wieder von sich geben.

Mit der Idee der Erziehung oft ebenfalls verknüpft sind Verhaltensweisen, die die **Unterdrückung von Emotionen des Kindes** zum Ziel haben. Themen werden dann vor allem von der sachlichen Seite betrachtet, emotionale Äußerungen werden kleingeredet oder ihnen wird mit Unverständnis, Ablehnung oder Abwertung begegnet. Die Sachebene ist dominant, die emotionale darf keine Rolle spielen. Äußerungen auf Basis »alter Weisheiten«, überkommener Erziehungsmodelle oder tradierter Werte wie »Ein Indianer kennt keinen Schmerz« oder »Männer heulen nicht« kommen oft vor. Abgeschwächte, alltäglichere Formen davon sind Versuche, Emotionen einfach wegzudiskutieren, wie das berühmte »Ist ja gar nicht so schlimm« nach einem Fahrradunfall mit aufgeschlagenem und schmerzendem Knie.

78 Eine der wesentlichen Erziehungsratgeber der Nazi-Zeit, das Buch »Die (deutsche) Mutter und ihr erstes Kind« der nationalsozialistischen Bestsellerautorin Dr. Johanna Haarer wurde von 1934 bis ins späte 20 Jahrhundert hinein verlegt und vertrieben (letzte Auflage 1987).

Eine Spielform der Vernachlässigung ist die häufige **Abwesenheit der Eltern**. Hier kann sowohl eine physische Abwesenheit gemeint sein, aber auch eine mentale zum Beispiel durch häufigen Alkohol- oder Substanzmissbrauch. Das Kind ist dann zu viel auf sich allein gestellt oder macht die Erfahrung, dass es im Fall von Bedürfnissen oder empfundener Gefahr keine oder nur sehr spät Hilfe und Trost erhält. Oder es muss erleben, dass Hilfe nur manchmal kommt, dass es keine Zuverlässigkeit der Bezugsperson, keine Planbarkeit oder Vorhersehbarkeit gibt. Das nicht selten vorkommende Phänomene, dass das Kind nur als eine »Investition« im Sinne eines »perfekten Lebensplans« gesehen wird, dass das Kind mit Hilfe einer Horde von Haushaltsgehilfen, Nannys, Zugehpersonen, Au-Pairs und Babysittern etc. »gemanagt« wird, gehört auch in diese Kategorie. Wenn die Bezugspersonen eigentlich keine Zeit und Lust auf das Kind haben, weil sie sich vor allem mit dem eigenen Karriereweg beschäftigen wollen oder durch Krankheit oder andere Eigenschaften einfach keine freien Kapazitäten mehr haben, hat das schwerwiegende Auswirkungen auf das Kind. »Wohlstands-verwahrloste« – Kinder, die materiell mit allem überschüttet wurden und denen es aber an Liebe und Zuwendung gefehlt hat, sind in den heutigen Führungsetagen keine Seltenheit.

Auch **Über- oder Unterforderung** des Kindes ist mit Feinfühligkeit nicht unbedingt vereinbar. Mit dem Baby in einer nicht babygerechten, erwachsenen Sprache zu sprechen ist genauso wenig hilfreich für eine gute, sichere Verbindung zur Bezugsperson wie die Nutzung von Babysprache für ein älteres Kleinkind. Tatsächlich ist das Nutzen einer altersangemessenen Sprache – zusammen mit einer entsprechenden Körpersprache und entsprechenden Bewegungsabläufen – als ein wichtiges Kriterium für Feinfühligkeit nachweisbar. Im Extremfall kann auch der von der Bezugsperson ausgeübte Zwang zum Erlernen einer bestimmten, vom Kind nicht gewünschten Tätigkeit (z. B. eines Instruments oder einer Sportart) Ausdruck von wenig ausgeprägter Feinfühligkeit sein, besonders wenn er mit dem o. g. Liebesentzug bei Nichtbefolgen gepaart ist. Das Kind und seinen Alltag umfassend und ohne jede Flexibilität starr zu strukturieren, keinen Platz für Individualität, Kreativität oder Nicht-Geplantes zu lassen, kann ebenfalls ein Ausdruck mangelnder Feinfühligkeit sein.

Hier sei noch ein Blick auf die in den Herkunftsfamilien von Führungskräften nicht selten wirkende hohe Wettbewerbsorientierung geworfen. In Kontexten, in denen Kinder permanent mit den Geschwistern, den Eltern oder mit »den Besten« verglichen werden, die »Latte immer (zu) hochgelegt« wird, besteht eine hohe Gefahr, dass sich die Kinder **entwertet, gedemütigt oder minderwertig** fühlen. Auch dieser falsch verstandene Ehrgeiz, diese besondere Form der Überforderung, ist kein Zeichen von Feinfühligkeit. Wird dieser permanente familieninterne Wettbewerbsdruck noch an Liebesentzug beim Versagen oder Zuwendung im Erfolgsfall gekoppelt, kann dies für Kinder im Extremfall auch eine traumatisierende Erfahrung sein.

Das oben zu Erziehung Gesagte kann verunsichern, denn es ist eine Gratwanderung. Natürlich brauchen Kinder Grenzen und entwickeln ihre Persönlichkeit und ihr Ich an diesen. Und gleichzeitig geht es immer wieder darum, das Kind hier nicht zu überfordern, nicht in einen Zustand zu bringen, in dem es durch seine Affekte übermannt wird, diese nicht mehr kontrollieren kann und in einen Zustand des Gefühls des Ausgeliefertseins und der Ausweglosigkeit kommt – insbesondere, wenn gleichzeitig aus der Sicht des Kindes die so notwendige Liebe der Mutter als gefährdet wahrgenommen wird. Eine Kopplung von Grenzsetzung an eine Drohung von Liebesentzug ist gegebenenfalls kurzfristig effektiv, langfristig aber brandgefährlich. Dann kommen die Ingredienzien für Trauma zusammen und es besteht die Gefahr, dass sich ein Trauma der Liebe entwickelt.

Ein weiterer Zusammenhang zu mangelnder Feinfühligkeit drängt sich für Bezugspersonen mit einer ausgeprägten **psychischen Erkrankung** auf. Die Auswirkungen von Depressionen, Angststörungen, Borderlinesyndrom, psychotischen Störungen oder auch Suchterkrankungen usw. auf die Kinder der Betroffenen sind vielfältig: mangelnde Planbarkeit und Verlässlichkeit, emotionale Ausbrüche, die physische oder psychische Abwesenheit und Nicht-Erreichbarkeit der Eltern in deren Krankheitsepisoden oder bei Klinikaufenthalten usw. Allen diesen Fällen ist gemein, dass die Bezugspersonen sich dann nicht auf das Kind einlassen, sich ihm nicht empathisch und achtsam zuwenden oder ihm nicht die notwendige emotionale Nähe, Geborgenheit und Sicherheit vermitteln können – und im Extremfall das Kind sogar physisch und in seiner Unversehrtheit bedrohen, Grenzen verletzen können. Hiermit werden wir uns aber bei der Beschäftigung mit dem Trauma der Gewalt weiter auseinandersetzen.

Häufig zeigen Bezugspersonen, die es an Feinfühligkeit mangeln lassen, selbst Zeichen einer nicht verarbeiteten Traumatisierung[79]. Eine unbearbeitete Traumatisierung der Eltern, die damit einhergehende Abspaltung vieler Gefühle inklusive der so essenziellen Zugewandtheit und Liebe zum Kind, fördert und verursacht dann möglicherweise die Traumatisierung der nächsten Generation. »Gesunde« Eltern entwickeln vermutlich leichter die notwendige Feinfühligkeit, sie spüren intuitiv, was ihr Kind braucht, was ihm guttut und was zu viel für es ist.

Natürlich gilt auch für diese Betrachtungen im Zusammenhang mit einem Trauma der Liebe die bereits mehrfach erwähnte Varianz: Eine eindeutige Zuordnung von bestimmten elterlichen Verhaltensweisen zur Entwicklung eines bestimmten Traumas ist nicht vollständig möglich.

Welche Überlebensstrategien könnten sich aus einem Trauma der Liebe entwickeln?

Am prominentesten sind Überlebensstrategien, in denen versucht wird, durch bestimmte Verhaltens- oder Denkmuster die Liebe der Eltern zu erzeugen bzw. auf sich zu lenken. Solche Kopplungen wirken dann wie **»Wenn ich nur ..., dann ...«-Programme**[80]. Sie haben die Struktur von »Wenn ich nur [Verhaltens-/Denkmuster], dann werde ich geliebt«. Hierbei ist es unerheblich, ob die durch das Programm hervorgerufene Reaktion bei den Eltern tatsächlich eine Repräsentation der Liebe ist – häufig haben die involvierten Bezugspersonen ja gar keinen oder

79 Am besten ist diese Hypothese zum Beispiel für das desorientierte Bindungsmuster untersucht. Dort kann empirisch ein deutlicher Zusammenhang zu einer unverarbeiteten Traumatisierung der Eltern gezeigt werden.

80 Solche Programme werden auch von Psychotherapeuten beschrieben, die nicht primär traumatologisch arbeiten, vergleiche hierzu Beaumont, Hunter (2008): Auf die Seele schauen. Spirituelle Psychotherapie, 7. Auflage, München 2015.

wenig Zugang zu den eigenen Gefühlen bzw. zu ihrer Liebe für das Kind. Da reicht schon das Aufschauen des sonst hinter der Zeitung oder dem PC verborgenen Vaters oder ein zugewandtes Lächeln der sonst auf das Handy starrenden Mutter als Surrogat und als ein Zeichen für eine – wenn auch minimale – Bindung und Zuwendung. Solche »Wenn ich nur ..., dann ...«-Programme gibt es in einer schier unerschöpflichen Vielzahl und sie umfassen nicht nur bestimmte Verhaltensweisen, sondern können auch Überzeugungen und Werte (zum Beispiel: »Wenn ich mich nur immer schön zurückhalte ...« oder auch »Wenn ich nur immer meine Meinung dominant vertrete ...«), die eigenen Kompetenzen (zum Beispiel: »Wenn ich nur intelligent bin und es auch immer zeige ...«) oder auch gesellschaftliche und politische Ansichten beinhalten.

Eine besondere Form von »Wenn ich nur ..., dann ...«-Programmen bezieht sich auf unser Verhältnis zu anderen. So kann in einem solchen Programm zum Beispiel eine situationsunabhängige Grundeinstellung für ein Beziehungsangebot mit Fokus auf den Bedürfnissen des Gegenübers hinterlegt sein. Überlebensstrategien wie »Wenn ich nur immer für andere da bin ...« oder »Wenn ich nur darauf achte, dass es dem anderen gut geht ...« haben weitreichende Konsequenzen für die Beziehungsgestaltung. So fällt es mit einem solchen Überlebensprogramm im Gepäck zum Beispiel oft nicht leicht, einen Konflikt anzusprechen und dann auch so zu lösen, dass ein echter Kompromiss zwischen den eigenen Überzeugungen und denen des Gegenübers entsteht. Faule Kompromisse, Scheinlösungen, eine Vertagung des Konflikts oder eine Umleitung auf Nebenkriegsschauplätze, eine spätere Sabotage des Vereinbarten und vieles mehr sind die Konsequenzen – mit erheblicher Auswirkung auf die Organisation und die Führungswirksamkeit. Und man kommt selbst dabei nicht voran, die eigenen Bedürfnisse, Wünsche und Träume werden hintangestellt, missachtet oder auf den Sankt-Nimmerleins-Tag verschoben. In der Extremform wird daraus ein Lebensprogramm, das auch unsere Berufspräferenz beeinflusst: Wir werden Unternehmensberater, Arzt oder Service-Dienstleister oder entwickeln als Führungskraft überzogen altruistische Philosophien zu Zielen der von uns geführten Organisation, die wir dann mit missionarischem Eifer umzusetzen versuchen. Oder die Überlebensstrategie legt gleich nah, sich in einer Stiftung oder wohltätigen Organisation zu engagieren.

Um keine Missverständnisse aufkommen zu lassen: Engagement für das Gemeinwohl ist generell eher eine Idee, die aus den gesunden Anteilen unserer Psyche kommt. Zur Überlebensstrategie kann es werden, wenn es ein »Muss« wird, das Ziel eine Unabdingbarkeit jenseits der abwägenden Rationalität entwickelt. Dann werden dem Ziel alle anderen Aspekte untergeordnet und zur Zielerreichung gesamtheitlich betrachtet unverhältnismäßig viele Ressourcen eingesetzt: unsere Gesundheit, unsere Partnerschaften, unsere Freizeit, unsere eigenen Bedürfnisse und Wünsche. Das saubere Diagnostizieren, ob es sich um eine »gesunde« oder »überlebensstrategische« Zielsetzung handelt, erfordert immer ein sauberes und achtsames Abwägen – entscheidend kann am Ende oft nur ein Gefühl der inneren Stimmigkeit[81] sein.

81 Aus der Salutogenese-Forschung kennt man Stimmigkeit auch als Kohärenz: Ein Gefühl der Kohärenz entsteht, wenn man ein Gefühl verstehen und einordnen kann, es uns handhabbar erscheint und wir einen Sinn in dem Gefühl erkennen können. Vergleiche auch Antonovsky, Aaron (1997): Salutogenese. Zur Entmystifizierung der Gesundheit, Tübingen.

Schließlich können Überlebensstrategien des »Wenn ich nur …, dann …«-Typs auch einen Sog zum Gefallenwollen, zu einer »willingness to please« erzeugen. Dann beobachtet man eine Tendenz, es allen recht zu machen, von allen anerkannt und geschätzt zu werden, jedermanns Liebling zu sein. Unbequeme Entscheidungen werden aus diesem Grund vermieden oder umgangen, die eigene kontroverse Meinung nicht ausgesprochen, obwohl sie ggf. für die Zielerreichung der Organisation hochrelevant wäre. Und wir neigen dann insbesondere zur Konfliktvermeidung. Wir halten einen Konflikt schwer aus, aus Angst vor Ablehnung oder davor, die Beziehung zu riskieren. Wir müssen dann, um diese Angst vor Ablehnung, vor einem möglichen Verlust der Anerkennung abzuwenden, unsere berechtigten, für die Führungsaufgabe zum Teil wesentlichen Gedanken und Beiträge für uns behalten. Dabei können Konflikte, wenn man sie ohne persönliche Angriffe und lösungsorientiert führt, Beziehungen durchaus stärken und festigen. In gewisser Weise können Konflikte – konstruktiv ausgetragen – sogar wie ein Beschleuniger von Vertrauen und Beziehungsstärke wirken. All das ist uns bei einem Trauma der Liebe vielleicht kognitiv klar, die durch die Traumatisierung induzierten »Wenn ich nur …, dann …«-Programme hindern uns aber an der Umsetzung und zwingen uns in den Rückzug. Und das ist mit der Führungsaufgabe in vielen Fällen nicht zu vereinbaren, haben wir doch als Führungskraft oft gerade die Verantwortung zum Beitragen unserer Erfahrung und Einschätzungen.

Gemein ist all diesen Programmen, dass sie – wie für Überlebensstrategien üblich – nie ein Ende finden, im Prinzip unendlich laufen, da das ursprünglich erwünschte und erhoffte Ergebnis, die Liebe der Eltern zu spüren, niemals mehr erzeugt werden kann. Es bleiben Surrogate vom Typ »Besser irgendeine Reaktion als gar keine Liebe – und die dann entstehende Einsamkeit und Leere, die Ängste und Unsicherheit etc. – spüren müssen«.

Eine weitere Überlebensstrategie kann das Entwickeln einer übermäßigen **Selbstbezogenheit** und Selbstüberhöhung sein, nach dem Motto »Wenn mich schon keiner da draußen liebt, liebe ich mich halt selbst«. Im Extremfall kann daraus eine Form einer narzisstischen Störung resultieren. Häufiger zeigen sich jedoch Verhaltensweisen, in denen die Betroffenen es an Empathie für ihre Umwelt mangeln lassen, von der eigenen Leistungsfähigkeit, Überlegenheit und Unfehlbarkeit sehr überzeugt sind und Kritik sowie Feedback an sich abprallen lassen können. Alles ist immer im Griff, nichts ist wirklich eine Herausforderung oder ein Problem, das Ganze oft unterlegt mit einem überheblichen Lächeln. Die Überzeugung von der Großartigkeit der eigenen Person entwickelt sich als das Surrogat für die fehlende elterliche Zuwendung und Liebe. Alles kann dann als ein Versuch verstanden werden, einen eigenen Selbstwert zu generieren, sich selbst vor sich selbst liebenswert zu machen. Für Menschen mit dieser Überlebensstrategie wird jede Kritik zu einer essenziellen Bedrohung, jeder Fehler zu einem emotionalen Disaster – entsprechend fallen die Reaktionen der Betroffenen in den jeweiligen Situationen aus. Die Not dahinter ist dann im Gegenüber nicht spürbar, vielmehr erzeugen diese Verhaltensweisen oft ablehnende Reaktionen der anderen, die dann die eigene Wirklichkeitskonstruktion, dass von außen keine Liebe zu erwarten ist, weiter verstärkt. Der Einstieg in eine Täter-Opfer-Spirale[82] scheint dann oft unabwendbar.

82 Ruppert, Franz (2018): Wer bin ich in einer traumatisierten Gesellschaft? Stuttgart.

Eine weitere häufige Überlebensstrategie im Trauma der Liebe ist die **Selbstabwertung**. Diese zeigt sich manchmal direkt in einem inneren Gefühl der Wertlosigkeit, des Nicht-Genügens oder Versagens. Häufiger jedoch erscheint sie unter dem Deckmäntelchen einer scheinbaren eigenen Weiterentwicklung: Dann werden die eigenen Fehler oder Unzulänglichkeiten mit großer Akribie gesucht und analysiert, man vergleicht sich mit anderen. Meist schneidet man in wesentlichen Punkten schlechter ab und tut sich mit einer inneren Zufriedenheit mit dem Erreichten recht schwer. Selbstzweifel haben einen festen Platz im Leben, man ist nicht gut genug oder hat gefühlt viele seiner Ziele immer noch nicht erreicht. Schnell entstehen innere Attributionen: zu faul, zu doof, zu viel in der eigenen Komfortzone. Man lässt kein gutes Haar an sich. Diese Prozesse finden in der Regel bei Führungskräften nicht in der Öffentlichkeit statt, begleiten die Betroffenen aber oft stetig im Hintergrund. Diese zeigen sich indirekt nach außen, zum Beispiel durch mangelndes Selbstvertrauen und Selbstzweifel, oder auch durch ein übertrieben selbstsicheres Auftreten (dann zeigt sich phänotypisch oft ein ähnliches Muster wie bei der Überlebensstrategie Selbstbezogenheit).

Mit Selbstabwertung geht häufig auch eine **mangelnde Empathie** sich selbst gegenüber einher. Man kann nicht hart genug sich selbst gegenüber sein, verzeiht sich nichts und legt sich die inneren Messlatten auf eine Höhe, die kaum oder nur mit maximaler Anstrengung oder Verzicht zu erreichen sind. Das Gute ist nie gut genug, es geht immer noch ein bisschen mehr und generell wirkt eine »Höher-schneller-weiter«-Logik – wobei das Ziel hier meist im Unklaren bleibt. Die Frage, wann es genug zu sein scheint, ist oft nicht zu beantworten. Mit diesem Zugang zu sich selbst, mit dieser mangelnden Empathie des eigenen Seins gegenüber, fällt es in der Regel auch sehr schwer, anderen gegenüber Empathie zu empfinden. Die eigenen Maßstäbe werden zum Maßstab für andere. Wenn ich mich nicht lieben kann, mit mir selbst nicht nachsichtig und verzeihlich, achtsam umgehen kann, wie soll ich das dann mit anderen können? Alle Versuche eines empathischen Umgangs mit anderen, mit Mitarbeitenden und Kollegen werden dann zur Makulatur. Die fehlende Authentizität der oft angelernten Zuwendungsäußerungen wird unmittelbar spürbar und hat dann meist den genau gegenteiligen Effekt von dem, was man erreichen wollte. Zwar rationalisieren sich betroffene Führungskräfte dies oft mit Sätzen wie »Naja, meine eigenen Maßstäbe gelten ja nicht für die anderen«, gleichzeitig konstituiert sich dadurch aber ein Oben-unten-Verhältnis anstelle von Augenhöhe.

Im Extremfall kann ein Trauma der Liebe auch zu einer **ausschließlichen Sachorientierung** von Interaktionen führen. Alle Beziehungen werden vor allem über die Faktenseite geführt. Nun haben Beziehungen – auch geschäftliche – meist zwei Seiten: eine inhaltliche und eine emotionale. Es geht nur in den seltensten Fällen ausschließlich um Daten oder Informationen, sondern oft auch um nicht-sachliche, emotionale Aspekte in der Beziehungsgestaltung. Meist haben wir eine Ahnung, dass in bestimmten Situationen das rein Faktische im Sinne einer optimalen Beziehungsgestaltung und -pflege nicht im Vordergrund stehen sollte, kommen aber aus dem Sog in die Sachlichkeit nicht heraus. Wir haben die Befürchtung, unangemessen oder übergriffig zu agieren, der Situation und ihrer Ernsthaftigkeit nicht gerecht zu werden, uns lächerlich oder sogar angreifbar zu machen. Die emotionale Seite der Beziehungspflege empfinden wir als zu gefährlich.

In der Kommunikationsforschung und im Change-Management hat dieses Wissen unter dem Eisberg-Modell[83] Eingang gefunden. Der sachorientierte Teil ist über der Wasseroberfläche. Unter dem Wasserspiegel liegen die Ängste, Befürchtungen, Werte, Verletzungen, Wunden. Und wenn wir in Diskussionen mit dem gegenüber kollidieren, dann naturgemäß unter der Wasseroberfläche, wo der Eisberg die größte Ausdehnung hat. Wenn es uns durch unsere Überlebensstrategien, unsere Innere Fesseln schwierig oder unmöglich ist, mit diesen Ebenen Kontakt aufzunehmen, hat das im beruflichen (und privaten) Alltag massive Konsequenzen. So können zum Beispiel nur auf der Sachebene ausdiskutierte Konflikte meist nicht gut gelöst werden und bergen die Gefahr, sich in endlosen Wiederholungen der schon ausgetauschten Argumente zu verlieren, die oft mit einer inneren Abwertung des Gegenübers (»Der ist zu dumm, der versteht es einfach nicht«) oder einer zunehmenden Aggression und Wut über dessen Uneinsichtigkeit gekoppelt sind. Auch besteht die Gefahr, vom Gegenüber als Technokrat ohne jedes Gefühl eingeschätzt zu werden – eine Einschätzung, die für den Aufbau belastbarer Beziehungen nicht förderlich ist.

Eine letzte hier zu nennende Auswirkung eines Traumas der Liebe kann ein tiefsitzendes und umfassendes **Misstrauen** der Welt, vor allem anderen Menschen gegenüber sein. Weil wir früh nicht erlebt haben, dass jemand für uns da war, wenn wir sie oder ihn gebraucht hätten, haben wir »den Glauben an die Menschheit« aufgegeben. Wir erwarten nichts Gutes mehr, sondern gehen davon aus, von anderen enttäuscht zu werden, wenn wir uns auf sie verlassen müssten – deshalb verlassen wir uns auf nichts mehr. Es ist unmittelbar einsichtig, dass eine solche Erfahrung – die sich zu einem Trauma der Liebe entwickelt hat – unsere Fähigkeit zur Delegation, zum Gewähren von Vorschussvertrauen an Mitarbeiter, zur Toleranz von Ergebnissen, die nicht unseren Erwartungen entsprechen, beeinträchtigt oder sogar verunmöglicht. Wir vermuten hinter Vielem eine Falle, einen Komplott, ein Hintergehenwollen oder einen bewusst versteckten Missstand.

Abschließend sei darauf hingewiesen, dass auch eine situativ unangebrachte, generalisierte **Aggressivität** gegenüber dem Beziehungspartner eine Überlebensstrategie sein kann. Wenn wir es häufig auf einen Streit anlegen und uns nur dann wohlfühlen, wenn wir gerne und regelmäßig provozieren, »damit das Gegenüber mal Stellung bezieht« oder »man erkennt, wie wenig der hinter seinen Ideen steht«, wenn wir regelmäßig in Diskussionen laut werden müssen und eine große Wut empfinden, kann hier ein Trauma der Liebe wirken. Dann steht die Aggression und Wut für einen Versuch, irgendwie in Kontakt und Beziehung zu kommen – da uns der »normale« Weg aufgrund unseres Traumas verschlossen bleibt. Und für diesen Weg stehen uns dann auch heute noch gegebenenfalls all die Aggressionen des vernachlässigten, ungeliebten Kindes zur Verfügung. Eine generelle Aggressivität kann jedoch auch auf ein Trauma der Gewalt hinweisen. Wir werden uns diesem Aspekt im nächsten Abschnitt zuwenden.

83 https://de.wikipedia.org/wiki/Eisbergmodell.

Trauma der Gewalt: Nicht geschützt sein

Lassen Sie uns nun zu einer dritten Gruppe von frühen Erfahrungen kommen, die potenziell ein Trauma auslösen können: Gewalterfahrungen[84]. Um es klar zu sagen: Auch die oben genannten Erfahrungen, die ein Trauma der Identität und/oder der Liebe erzeugen können, sind sicher bereits als Formen der Gewalt zu klassifizieren. In diesem Abschnitt soll es nun aber um zwei spezielle Formen der Gewalt gehen: physische und sexuelle Gewaltausübung am Kind.

Die Kategorie lehnt sich hierbei erneut an der Klassifizierung von Ruppert an, der allerdings spezifischer vom Trauma der Sexualität spricht. Er definiert diese Kategorie – in Ableitung aus den früheren Stufen der Traumabiografie – als nahezu zwangsläufige Folge aus der Bedürftigkeit des Kindes nach Identität und Liebe sowie der Traumatisierung der Eltern. Der Untertitel »nicht geschützt« weist darauf hin, dass traumatisierte Eltern ihr Kind nicht vor Übergriffen zu schützen vermögen, auch weil sie entsprechende (innere und äußere) Gefahrensituationen und Hinweise als solche nicht erkennen und vermeiden.

Für die Zwecke dieses Buches wollen wir die Kategorie jedoch etwas ausweiten und breiter über physische und sexuelle Gewalterfahrungen sprechen.

Das Ausüben von physischer oder sexueller Gewalt an Kindern steht heute in vielen Ländern unter schwerer Strafe. Hiermit wird anerkannt, dass solche Erfahrungen mit einer hohen Wahrscheinlichkeit zu einer Traumatisierung der betroffenen Kinder führen, weil hier mehrere Faktoren zusammenkommen[85]:

- Der Eingriff in die körperliche Unversehrtheit ist an sich bereits eine Erfahrung, die schwer zu verarbeiten ist. Physische, psychische und sexuelle Gewalterfahrungen erzeugen in Kindern ein tiefes innerpsychisches Dilemma, einen Double Bind: Diejenigen, die mich eigentlich lieben sollten, quälen mich gleichzeitig und gefährden dabei mein Leben. Völliges Ausgeliefertsein und das Gefühl der Todesangst (»Hören die wohl vorher auf oder prügeln die mich tot?«) kommen zusammen. Die Lösung besteht für Kinder oft nur in der Dissoziation, in der Aufspaltung der Psyche, in der Traumatisierung
- Dass die meisten Täter und Täterinnen von physischer oder sexueller Gewalt im Familienkreis zu finden sind, wirkt weiter verstärkend: Die, die mich eigentlich schützen, lieben, behüten sollten, verletzten mich und ich komme in eine gefühlte Todesgefahr.
- Schließlich sind die Misshandlungen häufig wiederholter Natur, ein Faktor, der ebenfalls das Entstehen einer Traumatisierung begünstigt. Körperliche Gewalt am Kind als vermeintliches Erziehungsinstrument, als wiederholtes Zeichen der Hilflosigkeit und Überforderung der Eltern oder auch als tradierte Bestrafungsmethode, war noch bis in die 70er-Jahre des letzten Jahrhunderts nicht unüblich[86].

---

84 Herman, Judith (2003): Die Narben der Gewalt, 4. Auflage. Paderborn 2013.

85 Huber, Michaela (2003): Trauma und die Folgen, 6., überarbeitete Neuauflage, Paderborn 2020.

86 https://de.wikipedia.org/wiki/Körperstrafe.

Bei der zu den schwersten, klinisch beschriebenen Trauma-Folgestörungen gehörenden Dissoziativen Identitätsstörung (DIS), bei der die Patienten eine regelrechte Spaltung ihrer Psyche in mehrere, im Alltagsleben präsente Persönlichkeiten erleben, gilt häufig die Anwendung von besonders schwerster physischer oder sexueller Gewalt als wesentlicher Auslöser (z. B. in Form von ritueller Gewalt) – eine weitere Illustration der Bedeutung solcher Erlebnisse[87].

Bei der Frage nach den konkreten Erlebnissen, die Betroffene eines Traumas der Gewalt gemacht haben, ist es hilfreich, sich zunächst erneut daran zu erinnern, dass es bei Traumatisierung um die subjektive Wahrnehmung der Ereignisse geht, nicht primär um das tatsächlich – historisch – Geschehene. Eine Situation an der Grenze zu physischer oder sexueller Gewalt kann von einem Kind als lebensbedrohlich und damit traumatisierend erlebt werden, während die gleiche Situation bei anderen noch bewältigbar scheint.

Gleichzeitig ist es wichtig, sich klarzumachen, dass bei diesen oft schweren Traumatisierungen der Zugang zu dem tatsächlich Erlebten oft besonders durch Amnesie, durch ein schützendes Nicht-Erinnern, erschwert ist, und dass die Überlebensanteile in diesen Fällen mit besonderer Effizienz die Erfahrungen zu schützen, zu verbergen versuchen. Insbesondere nutzen die Überlebensanteile hier gerne Relativierungen, die sich in Form von inneren Überzeugungen wie »Das war doch üblich«, »Ich war aber auch ein böses Kind«, »Ich hatte es auch verdient«, »Es hat mir doch nicht geschadet« oder »Das war doch gar nicht so schlimm« äußern können.

Formen der **physischen Gewalt**, die ein Kind erleben kann, sind vielfältig. Da das elterliche »Züchtigungsrecht« in Deutschland erst im Jahre 2000 offiziell abgeschafft wurde[88] (!) und erst ab diesem Zeitpunkt den Kindern ein verbrieftes Recht auf körperliche (und seelische) Unversehrtheit zugesprochen wurde, ist es nicht unwahrscheinlich, dass viele der im 20. Jahrhundert geborenen Führungskräfte familiärer Gewalt ausgesetzt gewesen sein könnten. Geschlagen werden, Ohrfeigen und Kopfnüsse bekommen, an den Ohren gezogen werden oder den Po versohlt bekommen, waren Erfahrungen, die die heutigen Führungskräfte höchstwahrscheinlich gemacht haben können – besonders im damaligen Erziehungskontext. Erfahrungen mit physischer Gewalt (Ohrfeigen, Kopfnüsse, Klaps auf den Po bis zu Prügel) bei den heutigen Führungskräften – insbesondere bei den in den 60er-/70er-Jahren Geborenen – sind also absolut kein Einzelfall.

Etwas anders verhält es sich mit Erfahrungen von **sexueller Gewalt**. Auch diese hat vielfältige Formen. Vor allem sind hierunter nicht nur die hinlänglich bekannten Fälle von schweren Grenzüberschreitungen wie Vergewaltigung und Penetration oder das Durchführen sexueller Handlungen am oder in Gegenwart des Kindes gemeint. Auch unter Führungskräften gibt es diese Art von sexuellen Gewalterfahrungen, und das aus meiner Erfahrung auch nicht zu selten. Im Einzelfall können allerdings auch bereits frühe Verletzungen oder Missachtungen der sich

87 Huber, Michaela (2010): Multiple Persönlichkeiten. Paderborn: Junfermann, durchgesehene Neuauflage.
88 https://de.wikipedia.org/wiki/Körperstrafe.

entwickelnden Schamgrenze des Kindes für eine Traumatisierung ausreichen, zum Beispiel beim gemeinsamen Aufenthalt im häuslichen Badezimmer (»Stell dich nicht so an«). Körperliche Übergriffe wie das vom Kind nicht gewollte Abtrocknen, eincremen oder das Inspizieren des Schambereichs »aus medizinischen Gründen«, Beschämungen z. B. durch das Sich-lustig-Machen oder Verniedlichen des Intimbereichs des Kindes, das Nicht-Beachten des sich entwickelnden Bedürfnisses nach Privatsphäre und Intimität usw. können für das Kind als mehr oder weniger schwere Grenzverletzungen empfunden werden. Analog kann das nicht mehr altersgemäße Übernachten im Bett der Eltern als Übergriff empfunden werden.

An dieser Stelle soll das Trauma der Gewalt etwas eingeordnet werden. Der erfolgreiche Berufsweg, die meist feste Verankerung in gesellschaftlichen, familiären und zwischenmenschlichen Kontexten sowie die generell sehr gut ausgeprägte Möglichkeit zur aktiven, selbstverantwortlichen Gestaltung des eigenen Lebens lässt es bei Führungskräften eher unwahrscheinlich erscheinen, dass sie diese Formen von Gewalt in einer extremen Ausprägung erlebt haben. Menschen, die sehr schwere Erfahrungen von physischer oder sexueller Gewalt erlebt haben, werden in der Regel früher oder später mit entsprechenden Diagnosen in medizinisch-psychotherapeutischen Systemen vorstellig. Ausnahmen bestätigen hier natürlich – wie so oft – die Regel. In diesen schweren Fällen kann man nicht mehr (nur) von einer »Inneren Fessel« sprechen, sondern dann ist eine entsprechende traumatherapeutische Behandlung indiziert, die von entsprechend geschultem Fachpersonal und auf Basis einer klaren Diagnostik durchgeführt wird.

Der Vollständigkeit halber sei hier noch zu erwähnen, dass auch das **Beobachten von physischer oder sexueller Gewalt**, die an anderen ausgeübt wird, traumatisierend wirken kann[89], insbesondere, wenn diese Gewalt an nahen Angehörigen ausgeübt wurde. So kann das Kind, dass die Vergewaltigung oder Misshandlung der Mutter, das Verprügeltwerden der Schwester erleben muss, durchaus in existenzielle Nöte kommen und ein Trauma der Gewalt entwickeln. Wie beschrieben, potenziert sich die Wirkung solcher Ereignisse, wenn die Täter nahestehende, geliebte Menschen sind, wie z. B. der Vater.

Welche Trauma-Überlebensstrategien können sich nun aus einem Trauma der Gewalt entwickeln und im (beruflichen) Hier und Jetzt zeigen?

Erfahrungen, die zu einem Trauma der Gewalt führen, sind vor allem Erfahrungen von Grenzverletzung. Die eigenen physischen Grenzen, die Grenzen unserer Haut, unseres Körpers oder unseres Intimbereichs werden nicht geachtet, werden durchbrochen und beschädigt. Das gilt analog für unsere psychischen Grenzen: Wir fühlen uns in den Momenten, in denen wir Gewalterfahrungen machen mussten, nicht als menschliche Wesen gesehen, respektiert, geachtet. Wir fühlen uns zu Objekten degradiert, oft wertlos, austauschbar, überflüssig. Auf dieser Basis

89 Huber, Michaela (2003): Trauma und die Folgen, 6., überarbeitete Neuauflage, Paderborn 2020.

ist eine Gruppe von Überlebensstrategien vor allem auf das besonders aufmerksame, ja teilweise aggressive **Wahren von Grenzen** ausgerichtet. Ein unbefangenes Navigieren auf dem Kontinuum von **Nähe und Distanz** ist meist nicht mehr möglich. Nähe wird zur Bedrohung, zur existenziellen Gefahr, die abgewehrt werden muss. Aus dem Gesagten wird unmittelbar deutlich, dass ein Trauma der Gewalt beträchtliche Folgen für die Gestaltung von Beziehungen, auf das Erleben und Zulassenkönnen von Nähe, auf Bindung, haben kann. Und das hat massive Auswirkungen im beruflichen Umfeld genauso wie – vielleicht noch intensiver – im privaten Bereich.

Hat man ein Trauma der Gewalt entwickelt, wird eine mögliche – subjektiv so empfundene – Grenzverletzung meist schnell erkannt und die Überlebensstrategien springen an. Dies passiert dann relativ unabhängig davon, mit welcher Intention das Gegenüber uns zu nahe kommt, und auch unabhängig davon, ob unsere subjektive Grenze vielleicht – im Vergleich zur »Normalität« betrachtet – ein zu umfassendes, zu ausladendes Ausmaß hat, weil sich eben eine andere Empfindung zu persönlichen Grenzen eingestellt hat, als gemeinhin üblich. Da kann es reichen, dass die Kollegen zu nahe bei mir sitzen im Meeting, mich zu überschwänglich und mit Körperkontakt begrüßen oder einen für mich notwendigen Mindestabstand nicht einhalten. Oder mir auf der verbalen Ebene zu nahe kommen, zu persönlich werden, mich mit zu privaten Themen konfrontieren oder mich im Gespräch zu sehr bedrängen. In all diesen Situationen wird unsere persönliche Grenze – gefühlt – verletzt. Führungskräfte mit einem Trauma der Gewalt werden Grenzen generell anders erleben, reagieren sensibler auf Grenzannäherungen oder -verletzungen und sind, da sie die Grenzen ständig beobachten müssen, meist häufiger aktiviert und angespannt. Nun sind – oft unabsichtlich erfolgte – Grenzverletzungen nicht unüblich und gehören zum Alltag. Haben wir ein Trauma der Gewalt, stehen uns das feine Austarieren, das unkomplizierte vor und zurück z. B. durch Verbalisierung der Grenzverletzung oder durch Veränderung der Körperposition, oft nicht zur Verfügung. Die Überlebensstrategien übernehmen die Kontrolle.

So zeigen manche Betroffene bei (empfundenen) Grenzverletzungen eine ungebührliche und **situativ unangemessene Aggressivität**: Das Gegenüber wird – meist verbal – in seine Schranken verwiesen, argumentativ attackiert, persönlich angegriffen, oft ohne auf die zugrunde liegende Grenzverletzungserfahrung zu referieren. Plötzliche, scheinbar unerklärliche Wutausbrüche, situativ nicht angebrachte Aggressivität oder Formen von unkontrollierten Energieausbrüchen – gerne im Namen der Sache oder des Themas – sind Zeichen, dass Überlebensstrategien eines Traumas der Gewalt am Wirken sein können.

Eine Alternative zur offenen Aggressivität – und eine sozial wesentlich mehr akzeptierte und gleichzeitig hochwirksame Form der Aggressivität – ist **passive Aggressivität**. Dem Gegenüber wird scheinbar zugestimmt und gleichzeitig wird mit nonverbaler und manchmal subtiler verbaler Kommunikation ausgedrückt, dass man ganz und gar nicht einverstanden ist (Beispiel: »Sicher, wir bearbeiten das gleich morgen früh, da können Sie ganz sicher sein« – gepaart mit einer Mimik und Gestik, die klar vermuten lässt, dass man das nie tun wird). Unsere Grundhaltung ist dann von Spott, Trotz, Abwertung den anderen gegenüber geprägt, ohne dass dies verbalisiert wird. Zynismus, sich indirekt über den anderen lustig machen oder sie nicht ernst nehmen, bestimmt die verbale Kommunikation.

Eine diametral entgegengesetzte Überlebensstrategie ist der **Rückzug**. Das Aufgeben, das innerliche Verabschieden aus der Diskussion oder dem Zusammentreffen, das scheinbare Kollabieren oder Dekompensieren könnte traumatologisch als Vorstufe zur Dissoziation gesehen werden. Und die Dissoziation, das Abspalten des Erlebens und der Gefühle, ist eines der wesentlichen unmittelbaren Notfallprogramme unserer Psyche zum Zeitpunkt der Traumatisierung. Das Unerträgliche einfach nicht mehr spüren, nicht mehr wahrnehmen, sich aus der Situation in eine vermeintlich sichere andere Wirklichkeit »beamen« – all das kann auch im Hier und Jetzt als Überlebensstrategie wirken, wenn unsere empfundenen Grenzen verletzt werden. Dann verstummen wir im Meeting und sind plötzlich in einer Trance, können dem Gespräch plötzlich nicht mehr folgen, gleiten ab in Traumwelten. Eine Variante des Rückzugs ist eine Überlebensstrategie, die uns einlädt, uns unsichtbar zu machen, **nicht aufzufallen**. »Nur, wenn ich nicht auffalle, bin ich geschützt«. Wir versuchen mit allen Mitteln, auf keinen Fall Aufmerksamkeit zu erregen, in der Menge unterzugehen und nicht sichtbar zu werden. Auch wenn diese Überlebensstrategie bei vielen Führungskräften meist eher weniger deutlich spürbar ist, so merken die Betroffenen es doch vor allem bei Veranstaltungen oder wenn sie selbst auf der Bühne stehen müssen. Die innere Spannung und der innere Stress steigen, es braucht extrem viel Energie, nicht zu dekompensieren. Wir verlieren unsere Präsenz, wirken blass, profillos, austauschbar – weil es unsere Überlebensstrategie unbewusst so steuert. Als Folge wirken wir vielleicht nicht so kompetent, wie wir sind, haben wenig Ausstrahlkraft und zeigen wenig Gravitas. Vor allem auf den oberen Führungsetagen sind aber genau diese Ausstrahlkraft, die Begeisterungsfähigkeit und die Fähigkeit, die Mitarbeiterinnen mitzunehmen, ein wichtiges Führungsinstrument.

Rückzug kann sich im Extremfall bis zum Einnehmen einer **Opferrolle** steigern. In der Logik der Täter-Opfer-Dynamik können wir durch das Einnehmen der Opferrolle zum Täter an dem Gegenüber werden und uns damit – scheinbar und situativ – aus dem Opfersein befreien. Das – in unserem Empfinden – grenzverletzende Gegenüber wird durch unser aktives Einnehmen der Opferrolle ins Unrecht gesetzt, als scheinbaren Täter an uns entlarvt. Er wird damit zu einer Person, die moralisch zu verurteilen ist, die unsensible und nicht zu Mitgefühl fähig erscheint, die über andere Menschen brutal hinwegtrampelt, nur mit den eigenen egoistischen Zielen im Visier und ohne Rücksicht auf Verluste oder Befindlichkeiten. Die Überlebensstrategie bewirkt, dass wir uns durch Einnahme der Opferrolle wieder wirksam spüren, als gestaltend und agierend. Wir nehmen damit – paradoxerweise – erneut die Rolle eines Täters ein. Und das ist besser, als Opfer zu sein bzw. sich in der grenzverletzenden Situation als solches zu fühlen.

Abschließend sei darauf hingewiesen, dass ein Trauma der Gewalt auch zu Überlebensstrategien mit dem Ziel der **Selbstbetäubung** führen kann. Diese Überlebensstrategie scheint für alle Arten eines Traumas zu wirken, geht es doch ganz basal um das Nicht-mehr-Fühlen. Die emotionalen Kollateralschäden des Traumas, die erbarmungslosen Zwänge der Überlebensstrategien, manchmal sogar Elemente der traumatisierenden Erfahrung selbst müssen dann nicht mehr gespürt werden, alles wird in Watte gepackt und im Schach gehalten. Substanz- und Alkoholmissbrauch können dann die zu beobachtenden Auswirkungen sein, ein in den Führungsetagen nicht ganz unübliches Verhaltensmuster. Vor allem, da es sozial relativ akzeptiert erscheint, meist problemlos in den Führungsalltag (»Geschäftsessen«) und die Abende mit der Familie (»das Glas Wein nach der Arbeit« – oft wird es dann eine ganze Flasche) zu integrieren und oft auch relativ einfach zu verargumentieren ist. Der Verweis auf den Genusscharakter des Trinkens, insbesondre bei »edlen Tropfen«, stellt im Extremfall sogar eine Zugangsmöglichkeit und -bedingung zu bestimmten sozialen Kreisen dar.

Aber auch das übermäßige, scheinbar grenzenlose Arbeiten (»Workaholismus«) kann der Selbstbetäubung dienen. Nach dem alten Motto »Die beste Art, nicht zu fühlen, ist sich zuzutakten« wird das Aufkommen von traumatisch assoziierten Erinnerungen und Gefühlen verhindert, der Zugang zu den sich zeigen wollenden tieferen emotionalen Schichten blockiert – als Schutz vor einer erneuten Überwältigung. Insofern tun die Überlebensstrategien da nur ihren Job, und das oft recht effizient.

»Trauma der eigenen Täterschaft«

Wurde man – vielleicht wiederholt – Opfer von Traumatisierungen, so kann man schließlich selbst zum Täter werden[90], vor allem, wenn man seine Opferrolle nie oder nicht ausreichend bearbeitet hat. Aus dem geschlagenen Kind kann später der gewaltbereite Erwachsene werden, schlimmstenfalls kann aus dem misshandelten großen Bruder als Opfer ein Täter werden, der seine kleine Schwester ebenfalls misshandelt. Aus dem vernachlässigten Kind einer Alkoholikerin kann selbst eine Substanzabhängige, die damit ihrer eignen Kinder überfordert und erneut traumatisiert, werden. Aus dem nicht geliebten Kind, das sich nur durch Höchstleistung sichtbar machen konnte, kann selbst jemand werden, der andere nur akzeptiert, wenn sie selbst Höchstleistung bringen und sonst abwertend und respektlos behandelt. Wem in der Familie nur mit Wutausbrüchen begegnet wurde, wenn sie ein Bedürfnis äußerten, kann selbst zu jemand werden, der auf emotionale Bedürfnisse anderer mit Wut reagiert. Unsere Traumatisierung durch das Erleben von emotionaler Kälte und zynischem Umgang in der Familie kann dazu führen, dass wir später selbst Druck und Zynismus als angebrachte Führungsprinzipien für den Umgang mit Mitarbeiterinnen ansehen.

Aus dem »Trauma-Opfer« wird ein »Trauma-Täter«. Mit der Übernahme der Täterrolle – aus der eigenen, nicht verarbeiteten Not heraus – induzieren wir potenziell endlose Täter-Opfer-Spiralen. Wir erzeugen neue Opfer, die dann ebenfalls wieder zu Tätern werden – uns so weiter. Im

90 Ruppert, Franz (2018): Wer bin ich in einer traumatisierten Gesellschaft? Stuttgart.

schlimmsten Falle können wir dadurch auch andere neu traumatisieren. Unsere Inneren Fesseln machen uns dann zu einem Täter an anderen.

Die Problematik ist jedoch oft noch komplexer: Wenn wir durch eigene Verhaltensweisen oder Äußerungen, durch unsere Inneren Fesseln, andere traumatisieren, werden wir selbst auch erneut traumatisiert. Die gesunden Anteile in uns erkennen unser Schuld am anderen. Sie erkennen, dass unsere Aktionen oder Reaktionen nicht situationsadäquat sind, dass sie wenig mit dem Gegenüber und dem aktuellen situativen Kontext zu tun haben, sondern von weit herkommen – dass sie unserer eigenen Opferrolle entspringen.

Oft können wir nicht akzeptieren, uns als Opfer zu sehen. Es ist der Psyche oft (noch) zu gefährlich, sich dieser Rolle bewusst zu werden. Unsere Überlebensprogramme, insbesondere die Verdrängungs-, Verharmlosungs- oder Relativierungsprogramme, haben (noch immer) die Oberhand. Es kann nicht gewesen sein, was nicht gewesen sein durfte, weil wir sonst die so mühsam konstruierte Illusion einer »rundum glücklichen Kindheit« aufgeben müssten. Aber unsere gesunden Anteile signalisieren uns, wenn wir im Hier und Jetzt zum Täter werden, dass etwas nicht stimmt, dass wir uns schämen müssten: für das Täterwerden, für das »Gesteuert sein« aus der Vergangenheit, für unsere in die Welt gebrachten Ungerechtigkeiten, Unverhältnismäßigkeiten und Überreaktionen. Und Scham ist ein sehr machtvolles und unangenehmes Gefühl.

Als Ausweg bleibt dann oft nur, dieses Gefühl der Scham erneut wegzudrücken, abzuspalten und unsere Täterrolle nicht wahrzunehmen – gewissermaßen unsere Täteranteile von uns zu dissoziieren.

Wir beginnen, die Taten zu verleugnen, zu verheimlichen oder zu verdrängen. Oder wir versuchen, die Wahrnehmung der anderen zu manipulieren – »Das hast Du falsch wahrgenommen, so schlimm war das doch gar nicht«.

Gelingt dies nicht und die Täterschaft wird offensichtlich, scheint es zu helfen, unsere Taten als »natürliche Reaktion« auf das Verhalten des Gegenübers umzudeuten, zum Beispiel als notwendige, unbedingte Reaktion auf Angriffe auf uns. Wir fühlen uns als Opfer der Umstände . Die kritische Äußerung zu einem unserer Projekte, das Hinterfragen einer unserer Annahme durch einen Kollegen, das Vorstellen eines von unseren Plänen abweichenden Alternativvorschlags durch andere, eine kontroverse und mit guten Gegenargumenten geführte Verhandlung – alles wird zur Rechtfertigung für unsere Täterschaft. Diese zeigt sich dann in Form von emotionalem Ausrasten, Beleidigungen und persönlichen Angriffen oder in Form von Diskreditierung des Gegenübers, von Schlechtreden und Lästern, von Anschwärzen. Wir fühlen dann, dass dies angebrachte Reaktionen gegenüber all den Menschen sind, die uns anscheinend nicht wohlwollend gegenüberstehen, die uns vermeintlich etwas antun oder uns attackieren (wollen). Wir fühlen uns nur in der berechtigten Selbstverteidigung, obwohl wir die Täter sind.

Oder wir rechtfertigen unsere Täterschaft mit den äußeren Umständen: mit der herausfordernden Unternehmenssituation, dem harten Wettbewerb, dem unzureichenden Produktportfolio, den vermeintlichen Gesetzen der Wirtschaftswelt oder sogenannten »Karriereregeln« (»Wenn Du vorankommen willst, musst Du Dich so verhalten«). Dann wird zum Beispiel aus brutalen Ellenbogenaktionen eine »leider« vom System vorgegebene oder durch dessen Regeln gerechtfertigte Strategie. Es wird versucht, die Taten zu verharmlosen oder zu verniedlichen. Unsere Täterschaft wird zu einer »logischen Konsequenz« der Umstände, wird als alternativlos bzw. »normal«, gar als »angemessen« empfunden.

Allen gemeinsam ist, dass wir Ursache und Wirkung umkehren, »die anderen«, »die Umstände«, »das System« oder »das Schicksal« zum Täter machen – an uns. Und uns damit (scheinbar) das moralische Recht geben, uns so zu verhalten, wie wir es tun. So können wir verhindern, dass wir das eigene Tätersein wahrnehmen und damit auch die dazugehörige Scham.

Ruppert spricht bei diesen Vorgängen von einem »Trauma der eigenen Täterschaft«[91]. Nach der in diesem Buch verwendeten Definition, die ein Zusammenkommen von komplettem Ausgeliefertsein und Todesangst als Auslöser zugrunde legt, handelt es sich bei einem »Trauma der eigenen Täterschaft« nicht automatisch um ein Trauma im engeren Sinne. Vielmehr kann es im Kontext dieses Buches auch als eine weitere Trauma-Überlebensstrategie und somit als eine Innere Fessel klassifiziert werden: das Nichterkennen der eigenen Anteile an den von uns induzierten Täter-Opfer-Spiralen. Auch muss ein Trauma der eigenen Täterschaft – in Abgrenzung zu den drei anderen Kategorien – nicht automatisch ein sogenanntes frühes Trauma darstellen.

Der Weg aus einem »Trauma der eigenen Täterschaft« führt in der Regel nur über das Bewusstwerden der eigenen Opferrolle und die Bearbeitung der daraus entstandenen Psychotraumata.

Dynamiken und Grenzen des Modells der Traumabiografien

Es liegt nahe, dass die verschiedenen Stufen der Traumabiografie – in einer aggregierten, verallgemeinerten Betrachtung – mit der »Tiefe« des Traumas zusammenhängen[92,93] (vgl. Abbildung 4).

Diese Hypothese bedarf einer kurzen Erläuterung: Die Ausbildung eines Traumas als Folge einer entsprechenden Erfahrung ist zunächst sicherlich von Mensch zu Mensch verschieden und variiert auch mit der subjektiv unterschiedlichen Empfindung von Gefahr und Hilflosigkeit in der Situation. Auch ist die Frage, welche inneren Schutzfaktoren vor dem Ausbilden eines Traumas, welche persönliche Resilienz wir individuell mitbringen, immer noch Gegenstand der Forschung.

91 Ruppert, Franz (2018): Wer bin ich in einer traumatisierten Gesellschaft? Stuttgart.
92 Trost, Alexander (2018): Bindungswissen für die systemische Praxis, Göttingen.
93 Maté, Gabor, persönliche Kommunikation im Rahmen einer Kongressankündigung.

Eine Person kann auf eine gegebene Erfahrung mit einer starken Traumatisierung reagieren, eine andere kann die gleiche Erfahrung erfolgreich ohne Traumatisierung verarbeiten.

Und doch kann die Hypothese aufgestellt werden, dass Traumatisierungen umso tiefer sitzen, je früher in unserem Leben die dahinterliegenden Erfahrungen gemacht werden. Dies wäre auch mit den heutigen Modellen zur Entwicklung der Hirnphysiologie erklärbar: Sehr frühe Traumatisierungen können nur in den Schichten des Gehirns abgespeichert werden, die zu dem Zeitpunkt der Erfahrung schon entwickelt sind. Diese früh verfügbaren Schichten unseres Gehirns wie Stammhirn, Amygdala oder limbisches System sind gleichzeitig unserem Bewusstsein nur sehr bedingt zugänglich und unterliegen deshalb in weiten Bereichen nicht der Steuerung durch das Großhirn, den präfrontalen Cortex. Insofern sitzen dort abgespeicherte Erfahrungen oder Trauma-Überlebensstrategien auch deutlich »tiefer«, sie sind weniger spezifisch, schwieriger zu bearbeiten und generell »ursprünglicher«, basaler und fundamentaler verwurzelt. Schon die Identifizierung als Überlebensstrategie ist nicht trivial, da die entsprechenden Erfahrungen dem kognitiven Großhirn nur schwer zugänglich erscheinen.

Im Sinne der Ruppert'schen Traumabiografie entstehen die späteren Stufen der Biografie aus dem Nicht-Bearbeiten der jeweils früheren Stufe. Da viele der traumatisierenden Erfahrungen in der Kindheit stattfinden und wir zu diesem Zeitpunkt in der Regel noch keinen Zugang zu unterstützenden Maßnahmen für eine Traumabearbeitung haben, ist die konsekutive Entwicklung verschiedener Biografiestufen aus der jeweils vorherigen zumindest wahrscheinlich (symbolisiert durch die die Kreise verbindenden dunkelgrauen, diagonalen Pfeile in Abbildung 4). Aus einem »Trauma der Identität« entwickelt sich mit einer gewissen Wahrscheinlichkeit ein zusätzliches »Trauma der Liebe«: Von der Mutter, die uns nicht wollte, werden wir auch nicht geliebt. Diese mangelnde Zuwendung und Achtsamkeit, die fehlende Feinfühligkeit der Mutter kann dann erneut mit einer gewissen Wahrscheinlichkeit bedingen, dass wir physische oder sexuelle Gewalt erfahren und nicht geschützt sind – und somit ein »Trauma der Gewalt« entwickeln. Von diesem Punkt ist es bis zur eigenen Täterschaft nicht weit, eine (therapeutische) Unterstützung zum Unterbrechen der sich bildenden Täter-Opfer-Spirale steht in den jungen Jahren oft noch nicht zur Verfügung.

Gleichzeitig wäre es prinzipiell denkbar, auch in spätere Stufen der Biografie einzusteigen. In Abbildung 4 soll dies durch die senkrechten, hellgrauen Pfeile symbolisiert werden, ausgehend von externen Ereignissen, also möglichen weiteren prägenden Lebenserfahrungen oder Schicksalsschlägen, ausgehen. So könnte zum Beispiel der frühe Unfalltod oder eine schwere Erkrankung eines Elternteils einen Einstieg in ein Trauma der Liebe bedeuten, auch ohne dass das Kind bereits ein Trauma der Identität erlebt haben muss. Oder ein Kind kann trotz recht feinfühliger und fürsorglicher Eltern ein Trauma der Gewalt erleben, weil es zum Beispiel auf dem als sicher eingestuften Schulweg belästigt, entführt oder misshandelt wird. Eine komplette Vermeidung der Gefahren der Welt ist nicht möglich, jedoch werden feinfühlige Eltern unmittelbar erkennen, dass das Kind eine solche Erfahrung gemacht hat und dann kurzfristig entsprechende Hilfe organisieren.

Wir werden im folgenden Kapitel auf einige weitere traumatisierende Erfahrungen schauen, die im Modell der Traumabiografien gegebenenfalls nicht eindeutig und ausreichend berücksichtigt sind.

Weitere potenziell traumatisierende Erfahrungen

Das Traumabiografie-Modell fokussiert auf frühe Bindungstraumata, die in unserem Herkunftssystem und den entsprechenden begleitenden Kontexten ausgelöst wurden.

Erwähnenswert ist, dass es eine Reihe von möglichen frühen traumatisierenden Erfahrungen geben kann, die nicht direkt und eindeutig mit den Bindungen an unsere Bezugspersonen in Korrelation stehen (vergleiche die hellgrauen, senkrechten Pfeile in Abbildung 4). Als Beispiel können viele Erfahrungen dienen, die Babys in neonatalen Kliniken erleben (z. B. die Versorgung in Inkubatoren). Analog war es noch vor einigen Dekaden nicht unüblich, die Babys nur stundenweise zur Mutter zu legen und sonst getrennt in speziellen Wiegenräumen unterzubringen. Noch im letzten Jahrhundert ging man (fälschlicherweise) davon aus, das Babys keinen Schmerz empfinden, deshalb wurden operative Eingriffe regelmäßig ohne Betäubung durchgeführt. Auch die in der zweiten Hälfte des 20. Jahrhunderts durchaus übliche Verschickung von Kindern zum Zwecke der Erholung in Einrichtungen, bei denen jeglicher Besuch der Eltern für Wochen ungewünscht war, ist ein Beispiel für eine möglicherweise traumatisierende Erfahrung[94].

Nun könnte man argumentieren, dass feinfühlige Bezugspersonen auch bei diesen Ereignissen ein inneres Warnsignal spüren und entsprechend schützend handeln könnten, es sich also um Varianten eines Traumas der Liebe handeln könnte. Gleichzeitig muss man wohl anerkennen, dass viele der beschriebenen Maßnahmen noch im besten Wissen und Gewissen durchgeführt wurden, zumal viele Erkenntnisse der modernen Psychotraumatologie und der Bindungsforschung zu den damaligen Zeitpunkten noch nicht vorlagen.

Analog können Traumata durch Unfälle, Naturkatastrophen, Kriege, schwere Krankheit, Tod naher Angehöriger oder Ähnliches ausgelöst werden. Auch und gerade auf einen Embryo, ein Baby oder ein Kleinkind können diese Erlebnisse besonders traumatisierend wirken. Wenn wir in jungen Jahren solcherlei Erfahrungen machen müssen, gibt es in der Regel allerdings eine hohe Wahrscheinlichkeit, dass unsere Bezugspersonen schnell und umfassend für Hilfe sorgen. Hierfür stehen dann häufig kurzfristig geschulte und erfahrene Kriseninterventionskräfte zur Verfügung, die uns kompetent helfen können, das Erlebte vor einer Chronifizierung zu in-

94 Seifert, Sabine: Wir Verschickungskinder, in taz vom 14.12.2021 (https://taz.de/Kuraufenthalte-von-Kindern/!5818643/).

tegrieren. Durch solche schnelle und kompetente Hilfe kann idealerweise eine Ausbildung von Inneren Fesseln vermieden werden.

Die deutlich negativen Auswirkungen von Suchterkrankungen auf die Entwicklung des Embryos ist breit belegt und mündete in der klaren Empfehlung zu absoluter Abstinenz während der Schwangerschaft[95]. Nun ist es nicht unwahrscheinlich, dass beispielsweise alkoholabhängige Mütter gegebenenfalls auch in der Schwangerschaft nicht komplett abstinent gelebt haben. In diesem Falle wären durch den bei dem Fötus oder Embryo ausgelösten Stress – neben der möglichen somatischen Folgenerkrankungen und Entwicklungsverzögerungen – auch hier eine Traumatisierungsursache zu postulieren, die nicht direkt in einer der oben ausgeführten Traumakategorien passt.

Schließlich sei der Vollständigkeit halber erwähnt, dass natürlich auch Akut- bzw. Schocktraumatisierungen des Erwachsenenlebens (wie Unfälle, schwere Krankheiten oder Ähnliches) unsere Führungskompetenzen in hohem Maße beeinflussen können. Gleichzeitig sind sowohl die Erfahrungen als auch die resultierenden Folgeerscheinungen meist einfacher (als bei frühem Trauma) zu identifizieren und im Sinne der medizinisch/psychotherapeutischen Welt zu diagnostizieren (z. B. als posttraumatische Belastungsstörung – PTBS) bzw. zu behandeln[96]. Hierdurch kann eine Ausbildung einer persistenten Inneren Fessel häufig vermieden werden. Diese – medizinisch/psychotherapeutisch oft als »Erkrankungen« zu qualifizierenden – Traumafolgestörungen sind nicht Gegenstand des vorliegenden Buches.

Allen der in diesem Kapitel genannten Traumata ist gemein, dass sie als Innere Fesseln wirken und so unsere Führungswirksamkeit, aber auch unsere professionelle und persönliche Weiterentwicklung, das Ausleben unseres Potenzials beeinträchtigen, verlangsamen oder gar verhindern. Ein guter Grund, uns den Inneren Fesseln zu stellen und zuzuwenden, um sie zu lösen oder zumindest zu lockern.

4.3.5 »Ich bin doch nicht krank!«

Mit der Beschreibung der Inneren Fesseln als Trauma-Überlebensstrategien besteht die Gefahr, diese Verhaltens- und Denkmuster zu pathologisieren und in den Bereich einer »Erkrankung« zu rücken, sie als manifeste Traumafolgestörung oder gar als PTBS zu klassifizieren. Eine solche gedankliche Verortung ist in den allermeisten Fällen weder sinnvoll noch hilfreich.

95 Siehe beispielsweise die Empfehlungen der Deutschen Gesellschaft für Ernährung: https://www.dge.de/wissenschaft/weitere-publikationen/fachinformationen/kein-alkohol-in-der-schwangerschaft/.

96 Pausch, Markus J., Matten, Sven J (2018): Trauma und Traumafolgestörungen in Medien, Management und Öffentlichkeit. Wiesbaden.

Eine Pathologisierung von Inneren Fesseln ist weder hilfreich noch sinnvoll

Eine Klassifizierung der Inneren Fesseln als Erkrankung ist zum einen nicht hilfreich, da im heutigen Führungsalltag die Demonstration körperlicher und vor allem psychischer Hochleistungsfähigkeit häufig noch immer ein wichtiges Kriterium für die Übertragung einer entsprechenden Führungsverantwortung darstellt. Gerade psychischen Erkrankungen gegenüber besteht oft eine nicht zu unterschätzende Abwertung. Sie werden in Führungskreisen vielfach mit stark verminderter Leistungsfähigkeit und langen Ausfallszeiten verknüpft, nicht selten führt eine solche Klassifizierung aber auch zu Irritationen im Gegenüber und manchmal zu unbewussten Berührungsängsten. Es ist im heutigen Umfeld eher wenig wahrscheinlich, dass man Menschen mit einer diagnostizierten psychischen Erkrankung ohne Weiteres eine umfassende Führungsverantwortung überträgt. Verständlicherweise scheuen sich Führungskräfte davor, ihre eigenen Verhaltensweisen in die Nähe einer Erkrankung zu rücken, auch wenn sie sich des Charakters als Innere Fesseln und der inneren Dynamiken durchaus bewusst sind und diese im Einzelfall auch Ausmaße an der Grenze zu einer echten Erkrankung zeigen können.

Eine Pathologisierung der Inneren Fesseln birgt darüber hinaus die Gefahr, dass das Thema verschleiert, die Symptomatiken verleugnet oder verniedlicht, die innere Bereitschaft zum Erkennen und Bearbeiten der Inneren Fesseln dezimiert oder untergraben werden. Dies ist für das Lösen der Inneren Fesseln und damit für das Heben des Führungspotenzials bzw. die Weiterentwicklung als Führungskraft nicht hilfreich.

Eine Klassifizierung als Erkrankung ist auch wissenschaftlich nicht ohne Weiteres gerechtfertigt, da die meisten Führungskräfte »mit beiden Beinen im Leben stehen«, ihren Alltag in der Regel souverän meistern und ihr Leben weitestgehend selbstverantwortlich gestalten. Sie zeigen keine klassischen »Krankheitssymptome« und auch die klassischen Krankheitsdefinitionen treffen auf sie häufig nicht zu. Im Gegenteil: Führungskräfte sind meist leistungsfähig und bestens in ihr soziales Umfeld integriert.

In diesem Zusammenhang ist es deshalb vielleicht hilfreich, den Begriff des Traumas ein wenig aus der Ecke der schweren physischen Erkrankungen herauszuholen.

Das »Trauma-Spektrum«

Natürlich gibt es einerseits signifikante psychische – und manchmal auch physische – Beeinträchtigungen, die die Folge schwerster Traumatisierungen sind. Die Betroffenen werden in der Regel früher oder später entsprechend diagnostiziert und begeben sich dann in medizinisch-psychotherapeutische Behandlung. Das ist bei schweren traumatologischen Erkrankungen auch sinnvoll und notwendig. In diesem Fall ist auch die Klassifizierung als Erkrankung nicht nur angemessen, sondern erforderlich.

Andererseits ist es hilfreich, auch bei Trauma nicht nur von einer eng gefassten, vor allem klinisch relevanten Erkrankung zu sprechen, sondern den Begriff des **»Trauma-Spektrums«** anzuwenden[97]. Dieser Begriff – eine zunächst hypothetische Beschreibung – könnte der Beobachtung Rechnung tragen, dass es eine Vielzahl verschiedener Traumata unterschiedlichster Tiefe und Schwere geben kann, ebenso wie eine Vielzahl von Wirkungen dieser Traumata auf unseren Alltag. Der Begriff »Trauma-Spektrum« baut somit auf dem von Kai Fritsche vorgeschlagenen »Stabilitätskontinuum«[98] für die Klassifizierung von Traumatisierten auf – auch Menschen ohne scheinbar phänotypische psychische Instabilität können traumatisiert sein. Der Begriff berücksichtigt so, dass es vermutlich eine weit breitere Masse an Menschen gibt, die traumatisiert wurden, als wir bisher dachten. So geht der Traumatologe Kai Fritsche gar davon aus, dass »ein großer Teil der Menschheit mindestens einmal im Leben mit einem traumatischen Ereignis konfrontiert wird. (...) Traumatisierungen gehören offensichtlich zum menschlichen Dasein«[99]

Auch bei Anwendung der in diesem Buch verwendeten Traumadefinition wird deutlich, dass jeder von uns vermutlich eine Vielzahl von Erfahrungen gemacht hat, die ein Trauma ausgelöst haben könnten. In den allermeisten Fällen war unser Aufwachsen als Embryo, Baby oder Kleinkind nicht frei von Herausforderungen, insbesondere nicht frei von potenziell traumatisierenden Erfahrungen[100]. Selbst wenn wir das Glück hatten, dass unsere Eltern sich immer alle Mühe gegeben haben, sie immer ihr Bestes für das Kind wollten – sie waren nicht perfekt. Sie haben Fehler gemacht, Dinge ausprobiert, gelernt. Und konnten uns auch im besten Fall vermutlich nicht vor allen – manchmal auch schicksalhaften – Erfahrungen bewahren. Viele von uns haben also höchstwahrscheinlich mehr oder weniger potenziell traumatisierende Erfahrungen machen müssen und tragen so auch vermutlich alle eine Vielzahl von – mehr oder weniger beeinträchtigenden – Überlebensstrategien in uns.

Und dies ist der Schlüssel: Nicht jede Überlebensstrategie beeinträchtigt uns gleichermaßen. Mit manchen haben wir gelernt, umzugehen, mit ihnen zu leben, sie gar gut in unseren Alltag zu integrieren. Der Preis, den wir für sie zahlen, ist nicht immer so hoch, dass er unser »gutes Leben« signifikant erschwert. Wieder andere Überlebensstrategien leisten uns eigentlich sogar gute Dienste – wir haben die Bedeutung vieler der oben genannten Strategien für unser berufliches Vorankommen auf den frühen Stufen der Karriereleiter beschrieben. Für all diese Überlebensstrategien gilt: Er gibt wenig Grund, uns mit ihnen zu beschäftigen, außer vielleicht aus akademischem Interesse oder im Rahmen von genereller Selbsterfahrung. Und das ist gut so: Auch unsere Psyche gehorcht hier den Gesetzen der Ökologie und der Ökonomie. In der – oft unbewussten – Abwägung zwischen Gewinn durch das Bearbeiten der Überlebensstrategie

97 Siehe auch: Scaer, Robert (2014): Das Trauma-Spektrum, Lichtenau/Westfalen.

98 Fritsche, Kai (2020): Ego-State-Therapie bei Traumafolgestörungen, Heidelberg.

99 Fritsche, Kai (2020): Ego-State-Therapie bei Traumafolgestörungen, Heidelberg.

100 Siehe unter anderem die Erkenntnisse der Salutogeneseforschung, beispielsweise in: Klappstein, Kerstin (2017): Salutogenetische Entwicklungsprozesse von Frauen mit verhaltensauffälligen Kindern im Rahmen der Multifamilientherapie. Heidelberg.

und dem notwendigen Aufwand, dem Einsatz an Ressourcen zur Bearbeitung, scheint sich ein gutes Gleichgewicht gebildet zu haben. Manchmal für unser gesamtes Leben, manchmal auch nur für jetzt.

In den Fällen, in denen sich die Verhaltens- und Denkmuster jedoch als einschränkend für unser berufliches oder privates Leben erweisen, wir es als Innere Fessel erleben, kippt das Gleichgewicht. Dann halten uns diese Überlebensstrategien davon ab, weiterzukommen, uns zu entfalten, frei zu sein – und ein »gutes Leben« zu leben. Dann kann es Sinn ergeben, diese Fesseln zu lockern und uns den Trauma-Überlebensstrategien zu stellen.

Die Frage, ob es an der Zeit ist, dies zu tun, lässt sich beantworten, wenn wir unseren inneren Wunsch nach Veränderung erforschen. Nur wenn dieser spürbar ist, wenn die Sehnsucht nach einer Befreiung von den Inneren Fesseln greifbar wird, wenn es sich stimmig anfühlt, aufzubrechen, ist es sinnvoll, sich auf den Weg zu machen – den Weg zur Ent-Fesselung zu beschreiten.

Ein provokatives Gedankenexperiment: Was unterscheidet einen Drogenabhängigen von einem Geschäftsführer?

Zum Schluss noch ein provokatives Gedankenexperiment für die interessierte Leserschaft.

Wie beschrieben, gibt es eine hohe Wahrscheinlichkeit, dass viele von uns in der Kindheit Erfahrungen durchleben mussten, von denen einige zur Ausbildung eines Traumas geführt haben.

Nun entwickeln wir uns allerdings im Leben manchmal sehr unterschiedlich, auch wenn wir aus scheinbar vergleichbaren gesellschaftlichen Schichten kommen, ähnliche Bildungsangebote genießen konnten und auch sonst unter ähnlichen Verhältnissen aufgewachsen sind.

Ich lade Sie an dieser Stelle zu einem Gedankenspiel ein.

Nehmen wir an, ein Kind wächst in einer Familie der oberen Mittelschicht auf. Beide Eltern sind beruflich erfolgreich: Die Frau könnte in unserem Beispiel eine leitende Funktion in einem Industriebetrieb innehaben und der Mann ein erfolgreicher Rechtsanwalt in einer großen internationalen Kanzlei sein. Beide Eltern investieren viel in ihre jeweiligen Karrieren, für Familienleben und das feinfühlige und präsente Vater- und Mutter-sein bleibt keine Zeit. Das Kind wird vielleicht von häufig wechselnden Nannys und Zugehfrauen aufgezogen oder ist viel allein, erlebt seine Eltern kaum und wird dann häufig mit überhöhten Leistungsanforderungen konfrontiert: als Kleinkind beim Lernen von Laufen, Sprechen und Schreiben oder beim Basteln, später in der Schule, im Ballett, im Tennis, im Erlernen einer weiteren Fremdsprache und so weiter. Materiell ist alles vorhanden, aber ein Gefühl von emotionaler Wärme und Nähe, elterliche Zuwendung oder ein Empfinden von

Geborgensein und unkonditionaler Sicherheit bleiben dem Kind fremd. Es ist emotional vernachlässigt.

Nehmen wir nun an, die Umstände sind derart ausgeprägt, dass sie das Kind traumatisieren. Im Rahmen der Traumatisierung entstehen Überlebensstrategien, Innere Fesseln. In unserem Beispiel könnten nun einerseits beispielsweise Überlebensstrategien des Typs »Du darfst auf keinen Fall etwas spüren« entstehen, mit denen das Kind versucht, den immensen Schmerzen der Gefühle des »Nicht-geliebtseins«, der Minderwertigkeit und Wertlosigkeit auszuweichen. Dies könnte das Kind später in eine Drogen- oder Substanzabhängigkeit führen. Oder es entsteht eine Überlebensstrategie des Typs »Mach Dich auf keinen Fall abhängig von anderen, denen kann man nicht vertrauen«, mit denen das Kind versucht, auf die Nichtanwesenheit der Eltern zu reagieren. Dann könnte das Kind später beispielsweise in der Obdachlosigkeit landen, weil das Kind es nicht schafft, einer Ausbildung, einer regelmäßigen Arbeit oder einem geregelten Leben nachzugehen.

Andererseits könnten sich Überlebensstrategien des Typs »Du bist nur etwas wert, wenn Du Höchstleistungen bringst« entwickeln, weil es dem Kind scheinbar nur gelingt, sich durch Höchstleistungen gegenüber Mama und Papa – wenigstens für einen Augenblick – sichtbar zu machen. Ähnlich könnte sich die Überlebensstrategie »Es reicht nie« herausbilden. Oder ein Satz der Form »Du musst durchhalten und um Dein Überleben kämpfen«, der auf die permanente Herausforderung im Alltag des Kindes reagiert. In all diesen Fällen könnte es sein, dass das Kind Karriere macht und sich zum Beispiel bis in die Geschäftsführung eines Unternehmens hocharbeitet, weil es alles daransetzt, um voranzukommen, sich selbst immer zu Höchstleistungen antreibt und alle Hindernisse gegebenenfalls mit allen Mitteln aus dem Weg räumt.

Die phänotypischen Auswirkungen bestimmter Primärerfahrungen können also stark variieren. Wie der weitere Lebensweg des Kindes aus unserem Gedankenexperiment verlaufen könnte, hängt – neben dem subjektiven Erleben der potenziell traumatisierenden Bedingungen und der individuellen Resilienz – also wesentlich davon ab, welche Überlebensstrategien sich herausbilden. Die eine Überlebensstrategie führt ins gesellschaftliche und soziale Abseits. Die andere, sozial oft akzeptiertere und sogar karrierefördernde Überlebensstrategie führt dagegen in eine gesellschaftlich anerkannte Position.

So gesehen ist der wesentliche Unterschied zwischen den beiden Lebenswegen, dass in einem der Fälle das Kind das »Glück« hatte, dass sich aus seinem Trauma eine Überlebensstrategie entwickelt hat, die es in der Gesellschaft weiter voranbringt, es erfolgreich macht und ihm zu einer angesehenen Reputation verhilft, während im anderen Falle eine Überlebensstrategie entstand, die an den sozialen Rand führt.

Man könnte nun in Analogie postulieren, dass die traumatisierenden Erfahrungen, die Führungskräfte gegebenenfalls machen mussten, in ihrer Dramatik denen von schwer traumatisch Erkrankten nicht unbedingt nachstehen müssen. Gefesselte Führungskräfte haben häufig ähnlich schwere Erfahrungen machen müssen, wie nach der International Classification of Diseases (ICD-11) diagnostizierte Traumaerkrankte: schwere und nachhaltige emotionale Vernachlässigung, Verlust wichtiger Bezugspersonen und nachhaltige Bindungsabbrüche vor dem 10. Lebensjahr, sexuelle und körperliche Gewalterfahrungen, schwere psychische Störungen in der Herkunftsfamilie usw. Aber sie haben Überlebensstrategien entwickelt, die diese Traumaenergie scheinbar gesellschaftsadäquat kanalisieren können. Ob solche Überlebensstrategien für das Wohl der menschlichen Gemeinschaft im Allgemeinen tatsächlich immer zuträglich sind, bleibt dahingestellt und ist sicher sehr ambivalent zu bewerten.

Ein spannendes Gedankenspiel – mit dem sich auch die scheinbar starren und unüberwindlichen Grenzen von »Gewinnern« und »Verlierern« in unserer Gesellschaft etwas aufweichen lassen.

4.4 Zusammenfassung: Innere Fesseln als Trauma-Überlebensstrategien

Wir haben in diesem Kapitel versucht, eine Verbindung zwischen als Innere Fesseln wirkenden Verhaltens- und Denkmustern und Überlebensstrategien aus traumatischen Erfahrungen herzustellen.

Hierbei haben wir einerseits typische Innere Fesseln mit ihren Dynamiken und Besonderheiten, die sie klar von Routinen und Gewohnheiten unterscheiden, phänotypisch beschrieben. Andererseits haben wir typische Überlebensstrategien aus einer traumatischen Erfahrung vorgestellt und eine hohe Übereinstimmung mit Inneren Fesseln festgestellt. Eine eindeutige Zuordnung einzelner Erfahrungen zu bestimmten Inneren Fesseln ist hierbei nicht pauschal möglich. Es gibt keine einfache Wenn-dann-Logik, dazu ist unsere Psyche zu komplex, die individuellen Resilienzfaktoren und die genetische Prädisposition zu unterschiedlich und schließlich auch der jeweilige (prä-, peri- und posttraumatische) Kontext zu variabel.

Es bietet sich also an, für jedes Anliegen immer neu zu erforschen, welche individuellen Überlebensstrategien auf Basis welcher traumatischen Erfahrung(en) der oder den Inneren Fessel(n) zugrunde liegen. Frei nach Wittgenstein. »Nur immer wieder von vorne anfangen. Nur immer wieder die Fragen stellen, als stellte man sie das erste Mal«[101].

101 Seidenstricker, Iris (2015): Der kleine Taschencoach, München.

Betrachten wir dies einmal am Beispiel des Mikromanagements auf Basis mangelnder Delegationsfähigkeit illustrativ: Bei näherer Untersuchung kann sich ein solches Verhaltensmuster als eine Folge eines Traumas der Identität herausstellen, die dann zugrunde liegende Überlebensstrategie könnte die Form von »Ich bin nur etwas wert, wenn ich Experte bin und alles im Detail verstehe und kontrolliere« haben. Es könnte aber auch ein Trauma der Liebe zugrunde liegen und sich eine Überlebensstrategie der Form »Ich werde von anderen nur gesehen und respektiert, bin nur zugehörig, wenn ich im Detail mitreden kann« gebildet haben. Oder eine Überlebensstrategie mit dem Fokus »Du kannst niemandem vertrauen«. Bei einem zugrunde liegenden Trauma der Gewalt könnte die Strategie lauten »Es ist nur sicher für mich, wenn ich über alles Bescheid weiß, die Details geben mir Struktur und Sicherheit«. Schließlich wäre sogar ein »Trauma der eigenen Täterschaft« als Basis denkbar: »Nur wenn ich alles selbst überprüfe und genau verstehe, kann ich die anderen im Schach halten und in ihre Grenzen verweisen«.

Als weiteres Beispiel kann uns mangelnde Empathie mit Kollegen und/oder Mitarbeitenden dienen. Diese Innere Fessel ist oft mit einer extremen Sachorientierung gepaart, die Betroffenen wirken unnahbar, sogar kalt und am Gegenüber als Mensch desinteressiert. Das Einzige, was zählt, scheinen die Sachthemen und das Funktionieren der Mitarbeitenden. Welche Mechanismen können nun hinter dieser Inneren Fessel wirken? Hinter einem Empathiemangel kann einerseits stehen, dass wir wenig Mitgefühl für uns selbst haben. Wir schauen mit wenig Selbstliebe auf uns, sind bezüglich unserer Fehler und Unzulänglichkeiten erbarmungslos mit uns selbst, verzeihen uns nichts und sind sehr hart mit uns selbst. Dies kann die Folge eines Traumas der Identität sein: Wenn wir früh erlebt haben, dass wir nicht gewollt sind, fühlen wir uns selbst als minderwertig, ggf. sogar als wertlos. Im Extremfall haben wir die ablehnende Haltung unserer Bezugspersonen sogar verinnerlicht und gehen in die Selbstzerstörung und Selbstschädigung – dann sind mangelnde Selbstliebe und fehlende Empathie uns selbst gegenüber eine Ausprägung dieses verinnerlichten Täters. Es kann allerdings auch sein, dass unsere mangelnde Empathie anderen gegenüber, unser Desinteresse an anderen Menschen eine Folge eines Traumas der Liebe ist: Dann haben wir die Erfahrung des Nicht-gesehen-Werdens, des Nicht-geliebt-Seins so verarbeitet, dass wir uns von anderen abgewandt haben. Wir erwarten nicht nur nichts, wir wollen auf keinen Fall eine persönliche Beziehung aufbauen, aus Angst, beim Einlassen auf diese Beziehung wieder enttäuscht zu werden. Die Überlebensstrategie könnte die Form haben von »Binde Dich nicht, sonst tut es wieder so weh wie früher«. Gegebenenfalls haben wir sogar eine Selbstüberschätzung, eine übersteigerte Selbstliebe entwickelt, neben der kein Platz für andere ist. Die Wirkungsanalyse könnte uns aber auch auf ein Trauma der Gewalt führen: Möglicherweise haben wir durch die Gewalterfahrung größere Teile unserer Gefühle abgespalten und können uns vor allem selbst nicht mehr spüren. In uns ist dann eine emotionale Leere. Und weil wir uns selbst nicht gut fühlen können, wenig oder keinen Zugang zu uns selber haben, können wir auch für andere keine wirklichen Gefühle aufbauen bzw. zulassen. Schließlich kann auch aus einem »Trauma der eigenen Täterschaft« ein Verhalten mit wenig Empathie entstehen: Dann ist unsere emotionale Kälte eine Waffe, mit der wir unsere Täterrolle ausleben.

Die Beispiele illustrieren, dass es sinnvoll und notwendig ist, jedes beobachtete Phänomen einer Inneren Fessel aufs Neue zu erforschen und die dazugehörigen individuellen Überlebensstrategien freizulegen. Es gibt keine Allgemeingültigkeit, keinen generell gültigen Algorithmus, kein Standardprotokoll. Neugier und Offenheit sind beim Arbeiten mit diesem Modell hilfreiche Grundvoraussetzungen. Und natürlich der Mut, hinzuschauen.

Summarisch betrachtet ist die Beschreibung der Inneren Fesseln als Trauma-Überlebensstrategien ein hilfreiches Konzept, um die beobachtbaren Dynamiken und Charakteristika einzuordnen und zu bearbeiten.

Eine besondere Herausforderung: Innere Fesseln von Familienunternehmern

Nachdem wir nun sowohl verschiedene Innere Fesseln vorgestellt, diese als Trauma-Überlebensstrategien klassifiziert und schließlich erkannt haben, welche Erfahrungen in der Herkunftsfamilie ursächlich für eine Traumatisierung sein können, bietet es sich an, einen kurzen Blick auf die Besonderheit von Familienunternehmern zu werfen.

Familienunternehmer führen in einem herausfordernden Kontext: Die (für alle Führungskräfte ähnliche) Rolle der Unternehmensführung wird überlagert durch zwei weitere Rollen: die Rolle als Mitglied der Familie und die Rolle als Gesellschafter. Familienunternehmer sind somit immer gleichzeitig in drei verschiedenen Systemen aktiv: Unternehmen, Familie und Eigentum. Diese drei Systeme sind eng miteinander verbunden, folgen aber sehr unterschiedlichen Logiken und Regeln[102].

Familienunternehmer können wie alle Menschen in ihrer Kindheit in ihrer Herkunftsfamilie traumatisiert worden sein und Innere Fesseln entwickelt haben. Darin und in dem möglichen Portfolio an Inneren Fesseln unterscheiden sie sich vermutlich wenig von allen anderen Führungskräften. Eine Bearbeitung der Inneren Fesseln kann allerdings aufgrund der genannten Kontexte deutlich schwieriger werden.

Zum einen ist durch die Überlagerung der drei Systeme Unternehmen, Familie und Eigentum eine viel engere soziale Kontrolle – und damit gegebenenfalls eine höhere Veränderungsbarriere – gegeben. Eine Bearbeitung der Inneren Fessel kann mit hoher Wahrscheinlichkeit auch unmittelbar Auswirkung auf die Beziehungsgeflechte in der Unternehmerfamilie haben. Die familiäre Beziehung zu der Schwester, die ebenfalls in der Geschäftsführung sitzt, oder zu dem Vater, der Mitgesellschafter ist, kann direkt durch das Bearbeiten der Inneren Fessel betroffen werden. Es geht dann nicht mehr nur noch um ein verändertes Führungsverhalten, sondern gleichzeitig darum, eine neue Art, Geschwister-,

102 Von Schlippe, Arist, Nischak, Almute, El Hachimi, Mohammed (Hrsg.) (2008): Familienunternehmen verstehen, 2. Auflage, Göttingen 2011.

Eltern- oder Verwandtenbeziehungen zu gestalten. Und das im Kontext von gemeinsamer Eigentümerschaft, die die handelnden familienzugehörigen Führungskräfte zur »Enkelfähigkeit«, also zum langfristigen Überleben des Unternehmens verpflichtet. Das kann zu einem Hemmschuh für die Bearbeitung der Inneren Fesseln werden, wenn das Risiko in der Veränderung der eigenen Denk- und Verhaltensweisen für die Familienbeziehungen als zu groß eingestuft wird. Eine Bearbeitung der Inneren Fessel bei gleichzeitigem Festhalten-müssen an den eingeschwungenen Familienbeziehungen kann sich zu einem Paradoxon auswachsen.

Andererseits ist das Bearbeiten der Innerern Fesseln von Familienunternehmern deutlich anspruchsvoller und schwieriger als für angestellte Manager. Dies ist zu verstehen, wenn man sich vergegenwärtigt, dass Familienunternehmer schlimmstenfalls genau in dem Kontext aktiv sein müssen, in dem die Traumatisierung möglicherweise ursächlich entstanden ist: in der Herkunftsfamilie. Aus traumatologischer Sicht sind Familienunternehmer somit permanent dem damals traumatisierenden Kontext ausgesetzt und die Überlebensstrategien haben allen Grund, maximal aktiv zu sein. Solange Täterkontakt besteht, gestalten sich die Bearbeitung von Traumata deutlich schwieriger, die Erfolgsprognose sinkt. Viele erfahrene Traumatherapeuten raten deshalb zum Abbruch des Täterkontakts oder zumindest zur deutlichen Minimierung der Exposition, um die Traumatisierungen zieldienlich bearbeiten zu können[103]. Hier wird das Dilemma deutlich: Gegebenenfalls ist die Innere Fessel des geschäftsführenden Sohns nur zu bearbeiten, nachdem der Kontakt zur »Gesellschafter-Mutter« reduziert oder gar abgebrochen wurde.

Zusammenfassend kann man festhalten, dass es für Familienunternehmer eine besondere Herausforderung darstellen kann, sich den eigenen Inneren Fesseln zu stellen. Aber: Der Prozess ist vermutlich nur schwieriger und komplexer, jedoch oft nicht unmöglich.

4.5 Die gute Nachricht: Man kann die Inneren Fesseln lockern

Welche Folgen hat für uns die Hypothese, unsere Inneren Fesseln seien Überlebensstrategien einer Traumatisierung?

4.5.1 Das Einordnen von Inneren Fesseln gibt Orientierung

Zum einen bringt bereits die Tatsache, Innere Fesseln einordnen zu können, eine Erleichterung mit sich. Das Einstufen und Benennen gibt Orientierung, schafft ein Referenzsystem, verleiht

103 Huber, Michaela (2003): Wege der Traumabehandlung, 5. Auflage, Paderborn2013; siehe auch https://michaela-huber.com/wp-content/uploads/2021/03/grundregeln-in-der-arbeit-mit-komplextrauma-michaela-huber-2011.pdf.

Kontext. Das, was mit uns passiert, scheint nicht mehr unerklärlich, mystisch oder irrational. Wir können die Wurzeln unseres Verhaltens erahnen. Wir verstehen, dass es sich nicht um einen »Defekt« oder eine »Macke« handelt, wir nicht »falsch« oder »minderwertig« sind. Im Gegenteil: Offensichtlich haben wir es geschafft, damals ein hocheffizientes Programm zu entwickeln, mit dem wir unser Überleben gesichert haben. So kann aus einer potenziellen Selbstwertfalle (»Ich bekomm das einfach nicht hin«) eine Selbstwertquelle werden (»Ich habe damals mit diesen Programmen überlebt und es mit ihnen ziemlich weit geschafft«).

Durch die Benennung wird das Verhalten, die Innere Fessel, manchmal auch weniger bedrohlich und wir fühlen uns nicht mehr allein gelassen oder ausgestoßen mit unserer Symptomatik. Wir können erkennen, dass es viele Mitmenschen gibt, die Ähnliches erlebt haben und ebenfalls mit ihren Überlebensstrategien unterwegs sind, mit diesen ringen.

Der amerikanische Traumatologe Bruce Perry hat dies in einem Interview mit der bekannten Talkmasterin Oprah Winfrey so auf den Punkt gebracht: Es geht nun nicht mehr um die Frage »What's wrong with you?« sondern um »What happened to you?«[104].

4.5.2 Der Weg zur Ent-Fesselung: Versorgung der Wunden

Die meist wichtigste Konsequenz aus dem Arbeiten mit der Hypothese, dass unsere Inneren Fesseln als Überlebensstrategie eines frühen Traumas zu beschreiben sind, sind die Hoffnung und die Zuversicht. Die Hoffnung und Zuversicht auf das Möglichwerden von Veränderung. Die Hoffnung und Zuversicht auf einen Weg, die Inneren Fesseln zu lockern oder gar zu lösen.

Überlebensstrategien beziehen ihre Energie aus den nicht versorgten traumatischen Wunden und aus der dahinterliegenden existenziellen, d. h. gefühlt potenziell lebensvernichtenden Erfahrung. Es ging damals um Leben und Tod. Nur durch die Spaltung, die Entwicklung eines Traumas, haben wir überlebt. Dies verleiht Überlebensstrategien ihre Autorität, ihre Macht, ihre Unabdingbarkeit.

Überlebensstrategien bewahren die Dissoziation, die Abspaltung der traumatischen Gefühle, aus Fürsorge und um das Überleben sicherzustellen – damals wie heute. Überlebensstrategien sind Zeugen des Geschehenen und gleichzeitig oft die einzigen Spuren. Und sie sind die Wächter des Abgespaltenen.

Die Hoffnung ist: Überlebensstrategien verlieren ihre Kraft, wenn die Wunden, die sie beschützen, versorgt werden, die abgespalteten Anteile zurückkehren dürfen, das Abgespaltene wieder

104 Perry, Bruce D., Winfrey, Oprah (2021): What happened to you? London.

integriert werden kann und wenn wir wieder ganz werden. Dann verlieren die Überlebensstrategien ihre Funktion und ihre Grundlage. Das ist das Prinzip der Ent-Fesselung.

Das Versorgen der Wunden – die Integrationsarbeit – kann nur der heute erwachsene Mensch leisten. Das erwachsene Ich mit all seinen im Laufe des Lebens entwickelten Kompetenzen und Fähigkeiten, seinen Erfahrungen und Stärken und der erworbenen, ausgebauten und stabilisierten Resilienz. Das erwachsene Ich – jenseits der damaligen existenziellen Abhängigkeiten von dem elterlichen Gesehenwerden und Zugehörigsein. Denn heute ist möglich, was damals nicht möglich war: die Auseinandersetzung mit dem Schmerzlichen, dem vielleicht Unvorstellbaren, das damals passiert ist – darin liegen die Hoffnung und der Weg.

Denn, was passiert ist, ist passiert und ist nicht mehr rückgängig zu machen. Und gleichzeitig ist es vorbei. Wir haben es überlebt, und zum Teil doch eine Menge aus unserem Leben gemacht. Es geht darum, das Geschehene und vielleicht bisher Unbeschreibliche mit Klarheit erkennen zu können und gleichzeitig im Hier und Jetzt zu spüren, dass es vorbei ist.

4.5.3 Ein doppelter Gewinn

Was haben wir davon, uns auf diese Reise zu begeben? Einerseits geht es bei der Ent-Fesselung vor allem darum, unsere Inneren Fesseln zu lockern, den Automatismus zu unterbrechen, wieder so handlungsfähig zu werden, wie es situativ am hilfreichsten zu sein scheint, den behindernden, limitierenden und einschränkenden Aspekt der Überlebensstrategien zu lockern oder zu lösen.

Gleichzeitig geht es aber auch darum, einen von uns kontrollierten Zugang zu den in den Überlebensstrategien vielfältig auch angelegten Kompetenzen zu bekommen, also die verborgenen und bisher zum Teil gegen uns arbeitenden Schätze zu bergen und für unsere Belange einsetzbar zu machen.

Durch die Ent-Fesselung werden wir so nicht nur unsere inneren Barrieren, unsere Stolpersteine und Hindernisse los. Wir gewinnen in gewisser Weise neue, bisher nicht nutzbare Kompetenzen dazu, indem wir sie erschließen und aneignen. Das Portfolio an Kompetenzen für die Führungsaufgabe wächst, unser Portfolio an Handlungs- und Denkoptionen verbreitert sich.

Ein doppelter Gewinn: weniger innere Hindernisse und mehr Zugang zu bisher nicht verfügbaren Kompetenzen. Es scheint die Reise wert zu sein.

5 Ent-Fesselungen

Nach der ausführlichen Beschreibung der Überlebensstrategien, die hinter den Inneren Fesseln häufig wirken, wollen wir uns nun dem Lockern dieser Fesseln zuwenden. Was braucht es für eine erfolgreiche Ent-Fesselung? Und wie werden wir diese erleben?

Das folgende Kapitel beschreibt die Ent-Fesselung aus der Sicht und Erfahrungswelt der betroffenen Führungskräfte. Es fokussiert bewusst auf das, was diese mitbringen sollten und was sie aus einem solchen Prozess mitnehmen werden. Das »Wie« wird nur insoweit beleuchtet, als es für die betroffene Führungskraft relevant sein könnte, um einen erfolgreichen Prozess zu erleben.

Oder, mit anderen Worten: Dies ist ein Buch für Gefesselte, nicht für die Begleiter einer Ent-Fesselung, ein Buch für Führungskräfte und nicht für Coaches oder Berater, ein Ratgeber und eine Orientierungshilfe für Betroffene, kein Lehrbuch für Helfende.

In diesem Sinne beschreiben die folgenden Seiten das, was die Führungskraft auf dem Weg zur Befreiung von den Inneren Fesseln beachten sollte und erleben könnte.

5.1 Es lohnt sich

Bei einer Ent-Fesselung scheint es sich um einen doch komplexeren und gegebenenfalls auch manchmal emotional aufreibenden Prozess zu handeln. Und er scheint Zeit und Ressourcen zu kosten. Lohnt sich das denn – eine Ent-Fesselung? Um die Antwort vorwegzunehmen: Ja, es lohnt sich!

Der Startpunkt der Ent-Fesselung ist in den meisten Fällen das **Erkennen des Preises**, den wir im alltäglichen Leben für unsere Inneren Fesseln zahlen – im Beruflichen wie im Privaten. Und in uns selbst.

Wir zahlen den Preis der Inneren Fesseln im Job, in Form von verpassten Karrierechancen, gefühltem situativen Versagen als Führungskraft, verpatzten oder suboptimal ausgeführten Führungsaufgaben, unerreichten Zielen, in Form einer eingeschränkten Wirkung auf Vorgesetzte, Kollegen oder Kunden, eines Fremdbilds von uns auf andere, indem unsere Stärken und Kompetenzen nicht ausreichend abgebildet werden, in Form von gestressten und demotivierten Mitarbeitern, einer negativen Stimmung und Arbeitsatmosphäre oder einer inneren Unlust auf die Arbeit.

Oder wir zahlen den Preis der Inneren Fesseln zu Hause in Form von schwierigen Beziehungen zu unserer Familie, wenn wir nicht die Person sein können, die wir eigentlich sein wollen, wenn wir uns nicht so verhalten können, wie es eigentlich am hilfreichsten wäre. Dann müssen wir hilflos zusehen, wie unsere Liebsten manchmal unter unseren Inneren Fesseln leiden.

Nicht selten sind unsere Kinder ein wesentlicher Antreiber, um uns unseren Inneren Fesseln zu stellen: Im Job haben wir uns mit einigen Work-arounds irgendwie arrangiert und hoffen, dass die nächste Beförderung schon irgendwie gutgeht, mit dem Partner hat sich auch alles irgendwie eingespielt, man lebt mit dem Stress und bezüglich unseres eigenen Leids sind wir abgestumpft oder resigniert. Aber zu beobachten, wie die eigenen Kinder unsere Muster kopieren, schon so früh in ihrem Leben Opfer der Inneren Fesseln werden, weil sie diese von uns als »richtig« und »sinnvoll« vermittelte Verhaltens- und Denkmuster gelernt und übernommen haben, ist oft unerträglich.

Vielleicht erkennen wir schließlich den Preis in uns selbst, in Form von grundlegendem Stress oder innerem Druck, von Unruhe und Anspannung oder von Orientierungslosigkeit und dem Gefühl des Nicht-ganz-Seins – dem vagen Gefühl, dass etwas fehlt, das wir aber nicht genau bestimmen können.

Es lohnt sich also, sich den Inneren Fesseln zu stellen und sie zu lockern.

5.2 Wir haben alles, was wir brauchen

Das Wichtigste zuerst: Wir haben alles Wesentliche, was wir für die Ent-Fesselung brauchen, in uns. Es geht nur darum, es zugänglich zu machen.

Viele moderne psychologische und therapeutische Schulen gehen heute davon aus, »[…] dass in praktisch allen Fallen die Grundkompetenzmuster, die für eine gesunde Lösung von psychischen Problemen verwendet werden, im Erfahrungsspektrum des Menschen gespeichert sind. Das heißt, jeder von uns besitzt a priori all die Ressourcen, die man braucht, um den Herausforderungen des Lebens angemessen entgegentreten zu können«[105]. In der Gedankenwelt der Systemtheorie und des systemischen Arbeitens finden wir analog: »Zentral ist die Annahme, dass jedes System bereits über alle Ressourcen verfügt, die es zur Lösung seiner Probleme benötigt«[106]. Das ist eine sehr beruhigende und ermutigende Nachricht. Wir sind also per se gut gerüstet für eine Ent-Fesselungsreise, haben alle notwendigen Werkzeuge und Hilfsmittel dabei und sind mit den notwendigen grundlegenden Fähigkeiten zur Problemlösung ausgestattet.

Aber die Aussage, wir haben alles, was wir brauchen, bezieht sich nicht nur auf unsere inneren Kompetenzen und Ressourcen, sondern auch auf das Ergebnis: Ent-Fesselung bedeutet nämlich primär nicht, dass wir Unmengen an Neuem dazulernen, uns zu anderen Verhaltensweisen zwingen oder uns hilfreichere Denkmuster überstülpen müssen. Im Gegenteil: das, was uns entspricht, wird im Laufe der Ent-Fesselung von selbst sicht- und spürbar werden. Ent-Fesselung

105 In der Hypnotherapie nennt man dies die »Potentialhypothese«, vergleiche Peichl, Jochen (2018): Integration in der Traumatherapie, Stuttgart.

106 Vergleiche hierzu zum Beispiel Schlippe, Arist von; Schweizer, Jochen (2012): Lehrbuch der systemischen Therapie und Beratung I, Göttingen.

ist Befreiung. Es geht darum, das, was in uns ist, wieder zu entdecken und unserem alltäglichen Tun und Denken verfügbar zu machen. Und es geht darum, unseren eigentlichen Kern, unsere Essenz freizulegen. Das wieder zugänglich zu machen, was so lange verschüttet und vergraben war bzw. sein musste. Das zu befreien, was wir so lange im Keller verstecken, wegschließen, einsperren mussten. Uns dem Kern dessen zu nähern, wie wir gedacht sind. Unserer Essenz.

5.3 Auf geht's!

Lassen Sie uns also damit beginnen, gemeinsam darauf zu schauen, was für einen erfolgreichen Prozess der Ent-Fesselung hilfreich sein kann.

5.3.1 Lassen wir uns begleiten

Das Bearbeiten und Lockern von Inneren Fesseln allein zu bewerkstelligen, ist eine große, oft unmögliche Herausforderung, die – wenn überhaupt – oft nur in Ausnahmefällen oder für bestimmte Teilaspekte gelingt.

Zwar können wir Bücher hierüber lesen, allein über die Themen nachdenken oder mit uns selbst in Klausur gehen – uns ins Kloster oder in ein Resort zurückziehen, beim Spaziergang oder Wandern nachdenken, vor dem Kamin mit einem guten Glas Rotwein sinnieren. Erfahrungsgemäß stoßen wir hier jedoch schnell an unsere Grenzen.

Warum ist das so? Hierfür gibt es viele Gründe.

Zum einen hat schon Albert Einstein erkannt, dass man »[...] Probleme niemals mit derselben Denkweise lösen kann, durch die sie entstanden sind«.[107] Nun sind wir zwar prinzipiell in der Lage, neue Denkweisen erlernen, dazu müssten wir aber zunächst auf einer Metaebene analysieren können, welche unserer Denkweisen ursächlich mit dem Problem verknüpft zu sein scheinen. Dies stellt bereits eine beachtliche Leistung der Selbstbeobachtung und Selbstreflexion dar, die wir ohne viel vorherige Übung meist nicht so ohne Weiteres vollbringen können.

Und hier wirkt zusätzlich etwas, was uns auch jenseits der Arbeit mit den Inneren Fesseln häufig im Weg stehen kann: der **Konstruktivismus**[108]. Nach den Theorien des Konstruktivismus wird jede »Wirklichkeit« im Beobachtenden, also in uns selbst geschaffen. Die wahrgenommenen Daten werden nahezu sofort in für uns sinngebende Informationen verarbeitet und in unsere inneren Narrative eingepasst. Wir konstruieren auf Basis unserer Wahrnehmung aktiv unsere

107 http://www.poeteus.de/zitat/Probleme-kann-man-niemals-mit-derselben-Denkweise-lösen-durch-die-sie-entstanden-sind/10.

108 Simon, Fritz B. (2006): Einführung in Systemtheorie und Konstruktivismus, 6. Auflage, Heidelberg 2013.

Realität, unsere Wirklichkeit. In der Theorie des radikalen Konstruktivismus gib es keine »Wahrheit«, sondern immer nur von uns konstruierte Realitäten, von denen wir dann oft fundamental überzeugt sind, die wir für richtig und wahr halten, oft für die einzig mögliche Sicht der Dinge. Jede Erkenntnis, jede Beobachtung ist streng subjektabhängig[109] oder, wie ein berühmter Vordenker des Konstruktivismus, Heinz von Förster, provokativ formuliert: »Wahrheit ist die Erfindung eines Lügners«[110]. Und auch Friedrich Nietzsche soll postuliert haben: »Wahrheit gibt es nur im Plural«[111].

Wie ist das zu verstehen? Der erste Schritt dieser Realitätskonstruktion beginnt bereits mit der Fokussierung unserer Aufmerksamkeit auf einen bestimmten Aspekt oder Blickwinkel, wir nehmen eine bestimmte Perspektive zu dem Geschehen ein. Schon durch diese – oft nur halbbewusste – Aufmerksamkeitsfokussierung tragen wir zur Konstruktion »unserer« Realität bei[112]. Jeder Datenpunkt, jede Beobachtung wird dann in unserem Gehirn unmittelbar interpretiert, zugeordnet, eingeschätzt, bewertet. Auch hier können wir uns in unserer Bewertung und Interpretation des Beobachteten sehr leicht verschätzen. Der Nobelpreisträger für Wirtschaft, Daniel Kahneman, hat eindrucksvoll gezeigt, wie leicht unser sogenanntes »logisches Denken« durch die Überlagerung mit unbewusst festgelegten Interpretationsschemata zu täuschen ist[113].

Unsere Erfahrungen, unsere Prägungen und Glaubenssätze, unsere Werte und Sichtweisen bestimmen also wesentlich, was wir als »wahr« erkennen, was wir für Realität halten. Dies ist auch eine Kernleistung unseres Gehirns, mit dem Ziel, die Komplexität all dessen, was auf uns einstürmt, zu reduzieren. Diese Komplexitätsreduktion soll uns dazu befähigen, mit der komplexen Umwelt umgehen zu können, sie zu managen und in unserem Sinne zu beeinflussen.

Diese – für unser Überleben essenzielle – Eigenschaft unseres Gehirns geht so weit, dass unser Gehirn aktiv unser Gedächtnis steuert. Manchmal bleiben uns nur noch Fragmente des Erlebten in Erinnerung. Aus diesen uns bewussten Fragmenten versucht das Gehirn, eine »Geschichte«, ein Narrativ zu entwickeln – damit das Erlebte Sinn ergibt, einordenbar wird, damit wir eine Position dazu finden können und im Hier und Jetzt damit arbeiten können. Innerhalb dieses Prozesses werden Teile der Geschichte »erfunden«, dazukonstruiert, aus anderen Sachverhalten oder ähnlichen Erlebnissen eingefügt, oder die Lücken werden unter Verwendung von Gehörtem und Gelesenem – von Geschichten anderer – geschlossen. Unser Gehirn »leiht« sich gewissermaßen Fragmente von anderen, selbst erfahrenen oder zugetragenen Erlebnissen, die nicht zu der eigentlich zu erinnernden Situation gehören, und baut – meist, ohne dass wir es bemerken – für uns ein überzeugendes, sinnstiftendes Narrativ. Wie der Hypnothera-

109 Schmidt, Siegfried J. (1988): Der Diskurs des radikalen Konstruktivismus, Frankfurt a. M.

110 Siehe u. a.: Förster, Heinz von; Pörksen, Bernhard (1998): Wahrheit ist die Erfindung eines Lügners, 12. Auflage, Heidelberg 2019.

111 Zitiert aus Peichl, Jochen (2018): Integration in der Traumatherapie, Stuttgart.

112 Vergleiche hierzu auch die Ausführungen des Neurowissenschaftlers Daniel Siegel in Siegel, Daniel J. (2002): The developing mind, 3rd edition, New York/USA 2020.

113 Kahneman, Daniel (2011): Schnelles Denken, langsames Denken, 4. Auflage, München.

peut Burkhard Peter schreibt: »Gedächtnisleistung ist ein ständiger Rekonstruktionsprozess [...]« und »[...] biographische Erinnerungen (sind) nur noch die aktuellen Repräsentationen dessen, wovon man heute überzeugt ist, dass es früher einmal so oder so ähnlich geschehen sein mag«[114]. Der Neurowissenschaftler Daniel Siegel schreibt analog: »[...] Remembering is not merely the reactiviation of an old engramm; it is the construction of a new neural profile with features of the old engram and elements of memory from other experiences, as well as influences from the present state of mind[...]«[115]. Und der Autor Max Frisch schreibt in seinem Roman »Mein Name sei Gantenbein«: «Von seiner Frau verlassen, sitzt der Erzähler in einer leeren Wohnung mit abgedeckten Möbeln. Er sagt, er habe eine Erfahrung gemacht und suche nun die Geschichte dazu. Er probiere Geschichten an wie Kleider. Dabei sei jedes Ich [...] bloß eine Rolle, jeder Mensch erfinde sich selbst die Geschichte, die er für sein Leben halte«[116]. Für uns ist die Erinnerung dann stimmig, wenn die Geschichte »passt« und es sich so anfühlt, als hätten wir das alles tatsächlich so erlebt. Und wenn die Geschichte für uns Sinn ergibt, auf der Basis all dessen, wie wir uns die Welt sonst erklären. So entsteht die Gefahr, einer »Wahrheitsfalle«[117] zu erliegen. Deshalb braucht es aktive Erinnerungsarbeit, meist auch unter Einbeziehung des Körpergedächtnisses, um das Konstruierte vom tatsächlich Erlebten zu trennen.

Erschwerend kommt beim Arbeiten mit Inneren Fesseln dazu, dass Traumatisierung – je nachdem, wie früh sie passiert ist – schon die Ausbildung unseres Gedächtnisses in seinen verschiedenen Ausprägungen beeinflussen kann[118] (siehe auch Kapitel 4).

Dass die Ideen des Konstruktivismus auch in unserem Alltag eine Gültigkeit haben, zeigt sich zum Beispiel beim Vergleich verschiedener Zeugenaussagen zu einem Unfall: Häufig wird das, was passiert ist, sehr unterschiedlich beschrieben, manchmal sogar diametral entgegengesetzt. Die Beobachterinnen des gleichen Ereignisses haben – auf Basis ihrer inneren Bewertungsmodelle – unterschiedliche Realitäten konstruiert. Dass uns dies auch bei relativ nüchternen, scheinbar sachorientierten Entscheidungen einholen kann, beschreibt der Nobelpreisträger für Wirtschaft, Daniel Kahnemann, sehr eindrücklich in seinem Buch »Schnelles Denken, langsames Denken«[119]. Die Idee, dass wir in der Regel rein faktenorientierte, sachlich eindeutige Entscheidungen treffen, wird hier eher als die Ausnahme dargestellt, oft ist es eher eine – von unserer Psyche aus Gründen der Effizienz und Wirksamkeit erzeugte – Illusion.

114 Revensdorf, Dirk; Peter, Burkhard (Hrsg., 2001): Hypnose in Psychotherapie, Psychosomatik und Medizin, 3. Auflage, Berlin/Heidelberg 2015.

115 Etwa: »Erinnerung ist nicht nur die Reaktivierung eines alten Engramms; es ist die Rekonstruktion eines neuen neuronalen, Profils mit Teilen des alten Engramms und Elementen aus anderen Erfahrungen sowie Einflüssen des aktuellen Geisteszustands« (sinngemäß übersetzt vom Autor), nach Siegel, Daniel J. (2002): The developing mind, 3rd edition, New York/USA 2020.

116 Zitiert aus Peichl, Jochen (2018): Integration in der Traumatherapie, Stuttgart.

117 Levine, Peter A. (2015): Trauma und Gedächtnis, München.

118 Huber, Michaela (2003): Trauma und die Folgen, 6. überarbeitete Neuauflage, Paderborn 2020.

119 Kahnemann, Daniel (2011): Schnelles Denken, langsames Denken, München.

Die Wirkmechanismen des Konstruktivismus erschweren es uns also generell, unser Verhalten und unsere Denkmuster »objektiv« zu betrachten. Oft ist unser »innerer Beobachter« nicht ausreichend geschult, um uns jenseits der konstruierten »Wahrheiten« auf der Wahrnehmungs- und Beobachtungsebene zu unterstützen, um zu erkennen, was mit und in uns passiert.

Beim Arbeiten mit Inneren Fesseln kommt außerdem erschwerend hinzu, dass die aus der Traumatisierung entstandenen Überlebensstrategien oft wesentlich unsere Sichtweise auf die Welt bestimmen. Sie beeinflussen häufig in einem signifikanten Ausmaß, wie wir das, was wir wahrnehmen, verarbeiten und wie wir Beobachtungen in Informationen umwandeln, auf denen wir unsere Entscheidungen, unsere Sichtweisen basieren. Unsere Überlebensstrategien sind häufig die Schablonen und Filter, durch die wir das Außen und Innen interpretieren, die uns nahelegen, was richtig und falsch, was gut und böse, was positiv und negativ ist. Überlebensstrategien scheinen häufig sehr effiziente konstruktivistische Wahrnehmungsfilter zu sein.

Nun könnte man zu Recht argumentieren, dass auch ein externer Begleiter unseres Prozesses denselben Kräften des Konstruktivismus unterliegt. Gleichzeitig bietet ein externer Begleiter uns idealerweise eine alternative Wirklichkeitskonstruktion, einen Perspektivwechsel an. Diese kann das von uns als einzig richtig Erkannte infrage stellen, zu einer Umdeutung einladen (»reframing«), andere Blickwinkel anregen. Damit kann er einen Suchprozess in Gang setzen, der alte Denkstrukturen in uns aufbricht, Festgefahrenes verflüssigt und uns Dinge infrage stellen lässt, die auf Basis unserer bisherigen Wirklichkeitskonstruktion unanfechtbar waren.

Neben dem Konstruktivismus bietet die **Systemtheorie**[120] einige Erklärungshypothesen für die Beobachtung, dass wir allein mit unseren Themen oft nicht weiterkommen. In den Augen der Systemtheorie ist das primäre Ziel von Systemen die Autopoiese[121], die immerwährende Selbsterhaltung und Selbstschöpfung. Jedes System versucht also, sich permanent selbst zu erhalten und – falls nötig – aus sich heraus selbst zu erneuern, um damit zu überleben. Das Ziel des Systems ist allein das System selbst. Systeme sind somit hochgradig selbstbezüglich und zeigen eine operationelle Geschlossenheit: Sie arbeiten, um zu überleben, primär mit den systemimmanenten Komponenten, d. h. mit dem, was im System vorhanden ist.

Nun kann man die menschliche Psyche als System beschreiben. Die Tendenz zur Autopoiese und die operationelle Geschlossenheit des Systems Psyche bedeutet dann, dass wir uns – ohne Input von außen – schnell mit uns selbst beschäftigen, unsere Gedanken sich dann im Kreise drehen und wir uns immer wieder selbst bestätigen. Wir »kochen buchstäblich im eigenen Saft«, befinden uns schnell in kognitiven Endlosschleifen, die dann auch der Komplexitätsreduktion dienen und uns somit leichter überleben lassen. Eine Veränderung braucht einen Impuls von außen, einen Anstoß oder Input, damit sich das System intern neu organisieren kann. Es endet

120 Schlippe, Arist von; Schweizer, Jochen (2012): Lehrbuch der systemischen Therapie und Beratung I, Göttingen.
121 https://de.wikipedia.org/wiki/Autopoiesis.

zwar mit hoher Wahrscheinlichkeit bald erneut in einer kognitiven Endlosschleife, allerdings dann meist auf einem anderen, idealerweise höheren Erkenntnisniveau.

Somit sichern Input und Impulse von außen eine Weiterentwicklung, ein Lernen, das als Basis für jede Veränderung notwendig ist. Ohne solche externen Impulse landen wir schnell in Endlosschleifen des schon Gedachten, Erkannten und Berücksichtigten.

Nun können Impulse zur Verstörung unserer Wirklichkeitskonstruktion oder unserer psychischen Endlosschleifen aus vielen Quellen kommen. Prinzipiell regt schon das Lesen von Artikeln und Büchern, das Anschauen von Filmen oder das Hören von Podcasts eine Veränderung an. Am wirksamsten scheint es für die eigene Weiterentwicklung jedoch zu sein, im Dialog mit anderen Menschen zu stehen. Die Qualität der inneren Auseinandersetzung steigt, da durch den Dialog eine wechselseitige Verstörung des bisher Gedachten angeregt wird. Wir werden uns selbst unserer Gedanken klarer, indem wir sie sortieren und kommunizieren müssen, gleichzeitig kann die unmittelbare und bezogene Reaktion des Gegenübers den eigenen Erkenntnisprozess schnell weitertreiben. Im Dialog können die Themen oft intensiver durchgearbeitet werden als allein, das Gegenüber verhindert ein zu schnelles Einschwenken auf neue Endlosschleifen.

Ein letzter wichtiger Punkt, der für eine Begleitung spricht, basiert auf **Co-Regulation**, einem Phänomen, das die Resonanz zwischen den Nervensystemen von zwei miteinander in Verbindung stehenden Menschen beschreibt. Frühes Trauma ist in der Essenz Bindungstrauma, es geht um einen Verlust der Verbindung: zu den anderen aber auch zu sich selbst, zu den verschiedenen Anteilen in uns. Es geht um psychische Fragmentierung. Ein wesentlicher Aspekt der Traumabearbeitung ist deshalb die Möglichkeit, korrigierende Beziehungs- und Bindungserfahrungen zu machen[122]. Für dies ist die Beziehung zum Begleitenden eine wichtige Blaupause. Viele erfahrene Traumatologen betonen die Bedeutung des »da seins« eines (co-regulierenden) Gegenübers als wesentlicher Faktor für eine erfolgreiche Traumabearbeitung[123]. Dies scheint mindestens so bedeutungsvoll zu sein, wie die Anwendung der richtigen Methoden oder Interventionen. Co-Regulation erzeugt idealerweise also über diese korrigierende Beziehungserfahrung ein Gefühl der Sicherheit und ermöglicht es, sich dem Trauma, dem Schrecklichen und Unfassbaren zuzuwenden.

Lassen wir uns also begleiten, am allerbesten durch einen Profi im Bereich unserer Themen und des Prozesses. Auf Basis einer professionellen Ausbildung kann ein Experte uns besser helfen, voranzukommen, weil er neutral auf das Thema schaut, mit uns und unserem System nicht verstrickt ist und deshalb eine Allparteilichkeit zeigen kann – oder besser eine Parteilichkeit für unser Anliegen, unser Ziel. Weil er keine eigenen Interessen hat, sondern nur der Arbeit an

122 Zanotta, Silvia (2018): Wieder ganz werden, 2. Auflage, Heidelberg 2019.
123 Steele, Kathy, Boon, Suzette, van der Hart, Onno (2017): Die Behandlung traumabasierter Dissoziation, 2. Auflage, Lichtenau/Westfalen 2021.

unserem Anliegen verpflichtet ist. Und weil er den Prozess unserer Weiterentwicklung halten kann, sodass wir uns voll und ganz auf all das einlassen können, was uns begegnen will.

Wir werden in den folgenden Abschnitten auf diese Begleitung und ihre verschiedenen Aspekte noch weiter eingehen.

5.3.2 Sind wir bereit?

Bevor wir uns weiter mit dem eigentlichen Prozess der Ent-Fesselung beschäftigen, wollen wir zunächst eine wichtige weitere Voraussetzung beleuchten: unser Ziel.

Das Ziel, also die Veränderung, die wir anstreben, ist wie der Motor des Prozesses. Ihm entstammt die Energie, die wir für das Bearbeiten der Inneren Fesseln benötigen. Dieses Ziel baut im Idealfall auf einem **Leidensdruck** auf, den wir verringern wollen, oder es entspringt einer **Vision**, einem Traum, wie wir uns verhalten, denken, »sein« wollen. In beiden Fällen ist dies der Energiespeicher, der es uns erlaubt, auch schwierige und herausfordernde Phasen des eigenen Entwicklungsprozesses zu überstehen, bei der Stange zu bleiben, nicht aufzugeben oder zu resignieren. Auch ermöglicht er es, die Erkenntnisse gut zu integrieren, uns nachhaltig zu verändern und am Ende auch bewerten zu können, ob wir angekommen sind.

Bei dem Beschäftigen mit Situationen, in denen wir nicht weiterkommen, uns als nicht wirksam erleben, besteht im Alltag zunächst die Gefahr, auf der Beschreibungsebene stecken zu bleiben. Wir erkennen die Herausforderungen und Erwartungen im Außen und Innen, die schwierigen oder komplexen Kontexte, die Rahmenbedingungen, denen wir unterliegen. Auch unser Verhalten, unsere Denkweisen in diesen Situationen ist uns einigermaßen klar. Im Idealfall erkennen wir auch unseren Anteil an den Missständen und den Problemen (den allermeisten Führungskräften scheint dieser eigene Anteil sehr klar zu sein, auch wenn er aus den verschiedensten – meist guten – Gründen in der Regel nicht veröffentlicht wird). Oft sind uns auch die »Kosten« unserer Verhaltens- und Denkweisen in der jeweiligen Situation klar. Wir wissen um die negativen Konsequenzen, die möglicherweise verpassten Chancen, die durch unser Verhalten oder Denken entstehenden Risiken und Gefahren. All dies können wir beschreiben. Der **Anlass**, der uns dazu bringt, über eine Veränderung nachzudenken, ist meist glasklar.

Nun ist ein Anlass noch kein Anliegen. Es braucht einen nächsten wichtigen Schritt, nämlich die Frage, was sich verändern soll. Die stellen wir uns schon deutlich seltener. Insbesondere fokussieren wir dabei selten auf die Frage, was **wir selbst** ändern können, welche eigenen Gestaltungsmöglichkeiten es gibt. Antworten auf all das, was sich in der Außenwelt ändern müsste, sind meist schnell verfügbar. Sie folgen einer »Wenn x nur y tun würde, dann wäre alles gut«-Logik. Die Mitarbeiterinnen müssten besser funktionieren und mehr Leistungsorientierung zeigen, sie müssten ihre Ansprüche etwas senken oder weniger empfindlich sein, »einfach mal tun, was wir erwarten«. Die Kunden müssten endlich die Vorzüge unseres Produkts wirklich verstehen, nicht so preisempfindlich sein oder uns treu bleiben. Die Zulieferer müssten ihre Lieferversprechen endlich einhalten oder bessere Qualität liefern. Die Aufsichtsgremien müssten mehr strategische Leitlinien geben oder sich umgekehrt mehr raushalten und uns »einfach mal machen lassen«.

Viele dieser Betrachtungen und Analysen enthalten relevante Themen oder beschreiben sinnvolle Schwerpunkte für eine Verbesserung der Situation. Ihnen gemein ist jedoch auch, dass sie noch keinen klaren Ansatzpunkt dafür enthalten, was **wir selbst** zu dieser Veränderung beitragen können, was wir selbst tun können, um diese Verbesserungsprozesse einzuleiten, zu unterstützen, zu steuern und zu managen. Unser eigenes Denken und Handeln sind die einzigen von uns selbst steuerbaren Beiträge, die wir für jede Verbesserung leisten können, die einzigen, die wir wirklich ändern können. Und sie stellen die eigentlich zu bearbeitenden Inneren Fesseln dar.

Insofern ist es essenziell, aus dem Anlass ein **Anliegen**[124] zu erarbeiten. Was soll sich an **unserem** Denken und Verhalten verändern?

Das Klären des hinter der Problemsituation liegenden Anliegens ist eines der wichtigsten Schritte für einen erfolgreichen Veränderungsprozess, der manchmal einiges an Anstrengung und Arbeit bedeutet. Oft ist uns das Anliegen nicht so klar fassbar, es ist unbestimmt oder verschwommen oder es zeigt sich bisher nur auf einer zu konzeptionellen, zu abstrakten Ebene (»Ich will meine sozialen Kompetenzen ausbauen«). Auch kann es sein, dass wir nur beschreiben können, was wir nicht mehr wollen, wie wir uns nicht mehr verhalten wollen oder welches Denkmuster uns nicht mehr leiten soll. In allen diesen Fällen braucht es eine weitere Klärung des Anliegens: ein Durcharbeiten und Konkretisieren, ein Fassbarmachen. Es ist notwendig, das Anliegen in eine positiv formulierte »Ich will...«-Form zu bringen und so zu formulieren, dass wir unseren Entwicklungsfortschritt daran messen können, dass wir später beschreiben können, was sich verändert hat.

Anliegenklärung ist ein Prozess, der durchaus eine gewisse Zeit in Anspruch nehmen kann – sinnvolle, gut investierte Zeit, denn manchmal lösen sich Teile des Anliegens schon im Klärungsprozess etwas auf. Je klarer uns wird, was genau wir eigentlich verändern wollen, desto klarer werden dann oft auch schon die Lösungsvektoren.

Mit dem Prozess der Anliegenklärung wird uns allerdings auch häufig bewusst, dass für das Lockern der Innere Fesseln ein gewisses Maß an **Selbstreflexion** hilfreich, ja nötig ist. Wenn wir erkannt haben, dass es wenig Sinn ergibt, die Lösungen für die im Anlass liegenden Probleme im Außen, beim anderen, bei den Umständen und Kontexten oder dem Schicksal zu suchen, bleibt

124 Lindemann, Holger (2018): Systemisch-lösungsorientierte Gesprächsführung in Beratung, Coaching, Supervision und Therapie, Göttingen.

nur der Blick auf uns selbst. Das gilt vor allem, wenn wir uns von den Erwartungen anderer unabhängig machen wollen, weil wir diese Erwartungen gegebenenfalls gar nicht beeinflussen können. Das sich selbst Abhängigmachen von den Erwartungen anderer ist – frei nach Watzlawick – eine Anleitung zum Unglücklichsein. Oder, wie der Arzt und Psychotherapeut Michael Bohne es ausdrückt: Es ist wie »den anderen eine Fernbedienung für uns in die Hand zu geben und noch einen Satz Batterien dazu«[125]. Die Selbstreflexion, das Erkennen unseres Anteils und unseres Veränderungswunschs für uns selbst scheint oft der wichtigste Ausweg. Das Beobachten und Erforschen unserer eigenen Wirklichkeiten, die kritische Reflexion unserer inneren Muster, Dynamiken und Gesetzmäßigkeiten scheinen dann wesentliche zieldienliche Kompetenzen zu sein.

Im Prozess der Anliegenklärung wird es auch besonders darum gehen, unsere inneren Abwägungen ernst zu nehmen; zu erforschen, inwieweit es in uns Bedenken gegen ein Bearbeiten der Inneren Fesseln gibt; eine innere **Risikoabwägung** durchzuführen. Je klarer das Anliegen fassbar wird, desto klarer und in der Regel auch spürbarer werden auch die Konsequenzen. Wir bekommen ein besseres Gefühl dafür, was es heißen kann, sich dem Thema zu stellen. Vielleicht auch einen ersten Zugang zu den Gefühlen hinter der Inneren Fessel, zu Gefühlen, die uns eventuell verängstigen, beunruhigen, aufschrecken, irritieren. Und dann ist Achtsamkeit ratsam, denn in der Abwägung zwischen dem Wunsch nach Veränderung und den gegebenenfalls sich abzeichnenden Ängsten, Befürchtungen und emotionalen Turbulenzen ist es wichtig, dass sich unsere Entscheidung, die Innere Fessel zu bearbeiten, stimmig anfühlt. Das es – jetzt – das Richtige zu sein scheint. Dazu braucht es einerseits Mut, sich den Inneren Fesseln zu stellen, und andererseits ein gutes Gespür dafür, ob die Bedenken aus gesunden inneren Anteilen kommen – im Sinne von »Geh vorsichtig vor, achte auch Dich, pass auf, dass Du Dich nicht überforderst« – oder ob sie aus den Inneren Fesseln selbst stammen und Überlebensstrategien sind, im Sinne von »Macht doch keinen Sinn, das schaffst Du sicher nicht, das ist doch alles zu gefährlich etc.« Diese Unterscheidung ist alles andere als trivial, und sie kann nur im (vom Begleitenden unterstützten) inneren Dialog beantwortet werden. Das Ergebnis ist dann das Gefühl innerer Stimmigkeit –»Ja, es ist gut, das jetzt anzuschauen.« –, das Gefühl, das es richtig ist, zu beginnen, auch wenn wir in der Regel noch gar nicht genau wissen, was uns erwartet.

Aus dem einmal definierten Anliegen wird der Begleitende dann mit uns unseren spezifischen Begleit-**Auftrag** erarbeiten. Wie, bei was kann uns der Begleitende behilflich sein? Was genau sollten wir in den vor uns liegenden Sitzungen zusammen erarbeiten? Welcher erste Baustein wäre für eine Lockerung der Inneren Fessel hilfreich? Wenn die folgende Sitzung für uns hilfreich wäre, was hätte sich danach für uns verändert?[126] In der Auftragsgestaltung wird der Begleitende versuchen, das Anliegen in bearbeitbare Päckchen zu konkretisieren. In Päckchen, die einen konkreten Ergebnispunkt haben, den beide – wir selbst und unsere Begleitung – überprüfen können. Auch bei der Auftragsklärung gilt: je konkreter, desto hilfreicher und desto messbarer.

125 Bohne, Michael (2020): persönliche Mitteilung im Rahmen einer Fortbildung für seine Therapiemethode PEP®.
126 Hargens, Jürgen (2004): Aller Anfang ist ein Anfang, 5. Auflage, Göttingen 2011.

5.3.3 Es braucht Zeit und ist ein Prozess

Das Bearbeiten und Lockern von Inneren Fesseln braucht Zeit. Zwar gibt es manchmal die Möglichkeit für einzelne »Quick Fixes«, also Möglichkeiten, einzelne Aspekte der Inneren Fessel etwas zu verflüssigen, zu variabilisieren, die Starrheit und Unbedingbarkeit der Programme ein wenig aufzuweichen. Eine nachhaltige, belastbare Veränderung braucht in der Regel jedoch einen Prozess. Einen Prozess, der sich dann auch über einen gewissen Zeitrahmen hinstreckt. Und da wir in der Regel zu Beginn des Prozesses nicht wissen, welche Überlebensstrategien und welche dahinterliegenden Ereignisse wirken, ist es anfangs sehr schwierig, die Dauer dieses Prozesses abzuschätzen. Insofern stellt die Bearbeitung und Lockerung von Inneren Fesseln zwar für viele Führungskräfte ein sehr attraktives Ziel dar, fordert jedoch gleichzeitig seinen Tribut an der – in den Augen der Wirtschaft – häufig wertvollsten Ressource: Zeit. Ein Dilemma oder eine Investitionsmöglichkeit in die Zukunft?

Warum braucht nun ein solcher Ent-Fesselungsprozess Zeit?

Die zu bearbeitenden Inneren Fesseln, vor allem aber die dahinterliegenden Überlebensstrategien, begleiten uns oft schon über Jahrzehnte. Sie sind in uns in der Regel in verschiedenen Formen und Intensitäten, in unterschiedlichen phänotypischen Ausprägungen und in variierenden Frequenzen schon seit sehr langer Zeit präsent. Sie wirken prinzipiell seit den Tagen unserer traumatisierenden Erfahrung und diese liegen oft in unserer ersten Lebensdekade. Häufig haben wir sie zunächst gar nicht erkannt und erst die Selbstreflexion bringt das Muster zutage. Vielleicht haben wir sie früher eher als Macken, als Besonderheiten oder als unsere »Persönlichkeitseigenschaften«, als unseren »Charakter« klassifiziert: »So sind wir halt«. Und wir haben unter dem Einfluss der Überlebensstrategien **unbewusst unser Leben organisiert** – beruflich und privat –, unseren Lebensalltag, unsere Ziele, unsere Wirklichkeit mitgestaltet und dirigiert. Vor allem aber haben wir unter dem Einfluss der Überlebensstrategien häufig unsere wichtigsten heutigen Beziehungen gesucht, gestaltet, gelebt. Die Beziehungen zu unseren Freunden, unseren Beziehungspartnern, unserem Bekanntenkreis ebenso wie zu den Gruppen oder Menschen, mit denen wir nicht so gerne etwas zu tun haben, die wir ablehnen oder verurteilen, die uns nerven oder ärgern. Unsere Überlebensstrategien haben oft unbewusst gesteuert, was wir in diesen Beziehungen suchen, wie wir mit dem Gegenüber umgehen, auf was wir Wert legen oder was wir erwarten: eher Nähe oder Distanz, eher Unabhängigkeit oder Verbindlichkeit, eher Emotionalität oder Rationalität, eher verbindliche Struktur oder freiheitliches Chaos, eher Symbiose oder Autonomie.

Genauso häufig haben wir unsere berufliche Laufbahn unbewusst an diesen Überlebensstrategien orientiert. Aus Betroffenen mit der Überlebensstrategie »Ich muss für andere da sein, um geliebt zu werden« werden dann vielleicht Ärzte, Pfleger, Kindergärtner oder Unternehmensberater. Mit der Überlebensstrategie »Ich muss alles im Detail verstehen, um sicher zu sein« hat man eine Einladung, Finanzvorstand oder Ingenieur zu werden. »Ich muss von anderen geliebt werden, um mich selbst liebenswert zu finden« prädestiniert für eine erfolgreiche Karriere im Vertrieb oder als Politiker. Natürlich sind dies pauschalisierte Verknüpfungen, die weit von einer Allgemeingültigkeit entfernt sind. Und es sind Hypothesen, mehr nicht. Hypothesen, die trotzdem einen interessanten Perspektivwechsel erlauben.

Solcherlei Verknüpfungen von frühen prägenden Lebenserfahrungen mit der beruflichen Lebensgestaltung werden aber auch in der Tiefenpsychologie schon länger beschrieben. So beschreibt Alfred Adler Ende des 19. Jahrhunderts unsere frühen Erfahrungen von individueller »Minderwertigkeit«, die dann unser Leben wesentlich beeinflussen können[127]. Auch in dem viele Jahre sehr erfolgreich eingesetzten Typologie-Modell der amerikanischen Psychologen Meyers und Briggs (Meyers-Briggs Type Indicator, MBTI), das auf der Psychologie von C.G. Jung, einem Zeitgenossen Adlers, beruht, werden berufliche Präferenzen und Neigungen mit frühen Erfahrungen, in diesem Modell von prägenden Erfahrungen der Angst, korreliert[128].

Wie bereits in Kapitel 4 beschrieben, haben uns diese Überlebensstrategien häufig bisher recht erfolgreich gemacht. Auch weil wir uns unsere Realität unbewusst so gestaltet haben, dass die Überlebensstrategien mit ihrer vollen Kraft wirken können. Meist werden wir uns des Charakters dieser Verhaltens- und Denkmuster als Innere Fesseln erst später im Leben voll bewusst. Dann erkennen wir den Preis dieser Verhaltens- und Denkmuster und stellen fest, dass uns dieselben Muster, die uns bisher erfolgreich gemacht haben, nun limitieren.

Vor dem Hintergrund der lebenslangen Präsenz der Überlebensstrategien wird es unmittelbar ersichtlich, dass eine schnelle Veränderung oft nicht möglich ist. Wie sollten wir in wenigen Wochen etwas verändern können, das uns gegebenenfalls schon 30, 40 oder 50 Jahre begleitet?

Die Neurobiologie beschreibt dieses Phänomen mit der schon in den 50er-Jahren des letzten Jahrhunderts von dem Neuropsychologen Donald Hebb gemachten Beobachtung: »Neurons that fire together, wire together«[129] (etwa: »Individuelle Neuronen, die zusammen aktiv sind, bilden einen Verbund«). Er beschreibt damit, dass sich unser Verhalten mit jeder Wiederholung verfestigt und dies auch neuronal, also in unseren Nervenzellen, den Synapsen, abgebildet wird. Bildlich gesprochen sind unsere tagtäglich wiederholten Verhaltens- und Denkmuster wie (neuronale) Autobahnen, auf denen wir bequem dahinfahren. Eine Veränderung bedeutet in diesem Bild ein Abbiegen auf einen kleinen, ungepflasterten und unscheinbaren Seitenweg, der uns aber vermutlich besser ans Ziel führt, für uns hilfereicher und zieldienlicher ist als die bekannte Autobahn. Einen solchen Seitenweg müssen wir zunächst einmal erkennen und dann müssen wir den Mut zum Abbiegen aufbringen und ihn einige Male nutzen, bevor er auch langsam zu einer Straße und dann vielleicht zu unserer neuen Autobahn wird. Und das braucht Zeit.

127 Schmidt, Rainer (1989): Die Individualpsychologie Alfred Adlers. Frankfurt a.M; Jacob, Henry (1989): Alfred Adlers Individualpsychologie und dialektische Charakterkunde, Frankfurt a. M.

128 Bents, Richard; Blank, Reiner (1992): Der M.B.T.I., München.

129 https://de.wikipedia.org/wiki/Donald_O._Hebb.

Es gibt einen weiteren wesentlichen Grund, warum eine Ent-Fesselung Zeit braucht und der hat mit Fühlen zu tun. Wir haben im letzten Kapitel gesehen, dass Trauma eine Abspaltung von Anteilen, von Gefühlen bedeutet und dass es bei der Bearbeitung von Traumata um die Re-Integration geht, um das Wieder-ganz-Werden.

Gefühle spielen also bei der Ent-Fesselung, dem Überwinden der Überlebensstrategien, eine zentrale Rolle. Überlebensstrategien und damit Innere Fesseln sind in der Regel nicht allein kognitiv zu lockern. Durchdenken, Analysieren und Konzeptualisieren allein reicht oft nicht. Es braucht die **Verzahnung von Denken und Fühlen**[130], von Ratio und Emotion zur nachhaltigen Ent-Fesselung.

Viele gefesselte Führungskräfte haben in der Regel nur noch einen beschränkten Zugang zu Gefühlen – beschränkt beispielsweise auf sich oft unkontrolliert äußernde Wut oder bestimmte Ängste (die oft Teile von Inneren Fesseln sind). Es scheint nicht so einfach zu sein, »mal schnell zu fühlen«: **Fühlen braucht Zeit.** Das gilt insbesondere für die vielfältigen Emotionen, die ein »gutes Leben« ausmachen. Und die Regel gilt auch umgekehrt: Eine sehr effiziente Methode, nicht zu fühlen, ist, sich keine Zeit zu nehmen, sich mit Aufgaben »zuzutakten«, seinen Arbeitsplan vollzustopfen, nicht zur Ruhe zu kommen. Jeder, der schon einmal Liebeskummer hatte, kennt die vermeintlich lindernde Wirkung von Beschäftigung und Ablenkung durch Aktivitäten.

Es ist beachtenswert, dass viele auf die Frage »Was denkst Du« schneller antworten können als auf die Frage »Was fühlst Du?«. Hirnphysiologisch gesehen gibt es keine Hinweise dafür, dass die Nervenleitgeschwindigkeit zwischen und innerhalb des kognitiven Bewusstseins und den mit Emotionen assoziierten Hirnarealen signifikant variiert. Warum brauchen wir also scheinbar in vielen Fällen einen Moment länger, zu spüren, wie es uns gerade geht, was wir fühlen, welche Emotionen sich gerade zeigen?

Zunächst sind wir es oft nicht mehr gewohnt, auf die Signale aus unserem Körper, auf die Empfindungen und Gefühle zu hören. Unsere Kompetenz zur Interozeption, zum In-uns-hinein-Hören, wird in der Regel im beruflichen Führungsalltag wenig abgefragt – und scheint zumindest teilweise etwas aus der Übung, etwas verkümmert zu sein. Darüber hinaus haben die meisten Inneren Fesseln den Zugang zu unseren Gefühlen massiv beeinträchtigt, meist sogar behindert oder gar unmöglich gemacht. Fühlen ist uns oft nur noch eingeschränkt möglich, wie wir im Kapitel 4 gesehen haben.

Eine weitere Erklärungshypothese lautet, dass, nachdem wir die primären Körperempfindungen tatsächlich empfangen haben, wir eine Weile brauchen, um diese einzuordnen. Hierbei könnte das dann anstehende Benennen der Gefühle, das Finden eines Namens ein entscheidender – aber »zeitfressender« – Prozessschritt sein. Das Verarbeiten der primären Empfindungen wie Enge, Spannung, Entspannung, Erregung, Ruhe, Druck, Wärme etc., das Interpretieren und Einordnen scheint nicht in Millisekunden möglich zu sein, weil hierzu innere Referenzen

130 Van der Kolk, Bessel (2015): Verkörperte Schrecken, 4. Auflage, Lichtenau/Westfalen 2017.

gefunden, Vergleichssituationen revitalisiert, Kontexte geklärt werden müssen. Wann habe ich diese Empfindungen schon einmal erlebt und wie habe ich mich damals gefühlt? An was erinnern mich diese Empfindungen? Unter welchen Umständen, in welchen Situationen, in welchen Kontexten habe ich diese Empfindungen? Zu welchen Auslösern und Erlebnissen gehören sie normalerweise?

Das jeweilige Empfindungsportfolio will in Emotionskategorien sortiert werden, um einfacher beschreibbar zu sein und auch, um uns einen Hinweis auf die Einordnung, die Bedeutung der Empfindungen zu geben. Eine Empfindung von innerem Druck, das Spüren des Herzschlags und des Muskeltonus kann auf Angst hinweisen, kann aber auch eine vorfreudige Aufregung widerspiegeln. Aus diesen zwei sehr verschiedenen Interpretationen der Empfindungen würden sich sehr unterschiedliche Handlungsoptionen ableiten lassen.

Es braucht einen Namen, eine Bezeichnung für das Gefühl. Ohne diesen Namen fällt es schwer, Antworten auf die Frage nach unserem momentanen Befinden zu geben und mit dem emotionalen Zustand zu arbeiten, die notwendigen oder hilfreichen nächsten Schritte anzugehen. Die Benennung scheint somit oft ein zentraler Schritt zu Beginn von Prozessen mit unseren Emotionen zu sein. Ohne Benennung scheint nichts weiterzugehen. Oder, wie der deutsche Philosoph Ludwig Wittgenstein es treffend formuliert: »Die Grenzen meiner Sprache bedeuten die Grenze meiner Welt.«[131]

Eine weitere Erklärungshypothese für die empirische Beobachtung, dass eine Ent-Fesselung Zeit braucht, wird erkennbar, wenn wir den Prozess mit einem inneren »**Wundheilungsprozess**« vergleichen. Es geht um die Versorgung einer alten Wunde, die häufig seit Jahren verdrängt, vernachlässigt oder nur oberflächlich oder symptomatisch, also symptomlindernd versorgt wurde. Eine Wunde, die mit der Ent-Fesselung vielleicht erstmalig ursächlich behandelt wird, nach dem eindrücklich, von Matthias Varga von Kibéd stammenden Motto »Kopfschmerz ist kein Aspirin-Mangel«[132]. Eine Wunde, die wir vielleicht lange Zeit nicht als solche erkannt haben, und deshalb auch nicht bereit waren, für deren Heilung Zeit zu investieren. Insofern ist die Zeit, die wir einer solchen Wunde zum Heilen geben, auch eine Anerkennung der Tiefe der Verletzung, eine Anerkennung unseres Leids dahinter.

Wundheilungen brauchen ihre Zeit, das wissen wir alle aus der täglichen Beobachtung von einfachen körperlichen Verletzungen z. B. nach einem Sturz oder bei einer Schnittverletzung. Der Körper muss die Wunde verarbeiten, das Bilden und Ausbreiten von Infektionen verhindern, neuen Strukturen bilden und alte auflösen. Elemente müssen sich neu verbinden, ein neues Ganzes muss entstehen. Daher ist das Beste, was wir als Unterstützung für eine schnelle und nachhaltige Besserung tun können, der Wundheilung Zeit zu geben und den Wundbereich nicht zu überfordern, sondern achtsam zu versorgen.

131 https://de.wikipedia.org/wiki/Tractatus_logico-philosophicus.
132 Varga von Kibéd, Matthias (2016): persönliche Mitteilung im Rahmen einer Fortbildung zu Aufstellungsarbeit.

Ganz analog kann man sich die innere Wundheilung von Traumata vorstellen. Neue oder wiederentdeckte Anteile müssen integriert werden, es geht um ein Neuvernetzen, ein Sortieren, ein Abgrenzen, um wieder ganz zu werden.

Ein letzter Gedankengang: Wenn wir feststellen, dass wir es schwer aushalten können, wenn die Prozesse hinter einer Ent-Fesselung etwas Zeit brauchen, wenn wir also deutlich unsere Ungeduld spüren, könnte es sinnvoll sein, diese **Ungeduld** etwas zu erforschen. Sie könnte zwar einerseits für unseren starken Willen zur Ent-Fesselung stehen, für unsere Sehnsucht nach dem Ganzwerden, nach neuen, nicht mehr limitierenden Denk- und Verhaltensweisen. Dann wäre sie Ausdruck der gesunden Anteile in uns, die nach Integration der abgespaltenen Anteile trachten. Es kann aber andererseits sein, dass unsere Ungeduld erneut ein Ausdruck einer inneren Überlebensstrategie ist und damit ebenfalls eine Innere Fessel. Sie steht möglicherweise für ein Programm, das uns mit Argumenten wie »Das dauert alles viel zu lange, was könnte man in der Zeit alles Sinnvolleres tun« von der Ent-Fesselung abhalten will oder das durch Setzen der Erwartungshaltung, dass die Ent-Fesselung schnell wirkt, Irritationen einzubringen versucht nach dem Motto: »Das funktioniert ja nicht, sieht man ja«. Oder das mit dem Satz »Ich hab's doch verstanden, also muss es sich jetzt auch gleich ändern« den Prozess zu sabotieren versucht. Insofern ist es sinnvoll, unsere Ungeduld, so sie sich denn zeigt, genauer zu betrachten und gegebenenfalls auch in die Ent-Fesselung zu integrieren.

5.3.4 Wir müssen uns sicher fühlen

Das Sprechen über Innere Fesseln scheint in vielen Organisationen noch immer ein Tabu zu sein, das dort mit einer Hochleistungskultur nicht vereinbar ist und einer Kultur von »Alles funktioniert« zuwiderläuft. In solchen Organisationen müssen Führungskräfte, die sich in dieser Hinsicht öffnen, die über ihre Inneren Fesseln sprechen, die sich in gewisser Weise »outen«, nach wie vor mit Nachteilen rechnen. Bestenfalls erzeugt das Veröffentlichen einer Inneren Fesseln dann beim Gegenüber nur eine Irritation, schlimmstenfalls kommt es zu Verurteilungen, Abwertungen, Stigmatisierungen, sogar zu Repressalien und Ausgrenzungen. Gegebenenfalls kann die betreffende Person sogar generell in ihrer Führungskompetenz infrage gestellt werden oder die anderen nutzen diese Informationen für Intrigen, als Druckmittel in Verhandlungen und Konflikten oder für das »Sägen am Führungsstuhl«. In solchen Organisationen ist es nicht sicher, über eigene Erfahrungen mit Inneren Fesseln zu sprechen. Dort gilt es, diese eher zu verbergen, zu verniedlichen oder geschickt in persönliche Stärken umzudeuten (»Ich bin ein knallharter Sanierer«). Auf jeden Fall stellen solche Organisationen keine idealen oder hilfreichen Plattformen für die Weiterentwicklung von Führungskompetenzen dar. Sie sind keine sicheren Orte, sondern eher Risikogebiete für das Bearbeiten von Inneren Fesseln.

Ein wesentliches Kriterium für den Erfolg einer Ent-Fesselung ist die **Sicherheit.** Wir müssen uns in dem Prozess und vor allem mit dem Begleitenden sicher fühlen: Äußerlich sicher vor Beschämung, Verurteilung, Abwertung. Sicher vor Nachteilen, vor unerwünschten Konsequenzen für unsere Beziehungen oder unser Umfeld. Sicher, dass man sich nicht über uns lustig macht und uns ernst nimmt. Aber wir müssen uns auch innerlich sicher fühlen. Sicher, dass wir nicht »abstürzen«, uns nicht verheddern oder verzetteln, nicht die Orientierung verlieren, alles nicht nur noch schlimmer wird. Sicher, dass der innere Entwicklungsprozess zieldienlich und hilfreich unterstützt wird.

Insbesondere bei der Arbeit an Inneren Fesseln, an Trauma-Überlebensstrategien kommt unserem Gefühl von Sicherheit eine **essenzielle Bedeutung** zu, denn frühes Trauma ist das Ergebnis davon, dass wir uns damals nicht sicher fühlen konnten, es nicht sicher war. Nicht sicher, weil wir nicht gewollt und willkommen waren, weil wir nicht gesehen und geliebt wurden, weil wir nicht beschützt und behütet waren. Traumatisierende Erlebnisse sind fundamentale Erfahrungen von Unsicherheit, aus denen sich dann Überlebensstrategien entwickelt haben, um zu garantieren, dass wir zukünftig sicher sind und nicht wieder in solche existenziellen Unsicherheiten geraten. Entsprechend ist es elementar, dass wir uns in einem Prozess der Ent-Fesselung, in dem wir unsere Überlebensstrategien betrachten und erforschen, sie zu verflüssigen und gegebenenfalls sogar aufzulösen versuchen, sicher fühlen. Denn sonst können unsere Überlebensstrategien gegen uns und den Prozess der Ent-Fesselung arbeiten, ihn als Gefahr einstufen und boykottieren.

Wir müssen uns also insbesondere beim Arbeiten mit Überlebensstrategien mit dem Gegenüber sicher fühlen, geschützt und gut aufgehoben. Sicher, damit wir unsere Inneren Fesseln veröffentlichen, anschauen, erforschen können. So sicher, dass auch persönliche, vertrauliche und ggf. sogar sehr private Themen einen guten Platz haben, denn in einem Prozess der Ent-Fesselung kommen nicht selten Themen zur Sprache, über die wir vorher noch mit niemandem gesprochen haben und von denen manchmal nicht einmal unsere engsten Vertrauten, die Beziehungspartner, die besten Freunde oder gar die Herkunftsfamilie wissen.

Manchmal ist uns von Anfang an bewusst, dass das Bearbeiten unserer Inneren Fesseln uns in eine gewisse Tiefe führen kann. Wir ahnen, dass es sehr persönlich werden könnte. Dann sprechen wir die Themen nur sehr zaghaft an oder gehen ihnen bewusst gar nicht nach, weil sich abzeichnet, dass sie uns emotional sehr aufwühlen könnten, weil wir gegebenenfalls um unsere innere Contenance fürchten, weil wir uns nicht verunsichern lassen wollen.

In anderen Fällen haben wir bereits ein gutes Gespür für die Themen, die uns bei einer Beschäftigung mit unseren Inneren Fesseln begegnen werden. Innerlich sind wir uns bereits bewusst, dass es um recht sensible persönliche Aspekte gehen könnte. Aber wir haben diese bisher noch nicht veröffentlicht, weil wir Nachteile in unserem privaten Umfeld befürchten, weil die Veröffentlichung Einfluss auf unsere Beziehungen haben könnte, weil das, was wir dann von uns zeigen würden, unserer gewünschten Selbstdarstellung zuwiderlaufen könnte, oder weil eine Gefahr von innerer und äußerer Beschämung besteht. Unsere engen Beziehungen erscheinen dann nicht sicher genug, um die Inneren Fesseln zur Sprache zu bringen und zu analysieren.

Häufiger entwickelt sich die Sensibilität der Themen auch erst im Laufe der Ent-Fesselung. Wir kommen erst im Prozess mit immer persönlicheren, manchmal gar intimen Aspekten in Kontakt – oft unerwarteterweise. Und besonders dann müssen wir uns sicher fühlen, damit der Prozess nicht abbricht, wir nicht stecken bleiben, die Ent-Fesselung erfolgreich weitergeführt werden kann.

Aus dem Gesagten wird deutlich, wie wichtig es ist, dass wir uns sicher fühlen. Und dass die meisten unserer Beziehungen nicht sicher genug sind, um Innere Fesseln zu bearbeiten. Wir brauchen einen äußeren Sicherungsanker, eine Begleitung, mit der wir uns sicher genug fühlen, um uns darauf einzulassen, diesen Weg zu beschreiten – sicher und im tiefen Wissen, uns in einem geschützten Raum zu befinden und gut begleitet zu sein.

Was sind nun wesentliche Faktoren, die uns ein Gefühl der Sicherheit vermitteln können? Im Folgenden wollen wir einige typische Elemente betrachten.

Beziehung, Beziehung, Beziehung

Weil das Thema Sicherheit einen so hohen Stellenwert hat, spielt die Beziehung zum Begleitenden eine wesentliche Rolle[133]. Ein gutes Miteinander ist ein grundlegender Baustein, damit wir uns sicher fühlen können.

Die Analysen zur Wirksamkeit von Beratung, Coaching und Therapie betonen immer wieder die Rolle der Beziehung als wesentlicher Treiber dieser Wirksamkeit[134] – oft wesentlich wirksamer als zum Beispiel die eingesetzten Methoden, Interventionen oder theoretischen Konzepte. So schneidet beispielsweise in einer Studie die Beziehung des Klienten zur Begleitung mit einem Wert von knapp 4,5 auf einer Wirksamkeitsskala mit 5 als höchstem Wert ab, während Methoden und Techniken mit Werten zwischen 2,5 und 3,8 deutlich niedriger bewertet wurden[135]. Eine Vielzahl weiterer Studien belegt diese vielleicht zunächst kontraintuitive Beobachtung.

Die Bedeutung der Beziehung für die Wirksamkeit gilt besonders für das Arbeiten mit Trauma-Überlebensstrategien[136], denn bei Trauma geht es vor allem um für uns fatale Beziehungserfahrungen, darum, dass diese Beziehungen nicht vorhanden oder abgebrochen, nicht belastbar und vertrauensvoll, nicht zugewandt oder feinfühlig waren. Die Beziehung zum Begleitenden ist dabei nicht nur für die Wirksamkeit des Prozesses elementar, sie kann im besten Fall auch eine neue, positive Beziehungserfahrung darstellen: als Prototyp und als eine Referenzerfah-

133 Zur besonderen Bedeutung von Beziehung zum Gegenüber siehe auch Siegel, Daniel J. (2002): The developing mind, 3rd edition, New York/USA2020.

134 https://de.wikipedia.org/wiki/Psychotherapieforschung.

135 Mäthner, Eveline; Jansen, Anne; Bachmann, Thomas (2005): Wirksamkeit und Wirkfaktoren von Coaching. In: Rauen, Christopher, Hrsg. (2005): Handbuch Coaching, Göttingen.:

136 Huber, Michaela (2003): Wege der Traumabehandlung, 5. Auflage, Paderborn 2013.

rung für zukünftige Beziehungen, als korrigierende Beziehungserfahrung[137]. Eine heilsame Erfahrung, wie es sich anfühlen kann, sich mit einem anderen Menschen in einem guten Kontakt, in einer guten Beziehung zu befinden. Eine Erfahrung, die dann auch schon allein durch sich selbst wirken kann, mindestens jedoch den Prozesserfolg unterstützt und vertieft.

Es scheint also grundlegend darum zu gehen, dass wir uns bei dem Gegenüber mit unserem Anliegen gut aufgehoben fühlen, dass wir zum Begleitenden ein gutes **Vertrauensverhältnis** aufbauen können.

Es beginnt mit der expliziten Vereinbarung **absoluter Vertraulichkeit**. Alles, was passiert, was angesprochen und erlebt wird, bleibt zwischen uns und dem Begleitenden. Nichts dringt nach außen. Professionelle Verschwiegenheit, wie man sie zum Beispiel von Ärzten oder Anwälten kennt, ist unerlässlich. Schon diese erste, scheinbar selbstverständliche Voraussetzung verlangt eine sorgfältige Prüfung: Bin ich mir absolut sicher, dass meine Begleitung sich an diese Vereinbarung halten wird? Dass sie gegebenenfalls auch mögliche kommerzielle Nachteile akzeptieren wird, weil ihr beispielsweise Folgeprojekte verweigert werden, wenn sie nicht »redet«? Dass sie gegebenenfalls Druck durch andere Stakeholder, die Verschwiegenheit »im Sinne der Organisation« zu brechen, aushalten und aufrecht bleiben wird? Dass sie der Verführung, aus dem Wissen um unsere Themen anderweitig Profit zu schlagen, widerstehen kann? Und dass sie es aushalten und in unserem Sinne managen kann, wenn sich aus den Themen, die sich zeigen, für sie ein Dilemma oder ein eigener Interessenkonflikt mit anderen Klienten entwickelt?

Nun fällt Vertrauen selbst nach einer solchen expliziten Vereinbarung von Vertraulichkeit nicht vom Himmel, sondern entsteht Schritt für Schritt. Es ist ein Prozess des immer weitergehenden sich Einlassens und des schrittweisen Überprüfens: immer wieder in inkrementell persönlicheren Situationen die Vertrauenswürdigkeit zu testen, immer wieder neue Versuchsballons steigen lassen.

Was kann bei einer **Vertrauensbildung** helfen?

Auf der menschlichen Ebene geht es beispielsweise um entgegengebrachte Wertschätzung, Respekt und Empathie. In der Beziehung zum Begleitenden das Gefühl zu haben, als Individuen mit menschlichen Nöten und einer persönlichen, nicht austauschbaren Biografie erkannt zu werden. Das Gefühl zu haben, unsere bisherigen Anstrengungen zum Überwinden der Inneren Fesseln werden gewürdigt und anerkannt, werden nicht als Zeichen von Unfähigkeit abgewertet. Das Gefühl zu haben, die Begleitung fühlt empathisch mit, wenn wir mit unseren Emotionen in Kontakt kommen – und scheut davor nicht zurück. Das Gefühl zu haben, das Gegenüber hört uns wirklich zu, interessiert sich wirklich für uns, ist offen, sich auf unsere Wirklichkeit einzu-

137 Zanotta, Silvia (2018): Wieder ganz werden, 2. Auflage, Heidelberg 2019.

lassen und mit uns diese einzuordnen, ausgerichtet auf eine erfolgreiche Bearbeitung unseres Anliegens. Das Gefühl zu haben, unsere Begleitung stülpt uns nicht belehrend die eigene Wirklichkeit oder ihr »(Besser-)Wissen« über, kämpft nicht um das Rechthaben, sondern begegnet uns mit Neugier und einer gewissen Demut (nicht Hilflosigkeit) vor unserem inneren System und seiner Eigendynamik, lässt sich auf unser Anliegen ein und begleitet uns bei der gemeinsamen Suche nach für uns anschlussfähigen, nicht nach pauschalen Lösungen. Das Gefühl zu haben, der Begleitende zeigt eine gewisse Ausdauer und Frustrationstoleranz, wenn es einmal langsamer vorangeht, und ist verlässlich in seinem Angebot, uns durch »Dick und Dünn« zu begleiten. Zusammenfassend könnte man sagen, unsere Begleitung muss für uns **emotional und menschlich anschlussfähig** sein, damit wir uns sicher genug fühlen, uns als Menschen in der Rolle als Führungskraft zu zeigen und zu akzeptieren.

Auf der anderen Seite braucht es für eine belastbare Vertrauensbildung allerdings auch das Gefühl, dass uns unsere Begleitung an bestimmten Stellen im Prozess auch als Wegweiser dienen kann[138]. Uns Orientierung geben kann, wenn wir diese verlieren, uns helfen kann, die Perspektive zu wechseln oder den Interpretationsspielraum zu erweitern, das Erlebte fachlich und mithilfe von anschlussfähigen Konzepten einzuordnen. Mit Konzepten, Gedanken, Hypothesen, die zu unserem beruflichen Alltag und unseren Kontexten passen. Die hilfreich sind, weil wir mit ihnen etwas anfangen können, weil wie Anknüpfpunkte an unser berufliches und privates Erleben finden, an unsere Welt als Führungskraft, an unser soziales Umfeld, an unsere Beziehungen und Lebensumstände. Weil sie **kontextual anschlussfähig** sind.

Schließlich ist es für den Aufbau einer belastbaren, vertrauensvollen Beziehung auch wichtig, dass uns unser Gegenüber intellektuell gewachsen erscheint. Viele Führungskräfte wurden aufgrund einer ausgeprägten intellektuellen Kompetenz zu immer größeren Führungsaufgaben berufen. Die Schärfe des Verstands, die kognitive Exzellenz, die Geschwindigkeit der Informationsverarbeitung und -interpretation, die oft stark ausgeprägte Fähigkeit zur Mustererkennung und zum lateralen Denken haben viele Führungskräfte erst in diese Positionen gebracht und viele Organisationen selektieren Führungsnachwuchs auch nach wie vor bevorzugt nach diesen Kriterien. Der »Schlaue« fällt oft schneller auf und empfiehlt sich als Nachwuchsführungskraft oft eher als der Empathische. Im Einzelfall können diese stark ausgeprägten kognitiven Fähigkeiten auch die Charakteristika von Inneren Fesseln haben, etwa, wenn sie den Zugang zu den nichtkognitiven Anteilen unserer Persönlichkeit verhindern und wir dann ausschließlich sach- und faktenorientiert agieren. Idealerweise können uns gut ausgeprägte kognitive Fähigkeiten auch beim Lockern der Inneren Fesseln helfen. Dazu ist es jedoch von Vorteil, wenn unsere Begleitung auch **intellektuell anschlussfähig** ist, unsere Sprache spricht, es auch auf kognitiver, intellektueller Ebene eine Resonanz gibt, denn auch die kann hilfreich sein, um eine belastbare, vertrauensvolle Beziehung aufzubauen.

138 Zu der notwendigen Gleichzeitigkeit einer Haltung von Nicht-Wissen und Expertenwissen vergleiche Barthelmess, Manuel (2016): Die systemische Haltung, Göttingen.

Und schließlich: Für den Aufbau einer belastbaren Beziehung ist es wichtig, dass wir dem Begleitenden zutrauen, dass er sein Metier beherrscht. Dass wir ihm eine für uns relevante, **fachliche Begleitungskompetenz** zuschreiben. Dass wir sicher sein können, dass unsere Begleitung im Arbeiten mit Ent-Fesselungen, mit dem Lockern von Überlebensstrategien, mit der Integration von frühen Traumata Erfahrungen hat. Dass sie weiß, wie entsprechende Prozesse zu führen sind, mit den Fallstricken und Gefahren vertraut ist und darin geübt ist, diese im Miteinander zu meistern. Dass sie, wenn es nötig wird, tatsächlich Expertenwissen zur Verfügung hat und einsetzen kann. Diese fachliche Kompetenz ist, vor allem vor dem Hintergrund der zu bearbeitenden, teilweise als existenziell empfundenen Wunden unabdingbar, damit unsere Ent-Fesselung nicht zu einem Spiel mit dem Feuer wird, aus dem wir schlimmstenfalls verbrannt herauskommen.

Anschlussfähigkeit in verschiedenen Dimensionen und eine entsprechende fachliche Kompetenz des Begleitenden sind also für den Aufbau einer belastbaren, vertrauensvollen Beziehung offensichtlich sehr wichtig und eine solche Beziehung wiederum ist für die Wirksamkeit einer Arbeit mit Inneren Fesseln, für eine erfolgreiche Ent-Fesselung, einem Überwinden von Trauma-Überlebensstrategien essenziell. Es scheint also ratsam, am Beginn des Prozesses der Ent-Fesselung hier achtsam und sorgfältig auszuwählen. Häufig finden wir schnell Begleitungen, die vor allem intellektuell und kontextuell anschlussfähig sind, wie das häufig bei gut ausgebildeten Business Coaches der Fall ist. Oder wir finden Begleitende, die fachlich exzellent sind, sich aber auf den eher medizinisch-therapeutisch ausgerichteten Traumabereich fokussiert haben und wenig von der Welt und den Kontexten einer Führungskraft verstehen. Wir brauchen jedoch idealerweise beides. Das Finden einer passenden Begleitung kann also eine gewisse Sucharbeit und Geduld erfordern.

Ein Plädoyer zum Schluss: Auch wenn die Faktoren, die zu einer belastbaren, vertrauensvollen Beziehung führen, vielfältig und komplex sind, so sind wir doch in der Realität in der Regel meist gut darin geübt, schnell ein intuitives Gefühl dafür zu entwickeln, ob das Gegenüber »der Richtige« zu sein scheint. Und auf diese Intuition können wir häufig auch in einem ersten Schritt bauen. Gleichzeitig gilt es, diese erste Intuition dann Stück für Stück zu überprüfen. Wenn wir damit achtsam und bewusst umgehen, ist es in der Regel gefahrenlos möglich, den Prozess abzubrechen, wenn wir falsch lagen. Umgekehrt ist es auch nicht sinnvoll, von Anfang an gegen eine negative Intuition zu arbeiten, uns auf einen Prozess einzulassen, bei dem wir von Beginn an wesentliche Zweifel haben, dass wir der Begleitung vertrauen können, dass wir mit ihr eine belastbare Beziehung aufbauen können. Denn dann geht ein (Groß-)Teil unserer Energie genau in diese Beziehungsprüfung und nicht in die Arbeit an der Ent-Fesselung.

Ein geschützter Raum – außen und innen

Auch Räume können Sicherheit vermitteln. Die Bedeutung eines sicheren, geschützten Raums – rein physisch als Räumlichkeit aber auch psychisch als innerer Raum – für die Arbeit an Inneren Fesseln ist erfahrungsgemäß von elementarer Bedeutung.

Schauen wir zunächst auf **physische Räume**, also die Räumlichkeiten, in denen Sie sich begleiten lassen.

Geschützte physische Räume stellen einerseits sicher, dass nichts von der Arbeit nach außen dringen kann. Sie stellen einen Schall- und Sichtschutz dar, die es uns erlauben, uns voll auf den Prozess zu konzentrieren. Ohne dass wir uns damit beschäftigen müssen, was wohl die anderen denken, wenn wir unseren Gedanken nachgehen, wenn sich Emotionen zeigen, wenn wir mit den Themen ringen. Ohne dass wir um unsere Außenwirkung besorgt sein müssen.

Und geschützte physische Räume schützen auch davor, dass unerwünschte Impulse ungehindert und ungefiltert von außen nach innen dringen: Gesprächsfetzen, Geräusche, Musik, Hundegebell usw. In geschützten Räumen bekommen wir von der Außenwelt nur peripher etwas mit. Wir können uns ohne Ablenkung oder Störung von außen auf uns und den Prozess einlassen. Zwar können im Einzelfall Impulse von außen auch für den Prozess hilfreich sein, ungefilterte und ggf. sogar störend laute Geräusche (Bauarbeiten, Straßenlärm usw.) sind in der Regel jedoch eher weniger konstruktiv.

Aber auch der Raum selbst und seine Einrichtung spielen eine Rolle. Elementar ist auch hier, dass wir uns sicher fühlen. Und dieses Gefühl von Sicherheit kann von vielen Elementen vermittelt werden: ein bestimmter Grundriss und Raumschnitt oder die Größe bzw. Enge des Raums, die Position, Größe, Form von Fenstern, Türen, dem Balkon, die Farben, die Einrichtung, die Möblierung, die verwendeten Baumaterialien, die Art, Beschaffenheit und Positionierung der Sitzgelegenheiten. Um kein Missverständnis aufkommen zu lassen: Es geht absolut nicht darum, mit dem Auge eines Innenarchitekten durch den Raum zu gehen oder diesen stilistisch zu bewerten, sondern ausschließlich darum, wie der Raum auf uns wirkt: Können wir uns hier sicher fühlen? Und lädt uns der Raum zur Öffnung, zur Weichheit ein?

Im Idealfall regt uns das Innere des geschützten Raums auch zur Selbstreflexion an, ohne uns von uns abzulenken und ist nicht mit zur Ablenkung einladenden dominanten Installationen, beeindruckenden Gemälden, ausladenden Möbeln, kräftigen Farben überladen. Gleichzeitig enthält der ideale Raum selektive Impulsquellen, die Anker für unsere im Prozess manchmal suchenden Augen darstellen. Impulsquellen, die nicht absorbieren, sondern inspirieren, die uns achtsam in unserem Suchprozess unterstützen, anstatt uns überdeutlich auf etwas zu stoßen. Impulsquellen, die uns weit statt eng machen und die uns immer wieder zum Perspektivwechsel einladen, uns ein Ablösen aus unserem gewohnten Umfeld erleichtern.

Natürlich ist die individuelle Wirkung eines Raumes und seiner Einrichtung auf jeden anders. Weil es dabei jedoch nicht um eine architektonische Einordnung oder Bewertung, sondern ausschließlich um das Gefühl von Sicherheit geht, müssen wir sorgsam prüfen, ob wir uns in dem Raum, in dem wir uns auf den Weg zur Ent-Fesselung begeben, wohl und sicher fühlen.

Aus dem Gesagten ist auch unmittelbar ersichtlich, dass die meisten geschäftlich genutzten Veranstaltungsorte wie Konferenzräume, Business Centers, Hotelräume, Airport Lounges usw. für eine erfolgreiche Bearbeitung der Inneren Fesseln oft weniger unterstützend, sondern schlimmstenfalls behindernd wirken können. In diesen Räumlichkeiten fällt ein Perspektivwechsel oft eher schwer, vieles erinnert uns an unseren beruflichen Alltag und hält uns in unserer bisherigen Wirklichkeit, ja zieht uns zurück in das schon Gedachte und Eingeordnete. Besonders klar wird, dass das eigene Büro für eine Ent-Fesselung denkbar ungeeignet ist. In der Regel ist eine Ent-Fesselung im eigenen Büro fast unmöglich, zu viel erschwert den Prozess.

Aus aktuellem Anlass auch ein Wort zu den modernen Videokonferenz-Medien. Hier bleiben wissenschaftliche Untersuchungen zur Wirksamkeit noch abzuwarten. Vorerst lässt sich aber beobachten, dass Prozesse der Ent-Fesselung im virtuellen Raum schneller in eine Stagnation laufen können. Zu wichtig ist der persönliche Rapport mit dem Begleitenden, die durch das reale Gegenüber und den realen Raum vermittelte Sicherheit, als dass sich unser Innerstes leicht auf eine Exploration im virtuellen Raum einfach einlassen könnte. Die Prozesse scheinen oft an der Oberfläche zu bleiben, im Sand zu verlaufen oder übergebührlich beschwerlich und langsam zu werden. Im schlimmsten Fall bieten diese Erfahrungen weitere Vorlagen für unsere Überlebensstrategien, die aus der (dann inszenierten) Ergebnislosigkeit der Ent-Fesselung Argumente konstruieren können, dass die Innere Fesseln sowieso nicht lösbar und jeder diesbezügliche Versuch eine Zeitverschwendung sei.

Neben den Räumlichkeiten als dem geschützten physischen Raum ist auch die Schaffung eines geschützten inneren, eines **psychischen Raums** für den Prozess der Ent-Fesselung hilfreich.

Innere geschützte Räume können entstehen, wenn wir uns für den Prozess Zeit nehmen, der Ent-Fesselung auch in unserer inneren Welt eine Priorität einräumen und sie ernst nehmen. Wenn wir sicherstellen, dass Zeitfenster für die Arbeit offenbleiben, wenn wir sie gegen andere Prioritäten verteidigen.

Einen geschützten inneren Raum bereitzustellen, bedeutet vor allem aber auch, im Prozess achtsam, sorgsam und liebevoll mit sich selbst umgehen, die zarten Pflänzchen der Veränderung wohlwollend zu hegen und zu pflegen, vor allem aber zu beschützen, denn das Neue kommt in der Regel nicht mit einem großen Knall in unser Leben. Die Inneren Fesseln lösen sich nicht von heute auf morgen auf. Es braucht einen achtsamen Umgang mit den sich langsam zeigenden Wunden, ein liebevolles und fürsorgliches Versorgen derselben und ein wohlwollendes inneres Beschützen, damit sie heilen können. Es braucht einen Schutz der heilenden Wunden vor inneren Abwertungen, überzogenen Erwartungen oder Grenzüberschreitungen, wie zum Beispiel ein zu freizügiges, zu grenzenloses Berichten über unser Inneres, über das, was in uns passiert und was wir erleben – insbesondere, wenn das Gegenüber nicht Teil unseres innersten Kreises an Vertrauten ist. Natürlich ist es verständlich und teilweise sogar zieldienlich, sich ab und zu mit einem engen persönlich Vertrauten über das Erlebte auszutauschen. Unser Innerstes gehört jedoch in der Regel nicht in ein Gespräch mit Arbeitskollegen beim Mittagessen oder in einen Plausch im Fitnessstudio. Dann kann unser Öffnen schnell einen exhibitionistischen Charakter bekommen. Wir selbst schützen unser Innerstes dann nicht ausreichend, stellen es bloß und erschweren dem Neuen die Reifung. Einen inneren geschützten Raum einzurichten, bedeutet also, das, was sich zeigen will und daraus entstehen will, aktiv vor hinderlichen inneren Kräften, aber auch vor nicht zieldienlichen Impulsen von außen zu schützen.

Es kann in bestimmten Prozessen hilfreich oder sogar notwendig werden, uns – jenseits des inneren psychischen Raums – sogar einen dedizierten Ort der inneren Sicherheit zu erschaffen, einen inneren **sicheren Ort**[139] entstehen zu lassen, an dem wir oder Teile von uns auch mit schwierigeren Erlebnissen gut aufgehoben erscheinen, der uns dann Sicherheit gibt. Häufig sind dies konstruierte Orte wie eine Berghütte, eine einsame Insel oder eine Burg. Das Imaginieren eines solchen Orts erzeugt in uns häufig ein Gefühl der Geborgenheit, des Aufgehobenseins, der Sicherheit. Der Begleitende wird uns gegebenenfalls im Prozess dazu einladen, einen solchen Ort aktiv in unserer Imagination zu gestalten.

Der Prozess: eine achtsame und verhältnismäßige Co-Kreation

Ein weiteres Element, das uns Sicherheit vermitteln sollte, ist der Prozess der Ent-Fesselung selbst.

In diesem Prozess sollten wir uns von einem Profi begleiten lassen – einer entsprechend geschulten Begleitung, die immer wieder mit uns zusammen nach dem nächsten gemeinsamen Schritt sucht, die uns an Wendepunkten allerdings auch Entscheidungshilfen anbieten kann, auf Basis ihres Fachwissens den Gesamtprozess im Auge behält und ihn immer wieder an unserem Anliegen ausrichtet. Wie dies genau erfolgt, soll nicht Gegenstand dieses Buches sein, dazu wird auf entsprechende Lehrbücher für Begleitende verwiesen.

Gleichzeitig sollen wir uns auch im Prozess selbst sicher fühlen können. Aus diesem Grund kann es hilfreich sein, hier einige Prozesselemente, die uns begegnen werden, grob zu umreißen. Nicht, weil wir selbst die alleinige Verantwortung für den Prozess hierfür übernehmen sollen, sondern vor allem, um uns ein Gefühl von Sicherheit zu geben, weil wir prinzipiell vorbereitet sind und einordnen können, was gegebenenfalls auf uns zukommen könnte.

Auch ist dies wichtig, weil wir zur **Co-Kreation** eingeladen sind. Es ist zwar prinzipiell unser Prozess, er entsteht allerdings im Zusammenspiel mit unserer Begleitung. Unser Prozess ist wie eine von uns gestaltete Steinskulptur, bei der uns die Begleitung bei der Bearbeitung des Steins hilft. Wie ein Gemälde, bei dem die Begleitung uns die eine oder andere Maltechnik vor-

139 Siehe unter anderem: Huber, Michaela (2015): Der geborgene Ort, Paderborn; Rost, Christine; Overkamp, Bettina (2018): Selbsthilfe bei posttraumatischen Symptomen, Paderborn; Peichl, Jochen (2018): Integration in der Traumatherapie, Stuttgart.

schlägt, nahebringt oder uns auch dazu anleitet. Wie ein neues Gartenhaus, bei dessen Bau wir uns ab und zu Unterstützung und Tipps zu Fragen der Statik, der Verwendung von bestimmten Materialien oder der optimalen Platzierung auf dem Grundstück einholen.

Welche Elemente des Prozesses könnten also für unser Gefühl der Sicherheit eine wichtige Rolle spielen? Und für welche Elemente sollten wir gegebenenfalls auch im Dialog mit unserer Begleiterin werben?

Das wichtigste Element ist ein **achtsames, traumasensitives Vorgehen**, bei dem wir immer wieder prüfen können, was bei jedem Prozessschritt mit und in uns passiert. Ein Vorgehen, das im Somatic Experiencing® als Titration[140] bezeichnet wird – als ein recht kleinschrittiges, tastendes Vorgehen –, das sowohl ein Vor als auch ein Zurück enthalten kann, ein Ausprobieren oder Austesten, damit wir das Erlebte oder Erkannte auch integrieren können. Es hilft dabei, vor allem auf der emotionalen Ebene, die ja, wie wir oben erkannt haben, oft deutlich mehr Zeit zu Verarbeitung benötigt, verdaubare Häppchen zu erhalten. Nehmen wir uns diese Zeit, denn nur so können wir verhindern, dass das Erlebte nur kognitiv ankommt und sicherstellen, dass es ganzheitlich wirken kann.

Ein achtsames, eher kleinschrittiges Vorgehen verhindert auch, dass wir Momente der Überforderung, der Überschwemmung oder des Kontrollverlusts erleben. Diese Gefühle gilt es zu vermeiden, da sie häufig auch Bestandteil der eigenen frühen traumatisierenden Erfahrungen sind und ein Risiko für den Prozess darstellen, da sie im Extremfall den Einstieg in eine Re-Traumatisierung eröffnen. Das wäre nicht zieldienlich. Ein achtsamer Prozess fordert uns, ohne uns zu überfordern.

Als Führungskraft sind wir es gewohnt, uns ambitionierte Ziele zu setzen, Prozesse effektiv und effizient abzuarbeiten, schnell voranzukommen, keine Zeit zu verlieren. So sinnvoll dies im beruflichen Umfeld sein kann, so hinderlich können diese Prinzipien aus den bereits genannten Gründen für eine erfolgreiche Ent-Fesselung sein. Sie können kontraproduktiv sein, weil es vor allem um eine Re-Integration von Denken und Fühlen geht, die Zeit braucht und nicht beschleunigt werden kann, wie wir auch die Reifung eines Weins oder eines Whiskeys nicht beschleunigen können.

Ein weiteres wichtiges Prozesselement, das uns das Gefühl von Sicherheit vermitteln kann, ist unsere Möglichkeit, den Prozess der Co-Kreation mitzugestalten. Es geht um ein gewisses Gefühl an Kontrollierbarkeit des Geschehens, um die Möglichkeit, ohne ein Gefühl des Ausgeliefertseins mitzusteuern und sich dabei sicher sein zu können, dass wir zu dem, was passiert, **Ja oder Nein sagen können**. Wir können idealerweise immer »Stopp« sagen – und sollten das auch tun, wenn es zu viel wird. Hierzu wird der Begleitende gegebenenfalls sogar schon vor Beginn

140 Zur Illustration siehe: https://www.youtube.com/watch?v=AFUZHz6_0XE.

des Prozesses mit uns ein entsprechendes, vielleicht auch nonverbales Zeichen vereinbaren[141]. Es geht um das Erleben von Selbstwirksamkeit – etwas, dass wir in der Traumatisierung nicht erlebt haben. Die Begleitung wird uns immer wieder zu Reflexionen, Interventionen, Perspektivwechseln und vielem mehr einladen, aber es sind vorerst nur Einladungen. Einladungen, die wir auch jederzeit abschlagen können, wenn wir es als nicht stimmig empfinden, es sich nicht richtig anfühlt, wir eine Störung spüren. Einladungen, die wir auch verhandeln können, in dem wir unsere Bedenken, Störgefühle, Befürchtungen einbringen, um den Prozess so zu gestalten, dass er sich für uns ausreichend sicher anfühlt.

An dieser Stelle ein Wort zu der in vielen Management- und Personalentwicklungskonzepten immer wieder propagierten Idee, man müsse »**raus aus der Komfortzone**«, um voranzukommen. In diesen Konzepten wird zum Teil dafür geworben, aggressiv und ehrgeizig immer wieder diese Grenze zu überschreiten, sich selbst maximal zu fordern, die Zähne zusammenzubeißen – »mit den Augen zu und durch«. »Nur die Harten kommen in den Garten«, wie ein altes Sprichwort suggeriert. Unser Zögern, unsere Komfortzone zu verlassen, wird dann schnell als Faulheit, als mangelnden Ehrgeiz und Überempfindlichkeit ausgelegt. Die Zweifel und der innere Widerstand werden dann zum Indikator für innere Schwäche, für Minderwertigkeit, für das Nicht-mitspielen-Können im Kreis der Höchstleistenden.

Sicherlich entsteht Neues generell eher an Grenzen, so auch an der Grenze unserer Komfortzone, an Stellen, an denen unser System mit neuen, irritierenden oder unerwarteten Impulsen konfrontiert wird, oder an Stellen, an denen unser System durch Impulse von außen in seiner Überlebensfähigkeit herausgefordert wird. »Die Grenze ist der eigentlich fruchtbare Ort der Erkenntnis«, wie der evangelische Theologe Paul Tillich schon vor Jahrzehnten schrieb[142]. Insofern ist das Explorieren der Grenze unserer Komfortzone sicherlich zieldienlich und notwendig. Wenn wir auf mögliche Überforderungen achten.

Beim Arbeiten mit Inneren Fesseln können sich hinter einer gefühlten Überzeugung, wir müssten unsere Komfortzone aggressiv und überambitioniert verlassen, auch weitere Überlebensstrategien verbergen. So kann es eine Inszenierung des eigenen Versagens werden, weil wir uns gezielt, auf unbewusste Anleitung unserer Überlebensstrategien, überfordern und mit dieser Selbstüberschätzung oder unserer mangelnden Sensibilität für unser Inneres den Überlebensstrategien erneut Argumente liefern, dass eine Ent-Fesselung nicht sicher, nicht erreichbar ist. Das Imperative der Überzeugung, »aus der Komfortzone heraus zu müssen« kann selbst Ausdruck einer Überlebensstrategie sein.

Unsere Komfortzone im Rahmen einer Ent-Fesselung zu explorieren, heißt, diese achtsam und tastend zu explorieren, traumasensitiv vorzugehen. Dabei gilt es, in einem selbstfürsorglichen Modus behutsam zu prüfen, was es auf der anderen Seite der Grenze Hilfreiches zu entdecken

141 Vergleiche auch Peichl, Jochen (2018): Integration in der Traumatherapie. Stuttgart.
142 Tillich, Paul (1962): Auf der Grenze, München 1987.

gibt, und dabei auch seine eigenen inneren Grenzen zu achten, unsere inneren Widerstände an der Grenze ernst zu nehmen, uns für sie zu interessieren. Diese Exploration bedeutet auch, zu erforschen, wofür der innere Widerstand gut sein könnte, was er beschützt, zu verhindern versucht, worauf er hinweisen will, für was er steht, anstatt den inneren Widerstand aus einer Position der Überambition als Störfaktor einzuordnen, den man am besten wegdrücken muss, oder ihn – in einer inneren Abwertung – als Faulheit, mangelnden Ehrgeiz oder übertriebene Ängstlichkeit einzustufen. Gute Fragen, mit denen wir unsere inneren Widerstände an einem Überschreiten der Komfortzone explorieren, erforschen können, sind beispielsweise: Unter welchen Annahmen würde es Sinn ergeben, dass wir den Widerstand spüren? Wofür ist es gut, die Grenze der Komfortzone (noch) nicht zu überschreiten oder zu betreten? Was fehlt uns noch, um diese Grenze sicher betreten zu können?

An dieser Stelle ist es sinnvoll, auf einen weiteren Aspekt hinzuweisen, der uns das Gefühl vermitteln kann, der Prozess sei sicher: die **Verhältnismäßigkeit der Mittel**. Ziel des Prozesses ist immer eine Ent-Fesselung, also das Bearbeiten, Verflüssigen, Abmildern unserer Inneren Fesseln, die sich im Alltag zeigen und uns in der Gegenwart das Leben erschweren, limitieren, unser Vorankommen und unsere Weiterentwicklung behindern. Die Referenzpunkte für den Prozess sind also immer im Hier und Jetzt, es geht um konkrete Verhaltens- und Denkmuster in unserem Führungsalltag. Und daran sollten wir auch den Prozess immer wieder orientieren: Hilft das, was wir in der Ent-Fesselung tun, im Hier und Jetzt? Diese konsequente Orientierung auf den Führungsalltag hilft, immer wieder neu zu entscheiden, wie weit wir den Prozess führen müssen, wie tief wir gegebenenfalls gehen müssen, welche Aspekte zu beleuchten sind. Die konsequente Orientierung an den heutigen Führungsherausforderungen ist der wichtigste Filter, um immer wieder zu prüfen, ob wir auf dem richtigen Weg sind. Es geht nicht um tiefe Erforschung der Traumata um der Erforschung willen, sondern primär als Mittel zum Zweck, als Mittel, unsere Inneren Fesseln im Führungsalltag zu lockern, das Anliegen zu lösen. Eine grundlegende und umfassende Bearbeitung von Folgestörungen und -Erkrankungen manifester Psychotraumata gehört sicherlich klar in den Bereich der klinischen Psychotherapie.

5.3.5 Nutzen wir unseren Verstand

Ein erfolgreicher Prozess der Ent-Fesselung braucht unsere volle Aufmerksamkeit und Konzentration. Er bedeutet intensive, anspruchsvolle und herausfordernde Arbeit und manchmal auch Arbeit, die erschöpft und ermüdet.

Für einen erfolgreichen Prozess der Ent-Fesselung sollten und müssen wir alles einsetzen, was wir haben: alle unsere Kompetenzen, unseren Willen zur Veränderung, unsere Kräfte und Ressourcen, unsere Resilienz, unsere Stärken, unser Wissen und vor allem unsere Neugier und unseren Mut, auch wenn beides manchmal nicht immer voll zur Verfügung zu stehen scheint.

Wir sollten wach sein.

Natürlich stehen uns durch die Wirkung der Überlebensstrategien nicht immer alle Kompetenzen frei zur Verfügung – die Ent-Fesselung hat ja genau diese Befreiung zum Ziel. Das sollte jedoch kein Hindernis darstellen: Wir arbeiten mit den Kompetenzen oder Kompetenzausprägungen, die wir mitbringen, die wir zur Verfügung haben, die wir einsetzen und ansteuern können.

Bei den meisten Führungskräften sind die kognitiven Kompetenzen und Ressourcen stark ausgeprägt. Insbesondere durch diese sind die meisten Führungskräfte erfolgreich geworden, mit ihrer Hilfe sind sie die Karriereleiter nach oben gestiegen, sie waren oft Katalysatoren der beruflichen Entwicklung. **Kognitive Exzellenz** ist für Führungskräfte oft fast wie eine Conditio sine qua non, ohne die nichts vorangeht – karrieretechnisch. Dies scheint vor dem Hintergrund der (auch im Rahmen von Compliance immer wichtiger werdenden) Notwendigkeit verständlich, Entscheidungen rational zu begründen. Entscheidungen zu treffen, die nachvollziehbar und überprüfbar sind, die auf Fakten- und Sachstandbasis abgeleitet wurden, die »logisch« und »folgerichtig« erscheinen.

Kognitive Exzellenz kann in ihrem Bezug von Organisation zu Organisation variieren. In einigen Organisationen bezieht sie sich zum Beispiel eher auf das Denken in Zusammenhängen und in einem größeren strategischen Rahmen, in anderen Organisationen eher auf Sach- und Faktenwissen und in eher »politischen« Organisationen bezieht sich kognitive Exzellenz häufig mehr auf das Erkennen und Bespielen ebendieser »politischen« Zusammenhänge, Wechselwirkungen und Wirkmechanismen.

Natürlich gibt es Ausnahmen von der hier skizzierten Bedeutung der kognitiven Exzellenz, und selbstverständlich spielen viele andere Kompetenzen auch eine Rolle. Trotzdem scheinen viele Führungskräfte, besonders auf den oberen Ebenen, meist über ausgeprägte kognitive Fähigkeiten zu verfügen.

Gleichzeitig zeichnet sich hier ein Dilemma ab, denn sehr stark ausgeprägte kognitive Kompetenzen können auch die Charakteristika von Überlebensstrategien haben und uns limitieren, in ihrer Dominanz und ihrem Anspruch nach dem Primat des Handelns. Ent-Fesselung, das Lockern der Überlebensstrategien, das Re-Integrieren von traumatischen Erfahrungen ist immer auch die Arbeit mit Emotionen, die uns schwerfallen kann, wenn unsere kognitiven Kompetenzen als Überlebensstrategien wirken und den Zugang zu den Gefühlen erschweren oder verhindern wollen.

Es wird also darum gehen, nicht gegen, sondern mit den kognitiven Kompetenzen zu arbeiten, sie zu utilisieren[143], also zu nutzen. Es ist ein bisschen wie beim Judo: die Energie des angreifen-

143 Angelehnt an den Begriff der »Utilisation«. Dieser stammt aus der Erickson'schen Hypnotherapie und beschreibt das Nutzbarmachen aller Ressourcen, Einstellungen, Denk- und Verhaltensweisen etc., die ein Klient in den Prozess mit einbringt. Vergleiche hierzu die einschlägigen Lehrbücher zur Erickson'schen Hypnotherapie: z. B. Erickson, Milton H.; Rossi, Ernest L. (1979): Hypnotherapie, 12. Auflage, Stuttgart2016; Peichl, Jochen (2018): Integration in der Traumatherapie, Stuttgart.

den Gegners (d.h. der Überlebensstrategie) muss genutzt werden, um diesen mit ebendieser im Angriff steckenden Energie zu überwältigen. Jeder Versuch, den Kopf und Verstand auszublenden, zu umgehen oder nicht adäquat einzubeziehen, ist bei Prozessen der Ent-Fesselung bei Führungskräften häufig zum Scheitern verurteilt.

Der Verstand scheint bei Führungskräften somit manchmal wie ein innerer »**kognitiver Gatekeeper**«[144] zu wirken, der den Prozess maßgeblich kontrollieren und steuern will und – wenn er nicht mit einbezogen wird – in der Lage ist, die gesamte Ent-Fesselung zu sabotieren, zu verlangsamen, gar zu verhindern.

Mit dem »kognitiven Gatekeeper« arbeiten, könnte aus Sicht der betroffenen Führungskraft bedeuten, immer wieder auch Modelle und Erklärungshypothesen einzufordern, immer wieder Zusammenhänge zu erfragen, Muster und Interpretationsversuche zu erarbeiten, Psychoedukation nachzufragen, mit der Begleitung über vermutete oder bewiesene Wirkmechanismen hinter den angebotenen Interventionen zu spekulieren und dadurch das »Buy-in«, das Mitwirken des inneren »kognitiven Gatekeepers« sicherzustellen – oder zumindest dessen Toleranz für die nächsten Schritte auf dem Weg.

Utilisation des Verstands bedeutet aber auch, die kognitiven Ressourcen und Kompetenzen immer wieder für den Prozess zu nutzen - unsere Kompetenz, Muster zu erkennen, Beobachtungen einzuordnen und zu interpretieren, schnell und vernetzt zu denken, das große Ganze im Blick zu haben usw. aktiv einzubeziehen.

Seien wir also wach. Wir brauchen diese Kompetenz für eine erfolgreiche Ent-Fesselung.

5.4 Elemente der Ent-Fesselung: Was uns begegnen wird

Im folgenden Kapitel wird versucht, einige typische Meilensteine der konsekutiven Befreiung von den Inneren Fesseln darzustellen. Woran werden wir die Ent-Fesselung erkennen, was wird sich verändern, wie fühlt sich eine Ent-Fesselung an? Was wird uns begegnen?

Natürlich sind die Ergebnisse einer Ent-Fesselung äußerst individuell. Jede und jeder erlebt sie anders, in jedem Prozess treten andere Ergebnisse auf, die Intensität wird unterschiedlich erlebt. Und doch scheint es eine Reihe von »typischen« Ergebnissen zu geben, die – wenn auch in individuell unterschiedlicher Ausgestaltung – bei vielen Ent-Fesselungen auftreten. Von diesen »typischen« Mustern soll das folgende Kapitel handeln.

144 Elbert, Steffen (2019): What's got you here, won't get you there. Vortrag auf der Tagung »Reden Reicht Nicht!?« Bremen.

Die einzelnen im Folgenden beschrieben Elemente einer Ent-Fesselung treten nicht notwendigerweise nacheinander oder in einer bestimmten Reihenfolge auf. Auch lösen sie einander nicht ab, das Auftreten eines Elements bedingt oft nicht die vorherige abschließende Erarbeitung eines anderen. Und auch in der Ausprägung können die Elemente sich im Laufe der Zeit entwickeln, oft nehmen sie einen graduellen Verlauf.

5.4.1 Die Macht der Überlebensstrategien bricht

Ein finales Ergebnis einer Ent-Fesselung scheint zunächst glasklar: Die Überlebensstrategien verlieren sukzessive ihre Macht. Wir werden wieder mehr zum Gestalter unseres Schicksals. Wir befreien uns von den Inneren Fesseln. Deshalb haben wir die Ent-Fesselung begonnen, das war oft prinzipieller Inhalt unseres Anliegens.

Wie entwickelt sich die Befreiung von den Inneren Fesseln im Detail?

Zu Anfang der Ent-Fesselung beginnen wir meist, unsere Überlebensstrategien aktiver zu beobachten. Es fällt uns bald leichter, sie immer klarer zu erkennen und ihr Wirken als solches einordnen zu können. Und uns wird parallel auch häufig immer klarer, welchen Preis wir zahlen, was uns diese Strategien und ihre Auswirkungen an Erfolg, an Lebensfreude, an Glück, an »gutem Leben« kosten.

Das Differenzieren von Ideen, Gedanken, inneren Anregungen und Aufforderungen, die wir wahrnehmen, wird zunehmend leichter. Kommen diese aus den Überlebensstrategien oder sind es gesunde Impulse? Wir beginnen mehr und mehr, diese gesunden Anteile in uns, die für ein »gutes Leben« werben, wahr- und ernst zu nehmen. Und wir beginnen, ein Gefühl für das Konzept des »guten Lebens« zu entwickeln: Worum geht es uns wirklich? Was wollen wir eigentlich am Ende erreichen, was hinterlassen? Was ist wirklich wichtig, worauf kommt es wirklich an, was zählt? Wir kommen mehr und mehr in Kontakt mit den gesunden Anteilen, die uns einladen, erfüllte und bereichernde Beziehungen zu führen, unser Umfeld aktiv im Sinne eines »guten Lebens« zu gestalten, selbstfürsorglich und mit Wertschätzung auf uns zu schauen und auf uns zu achten. Die uns einladen, uns von dem vielen »Müssen« zu befreien und stattdessen aktiv und kontextuell abwägend immer neu zu entscheiden, auf Basis eines »Können« und »Wollen«.

Schon diese differenziertere Betrachtung ist ein Meilenstein, fordert uns aber häufig auch immer neu heraus. Dinge, von denen wir überzeugt waren, die wir für »normal« oder »logisch« hielten, die unser Weltbild und unsere Werte wesentlich mitbestimmt haben, können sich durch diesen verfeinerten inneren Dialog auch als Prätorianer einer Überlebensstrategie herausstellen. Und so beginnt eine Reise, die häufig weit über den spezifischen Prozess der Ent-Fesselung, mit dem wir begonnen haben, hinausgehen. Es beginnt ein manchmal lebenslanger Dialog in uns, ein Ringen um das »gute Leben«, ein Ringen um Befreiung von vielen der Überlebensstrategien, die im Wege stehen. Ein Ringen darum, was« gutes Leben« eigentlich wirklich bedeutet.

Eine weitere, bald nach Beginn des Prozesses auftretende Beobachtung ist, dass die Inneren Fesseln ihre Unabdingbarkeit verlieren. Sie scheinen immer weniger automatisch aufzutreten, immer seltener als »Default«, als Grundeinstellung anzuspringen. Der Automatismus wird löcheriger, die Steuerungshoheit der Inneren Fesseln bröckelt, es gibt Aussetzer im Programm. Es mehren sich Situationen, in denen wir uns »entfesselt« verhalten können, in denen wir das tun und denken können, was uns situativ am hilfreichsten und zieldienlichsten erscheint, anstelle dessen, was die Innere Fessel vorgibt. Wir sind der Inneren Fessel immer weniger ausgeliefert, spüren mehr und mehr, wie wir unsere Eigenwirksamkeit zurückerlangen, wie wir unabhängig vom Programm und situativ adäquat handeln, denken, entscheiden können. Wir sind immer weniger hilflos bezüglich der Macht der Inneren Fesseln.

Und dann werden sukzessive die in den Überlebensstrategien verborgenen Kompetenzen für uns bewusst nutzbar und ansteuerbar. All die Kompetenzen, die innerhalb der Überlebensstrategien als Inneren Fessel relativ situationsindifferent und automatisch eingesetzt wurden und mit denen wir dann oft übers Ziel hinausgeschossen sind. All die Kompetenzen, denen wir auch große Teile unseres bisherigen Erfolgs verdanken, die unser Leben bisher wesentlich mitgestaltet haben – aber eben automatisch, außerhalb unserer Kontrolle, als nicht steuerbares Programm.

So steht dann beispielsweise die Kompetenz, das Große und Ganze zu erkennen, die Sensibilität für Fehler und Unzulänglichkeiten, das Durchhaltevermögen aus der Inneren Fessel »Perfektionismus« unserer aktiven, kognitiven Steuerung zur Verfügung. Die Fähigkeit, eher sachlich und faktenbasiert, unemotional zu argumentieren, die manchmal in der Inneren Fessel der mangelnden Empathie steckt, wird selektiv ansteuerbar und kann situativ adäquat abgerufen werden. Die Fähigkeit zum schnellen und effektiven Einarbeiten in Details und zum Bewältigen von großen Aufgabenpaketen, die oft auch hinter der Inneren Fessel »Mikromanagement« liegt, wird skalierbar und situativ nutzbar. Wir können all diese »versteckten« Kompetenzen dann – mehr und mehr – einsetzen, wenn es situativ sinnvoll erscheint, sie unterliegen nicht mehr einem allgemeinen Automatismus. Nicht die Innere Fessel steuert dann das Denken und Verhalten, sondern unser wacher, abwägender Verstand. Wir gewinnen einen Zugang zu einem breiteren Kompetenzportfolio, zu Kompetenzen, die wir bisher zwar hatten, aber nicht aktiv und gezielt, skalierbar und situationsadäquat angepasst einsetzen konnten.

Parallel dazu ermöglicht uns ein Fortschreiten innerhalb des Prozesses der Ent-Fesselung, Kompetenzen, die bisher eher rudimentär in uns ausgebildet waren, zu ihrer vollen Ausprägung zu entwickeln. Nehmen wir als Beispiel eine Überlebensstrategie, in der wir aus mangelnder Konfliktfähigkeit Konflikte eher vermeiden, verniedlichen oder umdeuten. Häufig liegt hinter dieser Überlebensstrategie ein Trauma der Liebe, also die Angst vor dem Nicht-gemocht-Werden, die Angst vor dem Verlust der Beziehung zum Gegenüber. Mit dem Bearbeiten und Schwinden dieser Angst kann unsere Kompetenz zur Selbstbehauptung, zum Eintreten für unsere Position, zum Verargumentieren unserer Perspektive wachsen. Wir können die konfliktträchtigen Themen, die zwischen uns und dem Gegenüber stehen, immer häufiger ansprechen und aushandeln und dabei um einen echten Kompromiss ringen. Wir können mehr und mehr sicherstellen, dass unsere Perspektiven, Überzeugungen und Interessen adäquat berücksichtigt werden. Oder betrachten wir eine Überlebensstrategie, die es uns schwer macht, »Nein« zu sagen, die uns nahelegt, den anderen immer recht zu geben. Analog kann hier bei der Ent-Fesselung unsere Kompetenz wachsen, uns für uns selbst einzusetzen, für uns selbstfürsorglich Stellung zu beziehen, Grenzen zu setzen.

Mit dem Ausbau unserer bisher weniger abgerufenen Kompetenzen betreten wir häufig Neuland, müssen diese Kompetenzen erst (wieder) »erlernen«. Zwar sind sie meist rudimentär ausgeprägt, wir sind jedoch noch keine Meister in deren Einsatz im Alltag. Und so besteht zunächst auch die Gefahr, dass wir über- oder unterreagieren, dass wir noch ein Zuviel oder Zuwenig in der Dosierung der Kompetenzen erleben, dass wir es noch nicht treffsicher schaffen, die Kompetenzen situationsadäquat auszusteuern. Doch das ändert sich dann bald – denn »Übung macht den Meister«.

5.4.2 Klarheit entsteht

Ein wesentliches Mittel, mit dem Überlebensstrategien ihre Funktion erfüllen, ist die Verschleierung und Verneblung.

Oft wird uns erst im Laufe des Prozesses bewusst, dass manche Themen nicht klar sind. Im Gegenteil: Unser Gehirn hat im Laufe der Jahre Narrative generiert, die unsere Erfahrungen, Erinnerungen, Beobachtungen im Hier und Jetzt weitestgehend logisch, nachvollziehbar, stimmig erscheinen lassen. Erst durch auftretende kognitive Dissonanzen wird uns deutlich, dass etwas nicht zu stimmt, dass irgendetwas »faul« ist. Wir erkennen mehr und mehr scheinbare Widersprüche in unseren Narrativen, Lücken oder Ungereimtheiten und damit beginnen wir, erste Spuren unserer Traumata zu erkennen.

Durch die Ent-Fesselung entsteht Klarheit: über das, was uns widerfahren ist, über das, was gerade in uns passiert, über das, was in unserem Umfeld wirkt und schließlich über das, wo wir eigentlich im Leben hinwollen.

Was ist uns damals wirklich widerfahren?

Manchmal haben wir zu Beginn der Ent-Fesselung schon eine Ahnung von dem, was uns damals widerfahren ist, was uns traumatisiert hat. Wir können uns – mehr oder meist weniger – daran erinnern, oder haben zumindest eine Ahnung davon – manchmal auch nur ein Körpergefühl, ohne konkrete Bilder.

Häufiger jedoch ist uns das, was passiert ist, nicht mehr oder nur in nicht einordenbaren Fragmenten zugänglich. Unser Gehirn hat es aktiv ins Vergessen geschickt, in die Amnesie. Dieser

Prozess läuft bei vielen Traumatisierungen parallel als ein weiterer Schutzmechanismus der Psyche ab. Die Amnesie des Geschehenen ist aus den Akuttrauma-Erfahrungen bekannt, zum Beispiel bei Beteiligten eines Verkehrsunfalls. Hier können sich die meisten Opfer nach dem Unfall nur noch sehr bedingt erinnern, was genau passiert ist. Das meiste ist in der Amnesie.

Es kann aber auch sein, dass das Traumatisierende so früh passiert ist, dass es in unserem episodischen Gedächtnis noch gar nicht abgespeichert werden konnte, weil die entsprechenden Gehirnstrukturen noch nicht ausgebildet waren, wir viel zu klein waren oder die Erfahrungen schon im Mutterleib machen mussten. Dann ist die Erfahrung zwar nicht explizit erinnerbar, wohl aber in unserem impliziten Gedächtnis, in unserem Körper und im Nervensystem verankert. Der Körper weiß dann mehr als der Verstand.

Aus diesem Grund beginnen Führungskräfte eine Ent-Fesselung häufig mit der tiefen Überzeugung, alles sei wunderbar, perfekt, gut gewesen in ihrer Kindheit. Sie hätten eine »schöne und bereichernde« Kindheit gehabt, mit vielen positiven Ereignissen. Die Eltern und andere Bezugspersonen hätten sie von Herzen geliebt, sie umsorgt und behütet. Sie hätten nichts erleiden müssen.

Und oft geben diese Überzeugungen auch Teile des damaligen realen Empfindens wieder. Es gab in sehr vielen Kindheiten diese Momente des Glücks, der Zufriedenheit, der Freude. Momente des Verbundenseins, des Aufgehoben- und Sicherfühlens, der Wertschätzung und Geachtetwerdens. Menschen, die diese Art positiver Erfahrungen früher nicht zumindest teilweise gemacht haben, schaffen es eher selten, soviel Stabilität und Resilienz aufzubauen, um eine Führungskarriere erfolgreich einzuschlagen. Es war damals also auch einiges gut.

Und gleichzeitig schleichen sich oft auch schon zu Beginn des Prozesses erste Zweifel ein. In der inneren Verarbeitung dieser Zweifel wirken dann oft Überlebensstrategien: Die erinnerten Fragmente werden verniedlicht, verallgemeinert, abgewertet oder umgedeutet. »Das ging allen so damals, das war normal«, »Es gab welche, denen ging es schlechter«, »Ich hatte die Prügel auch verdient, ich war ein schwieriges Kind«, »Ich hab's meinen Eltern ja auch nicht leicht gemacht«, »Ich war sehr viel allein, deshalb war ich schon früh so selbstständig, weil meine Eltern ja arbeiten mussten«, »Ich war ein überängstliches Kind«, »Ich habe ja auch viel geschrien als Baby« usw.

Gemein ist allen diesen Einordnungen, dass das Erlebte oft nicht mehr aus der Perspektive der Erlebenden, also aus der des Kindes erfahren wird. Wenn wir mit den Augen des Erwachsenen – zusätzlich vernebelt durch unsere Überlebensstrategien – auf das schauen, was wir als Kind erlebt haben und wie wir uns damals gefühlt haben, greifen wir regelmäßig zu kurz. Denn es ist uns als Kind passiert und sollte aus der Sicht des Kindes beobachtet und erlebt werden. Nur so können wir Zugang bekommen zu dem, was in uns wirklich gespeichert ist, was wir wirklich erleiden mussten.

Unsere Inneren Fesseln, unsere Überlebensstrategien, bewirken also, dass wir das Dramatische hinter den Erfahrungen nicht mehr so gut oder gar nicht mehr erkennen. Wir haben es uns in gewisser Weise »schöngeredet«, oder besser »schöngedacht«. Das Eigentliche ist dabei verschleiert, vernebelt.

Im Prozess der Ent-Fesselung werden diese Schleier mehr und mehr gelüftet, der Nebel löst sich sukzessive auf. Mit der Zeit wird das erkennbar, was uns wirklich passiert ist. Wir erkennen die emotionale Vernachlässigung hinter der frühen Selbstständigkeit, die tatsächliche regelmäßige Gewalt in der Familie hinter den wenig erinnerten Ohrfeigen, den Zusammenhang zwischen unserem »Schwierigsein« und der mangelnden Liebe und Zuwendung oder zwischen unserem Ängstlichsein oder unserem »aufmüpfigen Charakter« und den frühen erlebten Grenzverletzungen. Wir bekommen ein immer besseres Gefühl dafür, wie es tatsächlich war, was wir wirklich erlebt, gefühlt, erduldet haben, wie es uns damals ergangen ist.

In diesem Kontext tauchen häufig längst verschüttete Erinnerungen (neu) auf – Erlebnisse, die wir vergessen hatten. Erinnerungsfragmente ordnen sich mehr und mehr in einem Kontext ein, die Umstände und das Geschehene wird immer klarer. Wie bei einem Puzzle, bei dem man im Lösen immer mehr erkennt, was das Bild eigentlich zeigt. Im Prozess der Ent-Fesselung wird das Gesamtbild immer klarer, wir werden uns darüber bewusst, dass die zunächst erinnerte Einzelerfahrung nur ein Aspekt eines Gesamtkontextes ist, in dem oft weit dramatischere Dinge passiert zu sein scheinen. Die Erinnerung an eine Szene am Esstisch, in der wir gegen unser Übelkeitsgefühl das Gericht aufessen mussten, reiht sich plötzlich als Fragment in ein Gesamtnarrativ von elterlicher Lieblosigkeit, Nicht-Bezogenheit und einer starren Welt von menschenverachtenden Regeln ein. Oder die Erinnerung an eine Klaps auf den Po öffnet sukzessive Erinnerung an die regelmäßigen Prügelstrafen.

Bei all dem geht es weniger um die exakte historische Wahrheit, die wir im Regelfall sowieso nicht mehr genau rekonstruieren können, weil es keine unbeteiligten, unparteiischen Zeugen gab (die es – konstruktivistische betrachtet – sowieso nicht gibt), weil keine Kamera mitlief, kein Tonbad alles aufgezeichnet hat. Und doch können wir das Unverschleierte auf seine Stimmigkeit prüfen und es plausibilisieren, indem wir es mit anderen Erinnerungen oder gar Fakten quervernetzen und indem wir diese neuen Hypothesen mit unserem Verstand und allen uns zur Verfügung stehenden Sinnen auf Herz und Nieren prüfen.

Parallel lernen wir durch die Psychoedukation des Begleitenden, das Erlebte immer besser einzuordnen. Und wir beginnen, zu verstehen, was solche Erfahrungen für Embryonen, Babys oder Kleinkinder bedeuten, was sie typischerweise anrichten, welchen Tribut sie fordern, welchen Preis sie haben und was sie vielleicht auch bei uns ausgelöst haben.

Und manchmal ergibt sich auf dieser Forschungsreise auch Klarheit über transgenerationale Themen. Klarheit über das, was wir gegebenenfalls von unseren Eltern und Ahnen indirekt mitbekommen haben. Klarheit darüber, dass Innere Fesseln, die sich zum Beispiel in ausgeprägten Gefühlen von Angst, Wut, Hilflosigkeit, Verzweiflung o. ä. zeigen, auch eine transgenerationale Weitergabe der Kriegserfahrungen unserer Eltern sein können (vergleiche Anhang).

Im Prozess der Ent-Fesselung entsteht also Klarheit darüber, was uns passiert ist. Wir können die traumatisierenden Erlebnisse auf dem Zeitstrahl unserer Biografie einordnen und mittels unseres episodischen Gedächtnisses verorten. Es entsteht ein neues – oder besser: ein realistischeres – Narrativ über unser Leben[145]. Das, was wir erlebt haben, was wir erleiden mussten, wird sich nicht verflüchtigen, wird immer Teil unseres Lebens bleiben. Aber wir können es nun einordnen und seine Bedeutung für unser heutiges Leben erkennen.

Was passiert heute in uns?

Eine weitere Dimension von Klarheit betrifft unsere inneren Prozesse, den Blick auf das, was gerade in uns passiert.

Zunächst wird uns im Laufe einer Ent-Fesselung immer klarer, wie unsere inneren Stimmen, Meinungen, Überzeugungen, Glaubens- und Erfahrungssätze einzuordnen sind – insbesondere, ob diese aus den gesunden Anteilen oder aus den Überlebensanteilen unserer Psyche stammen. Eine solche Differenzierung ist nicht einfach, oft auch nicht ein Entweder-oder. Wir haben in dem Abschnitt »Sind wir bereit?« bereits darüber gesprochen. Im Laufe des Prozesses wird die Unterscheidung immer klarer, wir werden immer geübter darin, zu differenzieren. Und wir können das Ringen der gesunden Anteile mit den Überlebensanteilen immer besser beobachten, immer klarer erkennen, welche Nebelgranaten, Verschleierungsversuche, Relativierungen und Scheinwahrheiten die Überlebensanteile uns überzustülpen versuchen.

Manchmal zeigt sich diese zunehmende Differenzierung zwischen den gesunden Anteilen und den Überlebensanteilen auch in einer besseren inneren Unterscheidung zwischen Eigenem und Fremden. Fremd bezeichnet hier all das, was wir im Laufe unseres frühen Werdens übernehmen, entwickeln, aufnehmen mussten, all die Situationen, in denen wir uns früher – unter dem Druck, dazuzugehören, gesehen zu werden und sicher zu sein – anpassen mussten, in denen wir unser eigentliches Sein adaptieren mussten und Verhaltens- und Denkmuster aufbauen, übernehmen oder erlernen mussten, um zu überleben. Fremd ist also all das, was wir nur durch die Traumatisierung geworden sind. Sind beispielsweise die gefühlten täglichen Handlungsmotivationen wirklich auf unsere ureigensten Ziele ausgerichtet, oder auf Ziele, die aus den Überlebensstrategien kommen? Welche Verhaltens- und Denkweisen entsprechen unserem tieferen Sein, unserer Essenz, und bei welchen wirken Kräfte aus den Überlebensstrategien? Mit der besseren Unterscheidungsmöglichkeit von Eigenem und Fremdem nähern

145 Vergleiche auch die Ausführungen zur Traumaintegration bei Peichl, Jochen (2018): Integration in der Traumatherapie, Stuttgart.

wir uns oft auch sukzessive unserer Essenz, unserem Kern. »Werde, der Du bist«, wie Nietzsche sagt. Nicht »Werde, der Du sein kannst«, sondern »...der Du bist«. Es geht darum, das Fremde weitestgehend abzustreifen und wieder so zu werden, wie wir gedacht gewesen wären – ohne die Traumatisierung. Wir finden mehr und mehr zu den Denk- und Verhaltensweisen zurück, die uns möglich waren, bevor wir uns so fundamental anpassen mussten. Bevor sich Überlebensstrategien entwickeln mussten. Bevor wir Erfahrungen machen mussten, die uns radikal verändert haben.

Bei der Erforschung der Inneren Fesseln erkennen wir dann bald auch, dass wir in den alltäglichen Momenten, in denen die Überlebensstrategien aktiviert werden und wirken, meist parallel auch Zugang zu als bedrohlich empfundenen Gefühlen, Bildern oder Eindrücken haben. Wir spüren dann zum Beispiel eine aufkommende Angst, eine Verzweiflung, eine Hilflosigkeit oder ein Ausgeliefertsein. Oder wir haben Kontakt mit Wut, Scham oder einer tiefen Einsamkeit und einem absoluten Verlassensein. Bildfragmente oder Erinnerungen ziehen an unserem inneren Auge vorbei, die eindeutig nichts mit der aktuellen Situation zu tun haben, auf uns aber trotzdem gerade eine Wirkung haben.

Diese hinter den Überlebensstrategien liegenden Gefühle, Bilder und Eindrücke scheinen dann in der Regel nichts mit der heutigen Realität zu tun zu haben. Das Hier und Jetzt, die alltägliche Situation, in der wir sie erleben, plausibilisiert diese Gefühle und Eindrücke nicht – vor allem nicht deren Intensität. Hier zeigen sich – meist zunächst nur in Ansätzen – unsere traumatisierten Anteile. Wir bekommen Kontakt mit Gefühlen, Eindrücken oder Bildern aus der Traumatisierung. Wir bekommen Besuch aus der Vergangenheit. In dem weiter oben beschriebenen Emotionsampel-Modell wären es beispielsweise gelbe oder rote Gefühle, die uns nicht situationsadäquat scheinen, nicht ins Hier und Jetzt zu gehören.

Ein wichtiger Schritt der Ent-Fesselung ist, diese Gefühle, Bilder und Eindrücke schrittweise richtig verorten zu können. Mit zunehmender Ent-Fesselung können wir diese mehr und mehr als der Vergangenheit zugehörig erkennen – sie gehören zu der traumatisierenden Situation, nicht zum Hier und Jetzt. Eine Teilnehmerin in einer Traumafortbildung hat es bezüglich ihrer Gefühle einmal so beschrieben: »Ich habe Kontakt zu einem Gefühl der Angst, aber ich habe (hier und jetzt) keinen Anlass für Angst« und »Ich habe Kontakt zu einem Gefühl der Hilflosigkeit, aber ich bin (hier und jetzt) nicht hilflos«.

Für diese letztgenannten Schritte ist ein traumasensitives, achtsames und titriertes Vorgehen unerlässlich. Parallel wird uns die Begleitung vielleicht immer wieder zum Innehalten und Integrieren einladen, wird mit uns gegebenenfalls prüfen, inwieweit unser Gefühl von Sicherheit für uns und unsere Anteile noch gegeben ist. Gegebenenfalls wird sie uns immer wieder einladen, unsere verletzten inneren Anteile imaginativ zu sichern. Diese Phase der Ent-Fesselung braucht besonders viel unserer Geduld und unseres Mutes. Und sie fordert unser oft sehr kognitives ausgerichtetes Ich besonders heraus – wir betreten meist wirkliches Neuland.

So wird uns im Laufe der Ent-Fesselung immer klarer, wann wir in der Gegenwart, im Hier und Jetzt sind und wann nicht. Das Heutige grenzt sich immer klarer von dem Damaligen ab. Wir erkennen, wann wir in die Vergangenheit gezogen werden, eine Regression erleben. Wir erkennen, wann wir dissoziieren, das Hier und Jetzt abspalten. Und wir erkennen, wann wir in Kontakt mit Traumamaterial treten, das zu dem Ereignis in der Vergangenheit gehört, nicht aber zu einem gegenwärtigen Kontext, wann uns die Vergangenheit einholt und steuert. Uns wird klar, wo welche Gefühle und Eindrücke hingehören: Ist das hier und jetzt, oder gehört es in unsere frühere Biografie? Wir erlangen Klarheit – und uns gelingt mehr und mehr eine episodische Verortung und Einordnung der Bilder, Gefühle, Eindrücke.

Was wirkt in unserem Umfeld?

Die entstehende Klarheit umfasst dann auch unser Umfeld: die Systeme, in denen wir wirken und die uns umgeben.

Mit der zunehmenden inneren Klarheit beginnen wir meist auch, das Verhalten und Denken unserer Vorgesetzten, der Kolleginnen, der Mitarbeitenden anders zu betrachten. Wir beginnen, auch hier Anzeichen für Innere Fesseln zu erkennen. Und wir erkennen, immer deutlicher den Preis der Inneren Fesseln – für die Organisation, für die Beziehungen und auch für die einzelnen Menschen. Wir bekommen eine Ahnung davon, was in ihnen wirken könnte, von den alten Wunden, den damaligen Erfahrungen, der Not. Dies lässt uns die anderen oft in einem neuen Licht sehen.

Auch bei Freunden und Bekannten werden die Inneren Fesseln üblicherweise sichtbarer. Dort kann es sein, dass wir das Thema sogar offen ansprechen, uns mit unseren Inneren Fesseln offenbaren und gegebenenfalls über unsere eigene Ent-Fesselung sprechen, von der Transformation berichten. Wir können die Befreiung beschreiben, unsere Freunde und Bekannte Anteil nehmen lassen an dem, was wir erkannt und verändert haben und vielleicht sogar ein bisschen an dem, was dahintersteht. Damit können wir vielleicht eine unbewusste Einladung und Ermutigung aussprechen, sich ebenfalls den eigenen Inneren Fesseln zu stellen.

Wie laden wir unser Umfeld zur Ent-Fesselung ein?

In unserem eigenen Prozess der Ent-Fesselung werden uns häufig Innere Fesseln bei Menschen aus unserem Umfeld bewusst. Dann kann in uns der Wunsch entstehen, unsere Mitmenschen ebenfalls zur Ent-Fesselung einzuladen, insbesondere wenn wir zu ihnen eine nahe Beziehung haben (z. B. zu unseren Partnern oder zu guten Freuden).

Hier ist vielleicht eine kleine »Gebrauchsanweisung« hilfreich: In der Regel bringt ein aggressives Appellieren an das Verändern der entsprechenden Verhaltens- und Denkmuster bei Freunden und Bekannten wenig – zu stark sind die Überlebensstrategien, zu viel Erfahrungen und »Waffen« haben diese im »Kampf« gegen Veränderungen, zu mächtig sind sie im inneren Team des Gegenübers. Viel erfolgsversprechender ist häufig der diskrete Appell an die gesunden Anteile: an deren Hoffnung auf ein »gutes Leben«, an deren Sehnsucht nach einem Loslassen-können oder an deren Vision von einem befreiten Leben. Es geht um die Stärkung der gesunden Anteile in ihrer inneren Auseinandersetzung mit den Überlebensstrategien. Meist ist es deshalb am erfolgversprechendsten, wenn wir von unserer eigenen Ent-Fesselung, von der erlebten Befreiung berichten.

Hier gilt es jedoch auch, auf seine eigenen Grenzen zu achten. Traumata sind äußerst persönliche Erfahrungen, die uns meist massiv beeinflusst haben. Das gehört nicht an jeden Tisch, nicht in jede Runde. Einerseits, um uns selbst gegenüber achtsam und selbstfürsorglich zu bleiben, uns zu schützen (siehe Kapitel 5.3.4.2). Andererseits aber auch, um die anderen nicht zu überfordern, nicht deren Grenzen zu missachten oder gegebenenfalls sogar durch unsere Erzählungen deren eigene Traumata »aufzuwecken«, zu aktualisieren, sie zu triggern.

Besonders deutlich werden uns verständlicherweise die Inneren Fesseln unserer Partner und der Menschen, mit denen wir in engen Beziehungen stehen. Hier können unsere eigene Ent-Fesselung und die entstehende Klarheit durchaus einige Turbulenzen bewirken. Es kann notwendig werden, zum Beispiel Teile unsere Partnerschaften neu zu verhandeln, denn so, wie wir jetzt sind – entfesselt – so haben uns unsere Partner in der Regel nicht kennengelernt. So hilfreich und positiv es für uns selbst sein kann, die Inneren Fesseln zu lockern, so herausfordernd kann es für die Beziehungsdynamik werden. Und es kann auch für unsere Partner eine Einladung sein, sich selbst auf eine Reise der Ent-Fesselung zu begeben – eine Einladung, die sie oft schwer ausschlagen können, weil sie die Erfolge an uns beobachten können und den Preis erkennen, den sie selbst zahlen.

Ein letzter Aspekt von Klarheit soll noch erwähnt werden. Häufig wird uns im Prozess der Ent-Fesselung klar, wie sehr unsere Überlebensstrategien uns bisheriges Leben gesteuert haben. Wie viel Einfluss sie auf die Wahl des Freundeskreises hatten. Wie sehr sie unsere Berufswahl und die späteren beruflichen Entscheidungen beeinflusst haben. Wie weitgehend sie auf unseren Lebensstil, unsere Lebensumstände Einfluss hatten. Und wie sie oft auch unsere Partnerschaft gestaltet haben – vielleicht schon von der unbewussten Auswahl unserer Liebsten bis zu der Art, wie wir die Beziehung leben – und schließlich inwieweit sie bisher auch unser Elternsein, die Beziehung zu unsren Kindern und die Modelle, Überzeugungen und Glaubenssätze, nach denen wir sie erziehen, manipuliert haben.

Wir erkennen mehr und mehr das Spinnennetz, die Spuren der Traumata in allen Bereichen unseres Lebens. Und wir erkennen klarer, welche Teile dieses Spinnennetzes unsere Ent-Fesselung behindern oder verlangsamen, weil sie uns im »Alten« halten wollen. Uns wird klar, dass unsere Überlebensstrategien häufig weite Teile unseres gesamten Systems durchzogen, ja infiltriert haben, und dass es für eine erfolgreiche Ent-Fesselung gegebenenfalls notwendig sein kann, Teile des Systems neu zu gestalten.

Wo wollen wir hin?

Ein weiterer wichtiger Bereich, in dem durch eine Ent-Fesselung Klarheit entsteht, ist unsere Zukunft. Es wird uns klarer, was wir anstreben und wofür wir streiten, uns einsetzen wollen, wohin unsere Energie gehen soll. Unsere Zielvorstellungen für eine anzustrebende Zukunft nehmen Form an.

Und diese Ziele werden nicht nur klarer, sondern verändern sich auch häufig. Sie entsprechen dann mehr dem, worum es im Leben wirklich geht. Sie sind mehr auf die Frage ausgerichtet, was wir hinterlassen wollen, was unser Vermächtnis sein soll, woran wir messen wollen, dass unser Leben gut war und was der Sinn unseres Lebens sein sollte. Ein Sinn, der weniger biografisch geprägten Glaubenssätzen entspringt als unserer bewussten Entscheidung, der uns trägt, der unsere Kompetenzen und unsere Energien und Ressource mobilisiert und der nicht einem Pflichtbewusstsein oder einer »Über-Ich«-Vorgabe entspringt.

Hier kommt uns zugute, dass in der Regel in einer Ent-Fesselung eine oft grundlegende Überlebensstrategie verflüssigt wird: »Es reicht nie«. Hier sei noch einmal auf den feinen, aber elementaren Unterschied zwischen »Es reicht nicht« und »Es reicht nie« hingewiesen, teilweise haben wir bereits im Kapitel 4.1.1 darüber gesprochen. Die erste Aussage ist Ausdruck einer Ambition, eines Ehrgeizes. Er ist auf ein konkretes, meist gut messbares Ziel ausgerichtet, ein Ziel, das wir uns selbst gesetzt haben und das in der Regel auch erreichbar ist. »Es reicht nicht« ist Ergebnis einer rationalen, bewussten Analyse der Differenz zwischen heutigem Status und dem Zielzustand. Das, was zu tun ist, um ins Ziel zu gelangen, ist meist klar, beschreibbar und von uns leistbar, vielleicht mit etwas Anstrengung. »Es reicht nicht« kann mit einer definierten Zeitspanne verknüpft werden, die wir zur Erreichung des Ziels vermutlich benötigen.

»Es reicht nie« erfüllt dagegen häufig die Charakteristika einer Überlebensstrategie und hat vor allem keinen konkreten Zielpunkt. Wir können nicht genau sagen, wann wir fertig sind, wann das Ziel erreicht ist, wann es »gut« ist. Im Gegenteil: Wie die Überlebensstrategie schon ausdrückt, ist das Ergebnis nie zu erreichen, egal was wir tun, wie viel wir uns anstrengen, welche Ressourcen wir nutzen oder uns erarbeiten. Es ist wie die Karotte, die an einem langen Stock direkt vor unserer Nase hängt, der Stock aber an unserem Kopf festgebunden ist. »Es reicht nie« lädt zu einer »Mission Impossible« ein. »Es reicht nie« verursacht Tantalusqualen: Das Ziel ist scheinbar nahe und klar, aber nie erreichbar. Damit wirkt die Überlebensstrategie unendlich lange und erzeugt parallel einen signifikanten Leidensdruck: Weil wir es nie schaffen, es nie reicht, entsteht häufig ein – teilweise unbewusstes – Gefühl von Selbstabwertung. Die Wirkung von »Es reicht nie« ist unserem Selbstwert, unserem Selbstbewusstsein, unserer inneren Achtung und dem Respekt vor uns selbst selten zuträglich – im Gegenteil. »Es reicht nie« ist ein Programm für niemals endende Unzufriedenheit, und im Extrem auch für dauerhaftes Unglück. Das Erreichte kann schwer gewürdigt werden, weil es eben nie reicht. Wir sind mehr auf die nächsten Schritte und das noch Kommende, das noch Unerreichte fixiert, sind mit unseren Gedanken häufig eher bei den Defiziten als bei den Erfolgen.

Vor Beginn einer Ent-Fesselung ist uns die Wirkung einer »Es reicht nie«-Überlebensstrategie meist nicht explizit bewusst. Wir ahnen zwar, dass es solche Programme in uns geben könnte, haben deren Wirkung aber häufig gut »rationalisiert«. Die Überlebensstrategie ist verschleiert, vernebelt. Wir erkennen nicht, dass unser Streben nach mehr Gehalt oder einem auskömmlichen Vermögen, nach immer größerem Luxus und Status, nach beruflichem Weiterkommen oder eigenen Höchstleistungen eigentlich einer »Es reicht nie«-Dynamik unterliegt: Es gibt kein Ende, es ist nie »gut«. Wir können nicht sagen, wann wir genug Geld verdient haben, um gut leben zu können, wann unsere Karriere an einem Punkt sein wird, an dem wir zufrieden sind und uns mit der Aufgabe wohlfühlen, und erkennen, dass vielleicht mehr Verantwortung für unser Wohlbefinden gar nicht zuträglich ist. Wir gehen regelmäßig über unsere Grenzen, versuchen, das Unmögliche möglich zu machen, verbiegen uns bis zur Unkenntlichkeit. »Es reicht nie« gaukelt uns dann vor, ein »Es reicht nicht« zu sein, eine gesunde Ambition, einen starken Ehrgeiz oder Gestaltungswillen zu repräsentieren. »Es reicht nie« zeigt sich als endlose Folge von »Es reicht nicht«-Sequenzen. Nach der ersten Eigentumswohnung streben wir dann sofort nach der zweiten, gar der dritten, nach dem Erreichen eines beruflichen Etappenziels wird sofort das nächste und übernächste spürbar etc.

Überlebensstrategien wie »Es reicht nie« können sich – wie viele Überlebensstrategien – aus verschiedenen traumatisierenden Erfahrungen entwickeln. Häufig entstammen sie der Erfahrung, als Kind die Eltern (und damit sich selbst) nicht retten zu können. Solche Erfahrungen können beispielsweise Kinder mit kranken Eltern oder Kinder aus Suchtfamilien machen. Aber auch ungewollte, abgelehnte, nicht geliebte Kinder können – in ihrem oft vergeblichen Versuch, sich sichtbar zu machen – eine solche Strategie entwickeln. Es gibt viele weitere potenzielle Auslöser.

Mit der Lockerung der Inneren Fessel »Es reicht nie« entsteht Klarheit. Klarheit, was wir wirklich erreichen wollen – und können. Und es entsteht der Bedarf nach einem (oft neuen) Referenzpunkt: Worum geht es (wirklich) in unserem Leben? Wofür sind wir auf der Welt, was ist unsere individuelle Bestimmung? Die innere Auseinandersetzung mit diesen fundamentalen Fragen ist alles andere als trivial und hat natürlich auch eine spirituelle Dimension. Gleichzeitig scheint das Finden einer Position zu diesen Fragen elementar, um sicherzustellen, dass wir unsere Lebensziele auch erfüllen und somit glücklicher und zufriedener leben können.

Ein Angebot, sich der Frage nach dem Sinn zu nähern, ist es, mit der Hypothese des »guten Lebens« zu arbeiten. Natürlich wird die Ausgestaltung dessen, was für jeden von uns ein »gutes Leben« ist, individuell sehr verschieden sein. Was ein »gutes Leben« konkret für unsere Arbeit, unsere Beziehungen, unser Privatleben, unsere Gesundheit und unseren Körper, unsere Psyche und unser Ich und für vieles mehr bedeuteten könnte, gilt es zu erforschen. Wie und wo wollen wir leben? Mit wem wollen wir uns umgeben? Welche Beziehungen wollen wir wie führen? Wie und wozu wollen wir unsere Kompetenzen, unseren Gestaltungswillen einbringen? Wozu wollen wir beitragen, was wollen wir verändern, wo wollen wir wirksam sein? Was wollen wir hinterlassen? Um nur ein paar Fragen zu nennen, deren Antworten konkrete Ziele darstellen.

Ent-Fesselung bringt also häufig auch Klarheit über das, was wir mit unserem Leben zukünftig anfangen wollen, wofür wir ab jetzt leben wollen, wie wir unsere Zukunft gestalten wollen, wo wir hinwollen – befreit von den Scheinzielen des »Es reicht nie«.

5.4.3 Eine neue Ganzheitlichkeit und innere Gelassenheit

Im Prozess der Ent-Fesselung lässt – wie wir gesehen haben – die Macht der Überlebensstrategien zusehends nach und wir gewinnen sukzessive an Klarheit – Klarheit über die Vergangenheit, im Hier und Jetzt, über unsere bewusst gewählte Zukunftsgestaltung.

Und es verändert sich noch etwas sehr Wesentliches: Wir werden wieder ganz. Die Spaltung unserer Psyche wird revidiert. Das Abgespaltene wird wieder integriert, wird wieder Teil unseres bewussten Seins. Wir bekommen wieder mehr Zugang zu den Anteilen, die lange verborgen, weggeschlossen, unzugänglich waren. Wir greifen auf Gefühle zu, die, um zu überleben, nicht mehr gefühlt werden konnten, aber immer Teil unseres Ganzen waren und es noch immer sind. Und es stellt sich häufig eine neue Gelassenheit ein, eine tiefe innere Ruhe. Als Ergebnis, als Symptom der Ganzwerdung. Und als ein Schatz, den wir geborgen haben.

Abgespaltene Gefühle werden wieder fühlbar

Ent-Fesselung bedeutet Re-Integration. Re-Integration von Kopf und Bauch, von Ratio und Emotionen, von Verstand und Gefühlen.

Wie zeigt sich eine solche Re-Integration, wie bemerken und erleben wir sie? In der Regel zeigen sich für uns deutliche Unterschiede vor allem auf der körperlichen und emotionalen Ebene. Kein Wunder, sind es doch häufig die Empfindungen, die Gefühle, die Sinneseindrücke, das Körpererleben, die im Rahmen der Traumatisierung abgespalten werden mussten.

Im Rahmen der Ent-Fesselung begegnen wir diesen verschütteten inneren Anteilen – auf eine sehr achtsame, vorsichtige und fürsorgliche – auf eine traumasensitive – Weise, die uns nicht überwältigt, die uns fordert, ohne uns zu überfordern. Auf eine Weise, die es uns ermöglicht, den inneren Prozess zu halten und zu steuern, weil wir unsere Kompetenzen, unsere Reife, unsere Erfahrungen und unsere Resilienz nutzen können – anders als früher. Dies gelingt, weil wir heute erwachsen sind und es für uns – wenn wir es gut machen – heute nicht mehr existenziell bedrohlich ist, hinzuschauen und hinzufühlen.

Wir begegnen dann den Anteilen, die das Schreckliche, das Unvorstellbare noch erinnern, teilweise noch in sich tragen, und die abgespalten werden mussten. Wir begegnen in gewisser Weise unserem verletzten inneren Kind – leidend, hilflos und verzweifelt. Wir finden die Anteile wieder, die so lange versteckt waren, die sich nicht zeigen durften, die weggesperrt waren, bewacht und gesichert von unseren Überlebensstrategien. Und diese Selbstbegegnung ermöglicht die Re-Integration.

Wir holen uns dann einerseits die Gefühle und Empfindungen, die abgespalten waren, sukzessive zurück. Sie verlieren ihre Bedrohlichkeit, werden weniger unheimlich, gefährlich oder verunsichernd. Es fällt uns leichter, diese einzuordnen, zu benennen, zu interpretieren und die ursprüngliche Bedeutung des Gefühls, dessen natürliche Signalwirkung zu erkennen. Wir können eingrenzen, vor was Konkretem im Hier und Jetzt oder in der konkreten Zukunft ein Angstgefühl uns warnen will. Wir erkennen so beispielsweise den Grund für unsere Wut und deren situatives nachvollziehbares Ziel, konkret und aus dem Kontext verständlich. Wir erleben, dass unsere Wut grundsätzlich für unser »gutes Leben« eintritt und wir können sie dann sozialverträglich in Kontakt bringen, sie adäquat artikulieren. Oder wir wissen, wofür wir uns hier und jetzt schämen. Scham tritt parteiisch für Zugehörigkeit ein. Wenn wir uns schämen, zeigt dies, dass wir die Regeln der Zugehörigkeit verletzten[146]. So können wir unser Verhalten entsprechend überprüfen, das Schamsignal sinnvoll nutzen.

Andererseits passiert noch etwas mindestens genauso Entscheidenderes: Unser Erlebnishorizont erweitert sich. Neue Gefühle und Empfindungen werden spürbar, oft zum ersten Mal in unserem Leben gefühlt. Wir erhalten Zugang zu neuen Bereichen unserer Wahrnehmung. Gefühle und Empfindungen verändern sich oder werden klarer. Die Wahrnehmung wird feiner, differenzierter, aus Schwarz-Weiß wird Farbe. Wir entdecken eine nie gedachte Vielfalt an Empfindungen und Gefühlen in unserem Alltag.

Und wir erleben häufig eine ungeahnte Tiefe. Wir werden anders, oft intensiver und nachhaltiger berührt. Wir bekommen einen neuen, oft ersten Zugang zu den Bereicherungen, die Gefühle und Empfindungen für unser Leben darstellen können. Spüren (wieder), wie sie uns bewegen, uns motivieren, uns erfüllen können. Wir können uns (manchmal erstmals) von Dingen berühren lassen – von einem Schicksalsschlag eines Mitmenschen, von der Schönheit eines Herbstwaldes, von der Mächtigkeit eines Gewitters, von einem traurigen Film im Fernsehen. Wir spüren dann diese Berührung, vielleicht auch die aufsteigenden Tränen, das Mitschwingen mit den anderen.

Schließlich erleben wir, dass wir mit sich zeigenden Gefühlen und Empfindungen besser umgehen können. Wir können ihnen begegnen, uns auf sie einlassen, ohne übermannt zu werden, ohne ausgeliefert zu sein. Wir können uns besser regulieren, mit den Gefühlen arbeiten und sie in unser Denken und Handeln integrieren.

146 Meiss, Ortwin (2016): persönliche Mitteilung im Rahmen einer Fortbildung des Milton-Erickson-Instituts; siehe auch Miess, Ortwin (2016): Hypnosystemische Therapie bei Depression und Burnout, Heidelberg.

In der Summe erschließt sich uns eine neue Form der **Lebendigkeit**, die anstelle eines Gefühls der Erstarrung tritt, die wir oft unter dem Einfluss der Inneren Fesseln erleben mussten. Eine lebensbejahende, positiv-gestaltende Form der Lebendigkeit, aus der heraus wir aktiv für ein »gutes Leben« eintreten, es mitgestalten können. Eine ganzheitliche Form der Lebendigkeit – mit Herz und Verstand.

Als Kollateraleffekt zeigt sich dann oft ein bewussterer Umgang mit Zeit. Häufig beginnen wir, bewusste Phasen der Entschleunigung in unseren Alltag einzubauen. Wir verlangsamen gezielt bestimmte Prozesse, Routinen, Tagesabschnitte, weil sich dann Gefühle und Empfindungen besser zeigen können, wir sie bewusster und intensiver wahrnehmen können. Dieses Wahrnehmen können wir als wertvoll, als bereichernd empfinden, als wichtige Bestandteile unseres Lebensglückes und unserer Zufriedenheit, als Bausteine eines »guten Lebens«. »Verlangsamung macht glücklich« – so könnte man sagen.

Gelassenheit und innere Ruhe: Eine neue Natürlichkeit kehrt ein

Irgendwann erleben wir im Laufe der Ent-Fesselung häufig eine fundamentale Veränderung unseres emotionalen Grundzustands.

Die dauerhafte (Über-)Erregung schwindet. Das Gefühl, alles sei heute und jetzt wichtig und dringend, nimmt ab. Der generelle Stresslevel sinkt und steigt nur noch selten, nur wenn es situativ wirklich notwendig zu sein scheint. Die Bedeutung vieler vormals als essenziell eingestufter Aktivitäten relativiert sich.

Es kehrt mehr und mehr eine tiefe innere Ruhe und Gelassenheit ein. Das Gefühl, in sich zu ruhen, in sich getragen zu sein, einen tiefen, fundamentalen inneren Frieden zu empfinden, breitet sich aus. Wir spüren, mit dem in Kontakt zu sein, was wir sind, in unserem tiefsten Inneren, im Kontakt mit unserem unverstellten, authentischen Selbst, unserer Essenz, unserem Kern und gleichzeitig mit allen Ressourcen und Kompetenzen, die wir verfügbar haben, einsetzen können, wenn es hilfreich erscheint – aber nicht einsetzen müssen.

In diesem Zustand der Gelassenheit und inneren Ruhe spüren wir in der Regel auch unseren vollen Selbstwert. Wir wissen um uns, um das, was wir können und sind, für was wir stehen, und auch um das, was wir nicht sind, wo es uns gegebenenfalls an Kompetenzen mangelt, wo wir noch lernen und uns entwickeln können. Wir haben einen authentischen, differenzierten und realistischen Blick auf uns. Wir sind uns unseres Selbst bewusst.

Und wir erleben, wie wir uns selbst immer besser von außen betrachten können und von der Metaebene, aus einer guten professionellen Distanz unsere Verhaltens- und Denkmuster wahrnehmen und einordnen können. Wir können prüfen, wie hilfreich oder zieldienlich sie gerade sind und daraus Veränderungsimpulse generieren, die wir konstruktiv aufnehmen, sinnvoll weiterverarbeiten können – im Sinne von lebenslangem Lernen. Ohne mit Minderwertigkeitsgefühlen, Scham oder Selbstabwertung konfrontiert zu werden.

Und so kehrt eine neue Natürlichkeit ein – eine neue **Natürlichkeit** der situativ angemessenen Reaktionen und im Umgang mit anderen Menschen, mit auftretenden Konflikten, Meinungsverschiedenheiten und Dilemmata. Wir können weicher, verzeihlicher, nachsichtiger mit Fehlern umgehen – bei uns und bei den anderen –, ohne nachlässig zu werden. Wir erleben eine neue Natürlichkeit in der Art, wie wir uns präsentieren, wie wir auftreten. Wir sind in der Regel präsenter, können besser zuhören, uns auf den anderen einlassen, mit ihm kommunizieren. Wir erleben die Natürlichkeit, alles aus verschiedenen Perspektiven betrachten und zwischen Sichtweisen wechseln zu können.

Wir erleben eine neue Natürlichkeit im Umgang mit unserer Führungsaufgabe und sind unaufgeregter, entspannter, souveräner. Wir erinnern uns daran, dass es nur eine Aufgabe ist, dass wir eine Rolle übernommen haben, die wir optimal auszufüllen versuchen. Auch wenn diese Rolle uns natürlich alles abverlangt, was wir haben, soll sie uns nicht definieren und den Menschen in uns übernehmen, kapern.

5.4.4 Selbstachtung, Selbstrespekt und Selbstliebe nehmen zu

Wenn wir bemerken, dass in uns Programme wirken, die wir einfach nicht »in den Griff bekommen«, wenn wir also unsere Inneren Fesseln als solche identifizieren und klassifizieren, entstehen nicht selten Gefühle von Verzweiflung, Hilflosigkeit und Ohnmacht, manchmal auch Resignation oder Scham und Schuld. Es kann sein, dass wir die Inneren Fesseln zu verdrängen versuchen, dann aber immer wieder eingeholt werden und uns ärgern, dass auch die Verdrängung nicht wirklich funktioniert. Oder wir werden anhand des Versagens von Work-arounds oder Vemeidungen immer wieder daran erinnert, wie wenig Kontrolle wir über diese Programme haben, wie sehr sie uns bestimmen und steuern.

Nicht selten nimmt jedoch auch unser Selbstwert, unsere Selbstliebe, unser Selbstrespekt Schaden. Dann kann sein, dass wir uns zutiefst wegen unseres »Versagens« schämen, dass wir innerlich erröten, weil wir manche Verhaltens- und Denkweisen so wenig im Griff haben. Die Folge ist dann häufig auch eine innere **Selbstabwertung**, wir verlieren teilweise den Respekt und die Achtung vor uns selbst. Wir verachten diese Programme, diese Anteile in uns – und damit verachten wir ein Stück von uns selbst.

In der Ent-Fesselung wächst unser Verständnis für die Historie und die ursprünglich gute Absicht unserer Inneren Fesseln. Wir erkennen die Überlebensstrategien in Ihnen, beginnen zu begreifen, dass sie für unser Überleben essenziell waren. Sie haben uns damals buchstäblich das Leben gerettet. Ohne sie hätten wir das damals nicht überlebt, nur die psychische Notfallreaktion Traumatisierung hat unser Überleben ermöglicht. Oder, wie der Psychotherapeut

Gunther Schmidt sagen würde: Wir erkennen, dass nicht das Symptom (nicht die Überlebensstrategie, nicht die Innere Fessel) das Problem ist, sondern die Lösung eines Problems[147]. Wir können also stolz sein, (damals – noch dazu in so jungen Jahren) eine tragfähige Lösung für ein schwerwiegendes Problem gefunden zu haben.

Mit dieser neuen Einschätzung und Bewertung unserer Inneren Fesseln geht häufig eine deutliche Entspannung unseres »Verhältnisses« zu ihnen einher. Die Beziehung zu den Inneren Fesseln erhält erstmals auch eine positive Bedeutung. Manchmal entsteht sogar eine Form der Dankbarkeit. Und das zu Recht: auch wenn die Inneren Fesseln heute oft lästig sind oder uns behindern, so hatten sie doch eine existenzielle Aufgabe, für die wir auch dankbar sein sollten.

Als Folge dieser neuen, dieser authentischen Form von Selbstliebe, Selbstrespekt und Selbstachtung können wir meist liebevoller mit uns umgehen, verzeihlicher und barmherziger auf uns selbst schauen und auch ein neues, fundiertes und »gesundes« Selbstbewusstsein entwickeln. Wir bekommen einen neuen Zugang zu diesen für uns Menschen essenziellen Qualitäten – fernab von Selbstüberschätzung, Arroganz oder Narzissmus. Und wir können durch diese neue Form von Selbstliebe, Selbstrespekt und Selbstachtung auch unseren Mitmenschen liebevoller begegnen: unsere Beziehungen werden wahrhaftiger.

5.4.5 Beziehungen werden wahrhaftiger

Ein sehr wesentliches Element der zunehmenden Ent-Fesselung ist, dass wir zwischenmenschliche Beziehungen wieder aktiver, wirksamer, zieldienlicher gestalten können. Unsere Beziehungen bekommen eine andere Qualität, werden tiefer, relevanter, belastbarer. Sie werden wahrhaftiger.

Die meisten Inneren Fesseln sind die Auswirkung traumatischer Erfahrungen, deren Wurzeln in disruptiven Beziehungserfahrungen liegen, Erfahrungen von fehlender oder unzureichender Bindung als Embryo oder Baby, Erfahrungen mit nicht-liebenden und nicht-sehenden Bezugspersonen, Erfahrungen von fehlendem Schutz durch eine fehlende Beziehung zur Schützenden.

Traumatisierte Menschen können nur sehr schwer und sehr eingeschränkt gesunde, bereichernde, tragfähige Beziehungen zu anderen aufbauen. Die Überlebensstrategien stehen häufig im Vordergrund, sind meist im Weg. Sie kontrollieren die Beziehungsgestaltung und instrumentalisieren unsere Beziehungen. Die Überlebensstrategien spielen ihr Stück auf der Bühne unserer Beziehungen, die Menschen werden zu Statisten oder zur Projektionsfläche der Programme.

147 Schmidt, Gunther (2004): Liebesaffären zwischen Problem und Lösung, 7. Auflage, Heidelberg 2017.

Dies zeigt sich vor allem auch in unseren privaten Partnerschaften. Wenn wir traumatisiert sind, können wir meist nur über unsere Überlebensstrategien mit unserem Partner in Kontakt gehen – weil es eben um Beziehungsgestaltung geht, zu der wir nur über eben diese Überlebensstrategien fähig sind. So gibt es eine hohe Wahrscheinlichkeit, dass wir uns Partner gesucht haben, die selbst entsprechende Traumatisierungen erlebt haben. »Gesunde« Partner werden unsere Inneren Fesseln gegebenenfalls kaum lange aushalten – oder hätten sich gar nicht erst auf eine Partnerschaft eingelassen. Dann sind in unserer Partnerschaft nur unsere jeweiligen Überlebensanteile, unsere verletzten und von Inneren Fesseln geplagten Anteile, miteinander in Kontakt. Das kann lange gut gehen und – solange wir noch gefesselt sind – sicher auch »den Umständen entsprechend« erfüllend und befriedigend sein. Wahrhaftige und tiefe Partnerschaften brauchen allerdings eine Ent-Fesselung. Nur auf Basis von wahrhaftigen Beziehungen können wahrhaftige Partnerschaften entstehen.

Erst eine Befreiung von den Überlebensstrategien, ein Lösen der Inneren Fesseln, eine Versorgung der traumatischen Wunde macht uns wirklich frei, das volle Potenzial wahrhaftiger Beziehungen zu unseren Nächsten zu leben – im Beruflichen wie im Privaten.

Wahrhaftige Beziehungen verbinden die Menschen in ihrer Menschlichkeit miteinander. Sie sind getragen vom gegenseitigen Erkennen und Würdigen des Menschen im Gegenüber – eines Menschen mit eigenen Nöten, Bedürfnissen, Wünschen, Unzulänglichkeiten und Stärken, Träumen und Enttäuschungen, Wunden und Ressourcen.

In wahrhaftigen Beziehungen wird das Gegenüber nicht mehr auf Titel, Rollen, Funktionen oder Aufgaben reduziert. Die Frage, ob das Gegenüber stärker oder schwächer ist, für mich gefährlich oder nützlich werden kann, meinen Ansprüchen genügt oder nicht, spielt nicht mehr die Hauptrolle. Es wird weniger wichtig, ob die Beziehung mir einen beruflichen Vorteil bringen kann, meiner Karriere förderlich (oder für diese schädlich) sein könnte. Konflikte eskalieren nicht mehr, sondern können benannt, eingeordnet und konstruktiv miteinander gelöst werden. Echte Kompromisse entstehen anstelle von Übervorteilungen oder Versuchen, den anderen auszutricksen – jedes Thema wird im besten Sinne bezüglich des gemeinsamen Ziels verhandelt. Vertrauen und Verlässlichkeit bestimmen das Miteinander, ebenso wie gegenseitiger Respekt, Offenheit und Ehrlichkeit. Gespräche finden auf Augenhöhe statt. Hierarchische Abhängigkeiten übersetzen sich nicht in ein Oben und Unten, nicht in eine Form von Befehlen und Gehorchen.

Aus dem Gesagten wird deutlich, dass Teams, in denen die Teammitglieder wahrhaftige Beziehungen zueinander aufbauen können, selten eine Teamentwicklung brauchen. Im Gegenteil, sie repräsentieren eher den Prototyp der High-Performance-Teams, die mit maximaler Effizienz und Effektivität arbeiten. Und Führungskräfte, die über wahrhaftige Beziehungen wirken, würden in der Ausprägung ihrer Führungskompetenzen sicherlich als Top Performer eingestuft werden.

Wahrhaftigkeit in Beziehungen durch die Abwesenheit – oder zumindest reduzierte Wirkung – von Überlebensstrategien und Inneren Fesseln hat aber auch eine Auswirkung auf unsere ganze Gesellschaft. Dazu später mehr.

5.5 Und wie funktioniert eine Ent-Fesselung?

Eine Ent-Fesselung ist ein Prozess, der selbstverständlich durch eine Reihe von Methoden und Ansätzen unterstützt wird. In dem folgenden Kapitel wollen wir darauf kurz eingehen.

5.5.1 Grundprämisse: Vertrauen Sie Ihrer Begleitung

Es sei an dieser Stelle zunächst ein kritischer Hinweis zu der vertieften Beschäftigung mit Methoden und Tools erlaubt. In diesem Buch haben wir dediziert die Perspektive der Führungskraft eingenommen, die einen solchen Prozess durchläuft. Die Kenntnis der entsprechenden Methoden und Ansätze sollte primär Aufgabe des Begleitenden sein, nicht des Begleiteten. Hier sollten die Selbsterfahrung und die Prüfung der Wirksamkeit »am eigenen Leib« im Vordergrund stehen.

Dieser Schwerpunkt stellt somit auch eine Einladung dar, den Fokus schon bei der Beschäftigung mit Inneren Fesseln auf uns selbst zu lenken und später, im Prozess der Ent-Fesselung idealerweise vor allem das Erkennen, Erleben und Empfinden in den Vordergrund zu stellen. Wir sollten die Veränderungen und inneren Prozesse beobachten, über das Neue staunen, uns daran erfreuen, wie das Alte seine Macht verliert, und selbstfürsorglich auf uns achten, damit der Prozess nicht eine neue Quelle von Traumatisierung, von neuen Überlebensstrategien, von neuen Inneren Fesseln wird.

Eine zu tiefe Beschäftigung mit den Ansätzen und Methoden zur Ent-Fesselung kann im Zweifelsfall auch kontraproduktiv wirken, da sie die Aufmerksamkeit und Energie in Bereichen fokussiert, die gegebenenfalls auch Charakteristika von Überlebensstrategien haben (z. B. »Bloß nicht fühlen, lieber durch Gedanken und den Kopf steuern«).

Gleichzeitig ist es wichtig, dass unser »kognitiver Gatekeeper« genug Informationen über das hat, was auf uns zukommt, um sich sicher zu fühlen. Aus diesem Grund wird in diesem Kapitel **kurz skizziert**, was Ihnen methodisch im Prozess begegnen könnte.

Auch bei den Ihnen möglicherweise begegnenden Methoden gilt »Viele Wege führen nach Rom«. Jeder Begleitende hat mit hoher Wahrscheinlichkeit aus der Vielzahl der möglichen Ansätze zur Ent-Fesselung sein individuelles Portfolio an bevorzugten Methoden zusammengestellt – je nach eigener Präferenz und Kompetenz. Analog reflektiert auch der nachfolgend beispielhaft skizzierte Prozess nur die Methoden-Präferenz und -Kompetenzen des Autors und soll in keiner Weise ein allgemeingültiges »Best Practice«-Beispiel für erfolgreiche Ent-Fesselungen darstellen. Vielleicht begegnen Ihnen also bei Ihrer Ent-Fesselung noch ganz andere Methoden und Ansätze.

5.5.2 Kein Prozess ist wie der andere

Jeder von uns steigt mit einer höchst individuellen Ausgangslage in den Prozess der Ent-Fesselung ein.

Das beginnt schon mit den jeweiligen individuellen Inneren Fesseln. Zu Beginn erleben wir häufig mehrere miteinander verwobene Innere Fesseln, selten nur eine, und es gilt erstmal, diese überhaupt zu kartieren und eine Landkarte anzufertigen. Diese wird von Führungskraft zu Führungskraft verschieden sein.

Im Prozess selbst haben einige das jeweilige Anliegen klar gefasst, andere müssen in dessen Konkretisierung noch etwas begleitet werden, manche können den Veränderungswunsch auch nur indirekt oder auf körperlicher Ebene (zum Beispiel an Körpersymptomen) festmachen. Manche erleben eine Phase der generellen Stabilität im Leben, andere gehen gerade durch eine breitere Krise, in der die Inneren Fesseln noch verstärkend wirken. Viele sind in ihrer Wahrnehmung und deren Prozessierung vor allem kognitiv ausgerichtet, andere haben ein gutes Gefühl für emotionale Signale oder körperliche Empfindungen. Einige haben sich bereits in anderen Prozessen mit ihren Inneren Fesseln beschäftigt, für manche stellt es ein neuer Weg dar. Die meisten haben ein gutes Portfolio an verfügbaren Ressourcen und Kompetenzen und zeigen ein gutes Maß an Resilienz, aber es gibt auch Ausnahmen. So könnte man die Liste an individuellen Rahmenbedingungen und Ausgangslagen beliebig verlängern.

Aus all diesen Gründen wird unser individueller Prozess sich mit hoher Wahrscheinlichkeit von dem anderer Führungskräfte unterscheiden, denn es ist essenziell, dass wir da beginnen, wo wir in unserem Leben gerade stehen, dass wir in unserer individuellen Ausgangslage und mit Rücksicht auf unseren verfügbaren Satz an Kompetenzen und Resilienzen abgeholt werden. Jeder Prozess ist somit anders – und das muss er sein, um wirksam sein zu können. Es gibt bei Ent-Fesselungen kein »one size fits all«, sondern nur hochindividualisierte, maßgeschneiderte Wege.

Eine erfahrene Begleitung wird also aus den zu Verfügung stehenden Methoden einen für uns speziell passenden Prozess zusammenstellen. Diese Prozesse werden häufig auch einen recht iterativen Charakter haben, da wir nicht voraussagen können, wo uns unsere Forschungsreise zu den Wurzeln der Inneren Fesseln hinführen wird. Ein »Standard-Vorgehen« scheint in Anbetracht des oben gesagten meist eher kontraproduktiv, es braucht einen in hohem Maß auf unsere persönliche Ausgangssituation angepasstes Vorgehen. Auch hierin zeigt sich früh die Kompetenz unserer Begleitung: kann er/sie flexibel und adäquat auf unsere Bedürfnisse eingehen?

5.5.3 Ent-Fesselung entsteht durch Traumaintegration

Bei der Ent-Fesselung geht es um die Bearbeitung des hinter den Inneren Fesseln liegenden Traumas. Das Ziel ist es, die durch die Traumatisierung gespeiste Macht der Überlebensprogramme, der Inneren Fesseln, etwas zu lockern. Dies gelingt nur, wenn wir das Trauma bearbeiten, die offenen inneren Wunden versorgen. Traumaintegration[148] beschreibt somit sowohl den Prozess zu diesem Ziel als auch den Zielzustand selbst.

Bei der Traumaintegration geht es letztendlich um die neue Vernetzung von Denken und Fühlen, von Ratio und Emotionen. Es geht darum, wieder ganz zu werden, wieder alles fühlen zu können, ohne überschwemmt zu werden, und dabei das Erlebte in der eigenen Biografie zeitlich und räumlich zuordnen zu können. Durch die Traumaintegration wird das Geschehene nicht ungeschehen, aber wir können dessen Bedeutung für unser Leben im Hier und Jetzt verändern. Wir können dann sagen und vor allem auch fühlen: »Ja, das ist mir damals passiert, und es war schlimm – und heute ist es vorbei«.

Es gibt wenige konkrete Beschreibungen, wie eine solche Traumaintegration in den verschiedenen Traumamodellen abgebildet werden könnte. Wenn man versucht, Traumaintegration in dem Modell von Ruppert darzustellen, so könnte man sich vorstellen, dass sich in einem solchen Integrationsprozess die gesunden den traumatisierten Anteilen zuwenden und damit die dort abgespaltenen Gefühle wieder zugänglich, wieder in die Gesamtpsyche integriert werden. Mit dieser Hinwendung der gesunden zu den traumatisierten Anteilen entsteht der »worst case« für die Überlebensanteile, die immer versucht haben, genau das, die Konfrontation mit Traumainhalten, zu verhindern. Dies erklärt die häufig zu beobachtenden, fast verzweifelt anmutenden Versuche der Überlebensanteile, den Prozess der Ent-Fesselung zum Beispiel durch das Säen von Zweifel am Prozess, an dem Begleitenden, am Ziel und den Erfolgsaussichten oder an der Wirksamkeit zu sabotieren. Eine solche Hinwendung der gesunden zu den traumatisierten Anteilen scheint aber heute (gefahrloser) möglich, weil wir als erwachsene Führungskräfte mit all unseren Erfahrungen, Ressourcen und Kompetenzen das (aus-)halten kann, was das Baby oder Kleinkind damals nicht (aus-)halten konnte. Es scheint möglich, weil wir das damals Untragbare heute tragen können. Und mit dieser erfolgreichen Hinwendung und Integration der abgespaltenen Anteile verlieren die Überlebensanteile gewissermaßen ihre Aufgabe. Das ist die Ent-Fesselung. Die Psyche wird wieder eins, die Fragmentierung wird aufgehoben[149].

148 Zu einer vertieften Auseinandersetzung zum Thema Integration in der Traumabearbeitung siehe Peichl, Jochen (2018): Integration in der Traumatherapie, Stuttgart.

149 Vergleiche hierzu auch den Blick von Daniel Siegel auf Integration als ganzheitliches Konzept von seelischem, körperlichem und geistigem Heilwerden; Siegel, Daniel J. (2002): The developing mind, 3rd edition, New York/USA 2020.

5.5.4 Prinzipielle Ansätze der Ent-Fesselung

Wie kann man nun in einer generalisierten Form den Prozess der Traumbearbeitung beschreiben?

In der medizinischen Traumatherapie, also bei der Psychotherapie von Traumapatienten mit Diagnosen wie der Postraumatischen Belastungsstörung (PTBS bzw. kPTBS), wird heute vor allem das sogenannte SARI-Modell als prinzipieller Prozess einer Traumabearbeitung verwendet[150]. Hierbei steht S für Stabilisierung des Patienten, A für Access, also Zugang zum Traumamaterial schaffen, R für Resolving, also das eigentliche Bearbeiten des Traumas, und I schließlich für die Integration. Prinzipiell lässt sich dieses Modell auch als Orientierung für eine Ent-Fesselung von Führungskräften anwenden.

Eine gewisse Irritation kann dabei jedoch ab und zu bezüglich der ersten Phase, der Stabilisierung, entstehen. In der klinischen Arbeit mit Erkrankten, also mit Traumapatienten, kommt dieser Phase eine besondere Bedeutung zu, da diese häufig erst eine zum Teil längere Phase der Stabilisierung ihrer Psyche durchlaufen müssen, bevor man sich an die eigentliche Traumabearbeitung machen kann. Dies scheint bei Traumapatienten auch tatsächlich sinnvoll und notwendig zu sein. Führungskräfte haben – im Sinne des von Kai Fritsche vorgeschlagenen »Stabilitätskontinuums«[151] – jedoch häufig einen recht guten und stabilen Zugang zu einer ganzen Reihe von inneren und äußeren Ressourcen, so dass eine längere Stabilisierung (im Sinne einer ersten Phase des SARI-Prozesses) häufig nicht unbedingt notwendig erscheint. Die Gefahr einer unkontrollierten Überschwemmung mit Traumagefühlen besteht bei gefesselten Führungskräften deutlich seltener. Gleichzeitig wurde in diesem Buch immer wieder auf die essenzielle Bedeutung eines Gefühls von (äußerer und innerer) Sicherheit hingewiesen. Dieses Gefühl von (äußerer und innerer) Sicherheit ist für den Erfolg einer Ent-Fesselung tatsächlich essenziell und muss häufig auch im Rahmen des Prozesses immer wieder verstärkt werden.

Wie könnten nun verschiedene methodische Ansätze zur Ent-Fesselung grob kategorisiert werden?

Eine Perspektive hierzu findet sich bei dem Traumatologen Bessel van der Kolk[152]: Er beschreibt zwei – für unseren Kontext einer Ent-Fesselung – sinnvoll erscheinende Wege der Traumabearbeitung: Top-down und Bottom-up[153] (Abbildung 5).

150 Siehe beispielsweise: Phillips, Maggie, Frederick, Claire (2003): Handbuch der Hypnotherapie bei posttraumatischen und dissoziativen Störungen, 3. Auflage, Heidelberg 2015.

151 Fritsche, Kai (2020): Ego-State-Therapie bei Traumafolgestörungen, Heidelberg.

152 Van der Kolk, Bessel (2015): Verkörperte Schrecken. Lichtenau/Westfalen 2017.

153 Der Vollständigkeit halber sei erwähnt, dass Bessel van der Kolk einen dritten Weg beschreibt, der auf medikamentösen Interventionen beruht, der jedoch für Ent-Fesselungen nicht infrage kommt.

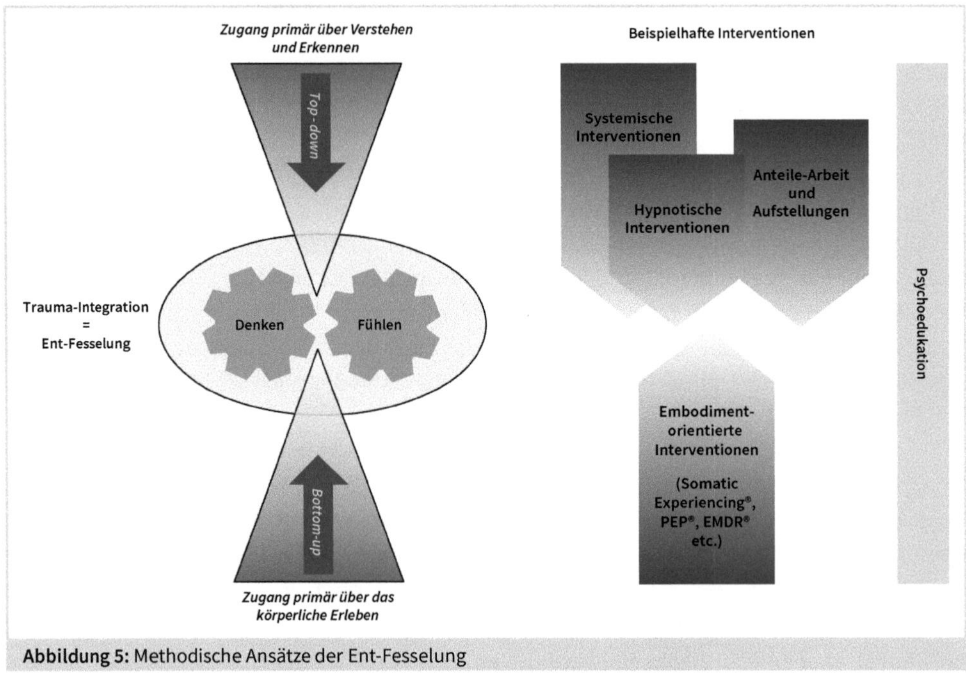

Abbildung 5: Methodische Ansätze der Ent-Fesselung

Unter Top-down-Ansätzen werden hier Prozesse verstanden, die primär kognitiv starten, bei denen es also zunächst um die Einordnung des Erlebten über den Verstand und die kognitiven Ressourcen geht. Hirnphysiologisch starten wir also mit dem präfrontalen Cortex. Entsprechend werden mit »Bottom-up« die Ansätze beschrieben, die auf der Ebene von Körperempfindungen oder Emotionen beginnen und zunächst mit diesen arbeiten. Analog bedeutet das in der Physiologie des Gehirns, dass wir weniger mit dem präfrontalen Cortex, sondern vor allem mit dem limbischen System oder dem Stammhirn zu arbeiten beginnen. Bei Bottom-up-Ansätzen steht zunächst nicht das Erinnern oder das Erinnerte im Vordergrund, sondern dessen körperliche und emotionale Prozessierung. Es geht – nach van der Kolk – darum »[...] dem Körper Erlebnisse [zu] ermöglichen, die jenen Gefühlen der Hilflosigkeit und Rage oder dem Zusammenbruch, zu dem es durch Trauma kommen kann, eindeutig entgegengerichtet sind[154]«. Beiden Ansätzen ist das Ziel gemein: eine Integration des Traumas, des Denken und Fühlens.

Man kann nun den Versuch unternehmen, verschiedene von Begleitenden häufig angewandte Methoden, Ansätze und »Schulen« diesen beiden Kategorien zuzuordnen (siehe Abbildung 5 rechts), mit dem Wissen, dass eine solche Vereinfachung immer Ungenauigkeiten birgt und den aufgeführten Verfahren nicht vollständig gerecht wird. Gleichzeitig ermöglicht die hier vorgestellte vereinfachte Zuordnung dem Lesenden einen ersten Überblick und eine grobe Einordnung.

154 Van der Kolk, Bessel (2015): Verkörperte Schrecken, 4. Auflage, Lichtenau/Westfalen 2017.

So könnte man viele Interventionen aus der systemischen Beratung, Coaching und Therapie[155] (inklusive der im systemischen Arbeiten häufig integrierten Interventionen aus der Neurolinguistischen Programmierung, NLP), Anteilearbeit zum Beispiel mit Ego-States[156] oder dem Internal Family System IFS[157], Interventionen aus dem Bereich Aufstellungen[158] und Selbstbegegnung sowie die meisten hypnotherapeutischen Interventionen[159] (inklusive der psychoimaginativen Ansätze[160]) primär den Top-down-Ansätzen zuordnen. Die Liste wäre sicher noch deutlich erweiterbar. Im Bereich der Bottom-up-Ansätze könnte man entsprechend vor allem die körperorientierten Verfahren, Methoden und Interventionen wie Somatic Experiencing SE®[161] nach Peter Levine, PEP® nach Michael Bohne[162] oder EMDR[163] verorten. Parallel spielt bei allen Ansätzen eine kontinuierliche Psychoedukation, also das Anbieten von Erklärungsmodellen für die psychischen und körperlichen Vorgänge, eine zentrale Rolle, auch zur Beruhigung des kognitiven Gatekeepers (vgl. Kapitel 5.3.5). Die aufgeführte selektive Auswahl von möglichen Ansätzen kann selbstverständlich keinen Anspruch auf Vollständigkeit erheben, sondern nur zur Illustration dienen. Wie weiter oben ausgeführt, sollte es nicht Ziel dieses Buches sein, die Lesenden zu einer vertieften Beschäftigung mit diesen (oder anderen) Methoden anzuregen. Hier soll nur ein Beitrag dazu geleistet werden, sich durch das vermittelte Hintergrundwissen guten Mutes auf eine Ent-Fesselung einlassen zu können.

Top-down- oder Bottom-up-Ansätze sind gleichberechtigte Startpunkte für eine Ent-Fesselung. Die beiden Wege schließen sich nicht aus und der Wechsel zu dem jeweils anderen Ansatz (oder einem Hybrid wie zum Beispiel die jüngst entwickelte Verbindung des Ego-State-Ansatzes mit Somatic Experiencing[164]) kann zu einem gegebenen Zeitpunkt im Prozess durchaus

155 Siehe unter anderem: Schlippe, Arist von; Schweitzer, Jürgen (2012): Lehrbuch der systemischen Therapie und Beratung, Göttingen; Sydow, Kirsten von; Borst, Ulrike (Hrsg.) (2018): Systemische Therapie in der Praxis, Weinheim.

156 Siehe unter anderem: Fritsche, Kai (2020): Ego-State-Therapie bei Traumafolgestörungen, Heidelberg; Fritsche, Peichl, Jochen (2018): Integration in der Traumatherapie, Stuttgart; Kai (2013): Praxis der Ego-State-Therapie, 2. Auflage, Heidelberg 2014; Peichl, Jochen (2007): Innere Kinder, Täter, Helfer & Co., Stuttgart.

157 Siehe unter anderem: Schwartz, Richard C. (1995): Systemische Therapie mit der Inneren Familie, 8. Auflage, Stuttgart 2018.

158 Siehe unter anderem: Drexler, Diana (2015): Einführung in die Praxis der Systemaufstellungen, Heidelberg; Steiner, Andreas (2020): Die Kunst der Familienaufstellung, Stuttgart; Bourquin, Pater; Nazarkiewicz, Kirsten (Hrsg., 2017): Trauma und Begegnung, Göttingen; Recke, Tobias von der; Wolter-Cornell, Ursula (2017): Dimensionen systemischer Familienrekonstruktion, Göttingen.

159 Siehe unter anderem: Phillips, Maggie, Frederick, Claire (2003): Handbuch der Hypnotherapie bei posttraumatischen und dissoziativen Störungen, 3. Auflage, Heidelberg 2015; Revenstorf, Dirk, Peter, Burkhard (Hrsg.) (2001): Hypnose in Psychotherapie, Psychosomatik und Medizin, 3. Auflage, Heidelberg 2015; Peter, Burkhard (2006): Einführung in die Hypnotherapie, 2. Auflage, Heidelberg 2009; Benaguid, Ghita; Schramm, Stefanie (2016): Hypnotherapie, Paderborn.; Erickson, Milton H.; Rossi, Ernest L. (1979): Hypnotherapie, 12. Auflage, Stuttgart 2016.

160 Siehe unter anderem Reddemann, Luise (2001): Imagination als heilsame Kraft, 20. Auflage, Stuttgart, 2017.

161 Lehrbuch Somatic Experiencing® (2020), herausgegeben im Rahmen der dreijährigen SE-Ausbildungen von der Somatic Experiencing® Deutschland e. V. (https://www.somatic-experiencing.de), Essen, und der ease (European Association of Somatic Experiencing®); Rahm, Dorothea, Meggyesy, Szilvia (2019): Somatische Erfahrungen, Lichtenau/Westfalen; Kain, Kathy L.; Terrell, Stephen J. (2020): Bindung, Regulation und Resilienz, Paderborn.

162 Siehe unter anderem: Bohne, Michael (2020): Einführung in die Praxis der energetischen Psychotherapie, Heidelberg; Bohne, Michael (2021): Psychotherapie und Coaching mit PEP, Heidelberg.

163 Siehe unter anderem: Münker-Kramer, Eva (2015): Traumazentrierte Psychotherapie mit EMDR, München.

164 Siehe unter anderem: Zanotta, Silvia (2018): Wieder ganz werden, 2. Auflage, Heidelberg 2019.

sinnvoll sein[165]. Auch hier wird es primär die Aufgabe des Begleitenden sein, diese Abwägung durchzuführen und uns dann konkrete alternative Intervention anzubieten.

Top-down: Mit dem kognitiven Erkennen und Verstehen beginnen

Die meisten Führungskräfte haben eine hohe kognitive Kompetenz entwickelt und diese perfektioniert. Das Durchdenken des Themas, das Analysieren und umfassende Verstehen, das Einordnen und In-Kontext-Setzen, das Konzeptualisieren und Bewerten sind fester Teil der Anforderungen des Führungsalltags – viel mehr, als der Zugang zu Emotionen oder Körperempfindungen. Aus diesem Grund ist es nachvollziehbar, dass sich bei vielen Ent-Fesselungen zunächst Top-down-Ansätze als hilfreich erweisen.

Wie könnte nun ein solcher Prozess beispielhaft ablaufen? Wie beschrieben, ist jeder Prozess anders, nach dem Motto: »Viele Wege führen nach Rom«. Häufig hängt der sinnvollste und vermutlich wirksamste Weg auch von der Spezialisierung und Schwerpunktkompetenz des Begleitenden ab.

Um den Lesenden trotzdem ein Gefühl zu geben, wie **ein** solcher Prozess laufen **könnte**, soll im Folgenden ein **möglicher** Ablauf einer Ent-Fesselung skizziert werden. Es handelt sich um ein **illustratives Beispiel** und soll vor allem dazu dienen, den Lesenden etwas Sicherheit zu vermitteln, weil sie ein Gefühl bekommen, was prinzipiell »mit ihnen« passieren könnte.

Hier sei auch nochmal erinnert, dass die folgenden Ausführungen zu einem möglichen Prozess natürlicherweise von den Präferenzen, Kompetenzen und Erfahrungen des Autors maßgeblich beeinflusst sind. Sie erheben also dezidiert keinen Anspruch darauf, einen irgendwie gearteten »Idealprozess« darzustellen. Wie ausgeführt, sollen sie nur zur Illustration **eines** möglichen Ablaufs dienen, der mit Sicherheit mit jedem anderen Begleitenden und in jedem anderen Fall anders verlaufen kann und wird.

Wie könnte also ein solcher Prozess aussehen? Häufig beginnen Ent-Fesselungen mit **Gesprächen** und Selbstreflexionen. Zu Beginn geht es oft zuerst darum, die Inneren Fesseln zu **erkennen**, zu beschreiben und in ihren individuellen Ausprägungen greifbar zu machen, ihre Auswirkungen und ihre Wirkung zu verstehen, den **Preis** zu erkennen, den wir für diese Verhaltens- und Denkmuster zahlen, und erkennen, wo sie uns überall einholen und limitieren. Am Anfang einer Ent-Fesselung ist es hilfreich, die Inneren Fesseln (nochmals) von allen Seiten zu beleuchten: Wie zeigen sie sich, wann treten sie auf, welche Konsequenzen haben sie? Aus der Beschäftigung mit diesen Fragen entsteht oft eine weitere Klärung und Spezifizierung des Anliegens: Was genau wollen wir erreichen?

165 Fritsche, Kai (2020): Ego-State-Therapie bei Traumafolgestörungen, Heidelberg.

Zur Illustration eines möglichen weiteren Prozesses bietet es sich an, zwei fiktive Führungskräfte mit Inneren Fesseln auf die Bühne zu bitten. Unser erstes Beispiel, Marie, stellt immer wieder fest, dass sie sehr hohe, klar überproportionale Ansprüche an sich selbst hat und diese oft nur unter erheblichem Aufwand realisieren kann. Die Konsequenzen sind unter anderem, dass sie sich totarbeitet und außerdem ihre Mitarbeitenden mit ihrem extrem hohen Anspruch in die Verzweiflung treibt. Häufig wird sie auch ungehalten und aggressiv, wenn die erwartete Leistung nicht erbracht wird. Es fällt ihr schwer, zu den Mitarbeitenden eine Beziehung jenseits der rein sachlichen und auf Leistung orientierten Ebene aufzubauen. Unser zweites Beispiel, Paul, hingegen leidet darunter, immer alles im Detail verstehen zu müssen und es kaum auszuhalten, wenn er nicht alles vorher durchanalysiert und unter Kontrolle hat. Auch er ist chronisch überarbeitet, führt sehr stark über Kontrolle, hat wenig Vertrauen in die Mitarbeitenden und tendiert zum Mikromanagement.

Häufig geht es nun um einen ersten Perspektivwechsel: von »weg von« zu »hin zu«. **Alternative Verhaltens- und Denkmuster** werden erarbeitet, uns wird klarer, welches konkrete (eigene) Verhalten in der Situation zieldienlicher und hilfreicher wäre. Manchmal hilft hier das Kalibrieren des eigenen Verhaltens durch den Blick auf andere, auf unser Umfeld, oder die Orientierung an »Vorbildern«, an Menschen, denen es aus unserer Sicht hervorragend gelingt, bestimmte Situationen zu managen. Manchmal ist dies auch die Stelle, an der ein fokussierter Blick auf Konzepte aus Management-, Kommunikations- oder anderen Theorien helfen kann, um das erstrebte Zielverhalten und -denken greifbar zu machen. Wie wollen wir uns verhalten oder denken, wenn wir nicht mehr durch die Inneren Fesseln gebunden sind? So kann es zum Beispiel für Marie zum Ziel werden, ihren Anspruch situativ anzupassen zu können und auch mal »fünf gerade sein zu lassen«. Paul könnte als Zielverhalten formulieren, mit Datenunsicherheit und Ambiguität besser umgehen zu können, souveräner einen »Mut zur Lücke« leben zu können.

Je nach individueller Ausgangslage kann es dann zweckmäßig sein, eine **konkrete Situation**, in der sich die Innere Fessel zeigt, tiefer zu betrachten. Hierzu bietet es sich an, eine ganz spezifische Situation mit definiertem Kontext auszuwählen und wie mit einer Lupe die einzelnen Teilschritte der Situation auf einem Zeitstrahl zu analysieren, häufig auf einer mikrogranularen Ebene: Zu welchem Zeitpunkt genau sind wir »falsch abgebogen«, wann genau hat sich die Wirkung der Inneren Fessel entfaltet und vom zieldienlichen Verhaltens- oder Denkpfad abgebracht, wann ist die Innere Fessel in dieser Situation zum ersten Mal spürbar geworden?

Je nach Stabilität der Führungskraft und Dimension der sich abzeichnenden Inneren Fessel ist es gegebenenfalls bereits jetzt hilfreich und notwendig, ein Gefühl der **inneren Sicherheit**[166] zu schaffen. Sicherheit, dass uns das Aufkommende nicht umhaut und komplett aus der Bahn wirft, dass wir trotz gegebenenfalls dramatischer Erkenntnisse oder Gefühlsstürmen grundlegend reguliert und immer mit einem Teil im Hier und Jetzt bleiben können. Und dass wir

166 Reddemann, Luise (2001): Imagination als heilsame Kraft, Stuttgart; Huber, Michaela (2015): Der geborgene Ort, Paderborn; Peichl, Jochen (2018): Integration in der Traumatherapie, Stuttgart; Phillips, Maggie, Frederick, Claire (2003): Handbuch der Hypnotherapie bei posttraumatischen und dissoziativen Störungen, 3. Auflage, Heidelberg 2015.

nachher weiter »funktionieren«, dass wir unseren Alltag nach wie vor einigermaßen gut im Griff haben, dass wir unser Leben auch in Folge unter Kontrolle haben (soweit man bei einem gefesselten Leben davon sprechen kann).

Wie kann uns der Begleitende bei dieser inneren Sicherung helfen? Dies kann beispielsweise durch die Imagination eines inneren »sicheren Ortes« gelingen, an den wir unsere verletzten Anteile in unserer Vorstellung sichern können, wenn uns das später erarbeitete Traumamaterial zu überfluten droht. Alternativ oder zusätzlich kann uns der Begleitende einladen, uns einen inneren »Tresor«, einen inneren, ausbruchsicheren Verwahrraum für die besonders furchtbaren Erfahrungen einzurichten. Auch kann es sein, dass wir gezielt die uns zur Verfügung stehenden Ressourcen aktivieren, um für den weiteren Weg gut gerüstet zu sein. Der Begleitende kann uns einladen, einige Methoden zur Reorientierung ins Hier und Jetzt einzuüben. Schließlich wird er uns daran erinnern, dass wir jederzeit Stopp sagen können, wenn es für uns zu viel werden sollte. Erst wenn wir stabil genug wirken, den Prozess fortzuführen, wird uns der Begleitende zum nächsten Schritt einladen.

Dieser Prozessschritt der inneren Sicherung sowie die dazu notwendigen Interventionen können uns zunächst irritieren, sind wir doch meist der Überzeugung, keine solchen Sicherheitsmaßnahmen zu benötigen. Hier gilt es, dem Begleitenden mit etwas Vorschussvertrauen zu begegnen und uns – gegebenenfalls trotz innerem Augenrollen – darauf einzulassen. Denn dazu steht zu viel auf dem Spiel.

Sobald wir den Moment des »Falsch-Abbiegens« identifiziert haben, könnte der Fokus der Erforschung vor allem auf der Analyse der eigenen Befindlichkeit, der Gefühle und Eindrücke, der Empfindungen und Assoziationen in dem Moment des »Falsch-Abbiegens« liegen. Wie ist es uns da genau ergangen? Was haben wir wahrgenommen und gefühlt? Welche inneren Stimmen oder Bilder haben sich gemeldet? Dieses Gesamtbild mit all seinen kognitiven und emotionalen Elementen, mit allem, was sich dann zeigt, kann man als ein **»multisensorisches Polaroid«** des Moments beschreiben, an dem wir »falsch abgebogen« sind, an dem die Innere Fessel ihre Wirkung gezeigt hat. Es enthält als Standbild alle Eindrücke, Empfindungen, Gedanken, Gefühle, Assoziationen – gegebenenfalls sogar assoziierte Gerüche und Geschmäcker. Es gilt nun, dieses Polaroid und die verknüpften multisensorischen Eindrücke weiter zu erforschen, ihnen auf den tieferen, dahinterliegenden Ebenen auf den Grund zu gehen. Eine Möglichkeit hierzu könnte beispielsweise die **Kaskadentechnik**[167] sein. Mittels dieser Technik könnte uns unser Begleitender einladen, sukzessive tiefer die Hintergründe der in der Situation auftauchenden Gedanken und Wahrnehmungen zu erforschen. Hierbei werden die von uns beispielsweise geäußerten Glaubenssätze immer weiter aufgeschlüsselt, mit Fragen der Form »Ich muss das oder das tun, sonst…?« – schnell zeigen sich dann die wahren »Dämonen« oder Befürchtungen hinter dem, was uns oberflächlich begegnet.

167 Siehe zum Beispiel https://de.linkedin.com/pulse/die-kaskadentechnik-michaela-huber.

So kann sich bei Marie zum Beispiel ein Glaubenssatz von »Es reicht nie« zeigen, der mit einer großen Angst verbunden ist. Die Angst könnte auf eine tiefe Verzweiflung und Hilflosigkeit schauen, die mit dem Gefühl verknüpft sind, nicht mehr wahrgenommen zu werden, allein zu sein, keine Rolle zu spielen. Bei Paul könnte sich die Überzeugung zeigen, alles immer »im Griff haben« zu müssen, um zu verhindern, dass »alles zusammenbricht«. Zu diesem Zeitpunkt im Prozess ist es nicht ungewöhnlich, dass wir feststellen, dass die entdeckten Gefühle und Assoziationen weit über das für die Ausgangssituation angemessene Maß hinausgehen, und dass uns unsere freigelegten Assoziationen und Gefühle als irrational, als nicht der Situation entsprechend vorkommen. Und doch scheinen wir letztendlich in der Situation genauso zu fühlen. In diesem Schritt erhalten wir oft eine erste Ahnung über die dahinterliegende existenzielle Erfahrung, das traumatische Erlebnis.

Spätestens jetzt wird der Begleitende vermutlich die Geschwindigkeit der Bearbeitung weiter senken, immer wieder innehalten und zu Pausen einladen, gegebenenfalls zum Aufsuchen des inneren sicheren Orts einladen oder uns erneut zur Verbindung mit unseren Ressourcen einladen.

Dann könnte ein passender nächster Schritt die **biografische Erforschung** dieser Erfahrungen und Eindrücke aus dem »multisensorischen Polaroid« sein. Meist sind Aspekte dessen, was sich im Moment des Eintretens der Inneren Fessel zeigt, uns aus unserer eigenen Biografie bekannt. Wir beginnen, Analogien zu bilden und die Wurzeln des Verhaltens zu erkennen. Was wird in dem Moment, in dem sich die Innere Fessel zeigt, aktualisiert? Was holt uns dann ein? Welche Erfahrung aus der Vergangenheit besucht uns im Hier und Jetzt? Woher kennen wir das, was sich zeigt? In den oben genannten Beispielen könnte sich zeigen, dass Marie das Gefühl, »es reiche nie«, schon lange kenne. Es kann sein, dass sie es auf ihre Erfahrungen im Elternhaus zurückführen kann, in dem sie immer wieder versucht hat, sich über Höchstleistung ein klein wenig sichtbar zu machen, weil die Eltern regelmäßig mit anderem beschäftigt waren, sich nie wirklich für sie interessiert haben und es an emotionaler Wärme haben fehlen lassen. Paul könnte erkennen, dass sein Gefühl, alles im Griff haben zu müssen, mit der Erfahrung zusammenhängt, als Kind immer für seine kranken Eltern da sein zu müssen, sich um deren Wohlergehen sorgen und alles organisieren zu müssen, also die Rolle der Eltern in der Lebensführung übernehmen zu müssen (in der Psychologie nennt man dies »Parentifizierung«). In beiden Fällen haben die Verhaltens- und Denkmuster, die sich bei Marie (»Es reicht nie, also leiste noch mehr«) und Paul (»Du musst alles immer im Griff haben«) gebildet haben, existenziellen Charakter – es sind Innere Fesseln oder Überlebensstrategien. Sie haben Marie geholfen, sich wenigstens etwas sichtbar zu machen. Und sie haben Paul geholfen, die Angst um den Verlust seiner Eltern und damit die Sorge um das eigene Überleben zu managen.

Es kann vorkommen, dass uns unsere Begleitung in dieser Phase der biografischen Analyse auch **nicht-kognitive Interventionen** anbietet, wir also eingeladen werden, den Pfad der kognitiven Bearbeitung zu verlassen. Dies wird besonders dann der Fall sein, wenn wir durch Nachdenken allein nicht weiterkommen und so die Weisheit unseres Halb- und Unbewussten nutzen müssen. Das Arbeiten mit nicht-kognitiven Interventionen ist eine Einladung, und wir entscheiden, ob wir dieser folgen sollten und es sich richtig und sicher anfühlt. Der Begleitende kann uns dann zum Beispiel dazu auffordern, in einer hypnosystemischen Intervention mithilfe einer Trance[168] den biografischen Wurzeln der Situation auf die Spur zu kommen. So könnten Marie und Paul zum Beispiel eingeladen werden, mit den jeweiligen Gefühlen, die im multisensorischen Polaroid festgehalten sind, in Kontakt zu gehen und diese als Wegweiser zu der frühesten Situation zu nutzen, in denen diese Gefühle spürbar waren (eine sogenannte »Affektbrücke«[169]). Eine vorsichtige weitere Annäherung an das, was passiert ist, kann dann auch mithilfe von Distanzierungstechniken, die eine von uns selbst kontrollierte Annäherung erlauben, versucht werden. So könnte beispielsweise eine Methode zum Einsatz kommen, in der wir uns das Geschehene wie einen Film vorstellen, den wir in unserer Fantasie mit Unterstützung und unter Anleitung unserer Begleitung gezielt langsam oder schnell abspielen und anhalten können. Ein Film des Geschehenen, den wir mittels einer imaginierten Fernbedienung in Zeitlupe, im Schnellvorlauf, mit Bildvergrößerung oder -Verkleinerung anschauen können – von uns kontrolliert und in den für uns verdaubaren Häppchen (Bildschirm- oder Screen-Technik)[170].

Viele andere nicht-kognitive Interventionen könnten an dieser Stelle zum Einsatz kommen, mit dem Ziel, die kognitive Blockade durch die Amnesie etwas aufzulockern und punktuell und traumasensitiv zu durchbrechen. Es kann sein, dass wir über diese nicht-kognitiven Methoden zunächst etwas irritiert sind, sind sie doch weitgehend ungewohnt und fordern sie doch gegebenenfalls manche unserer inneren Zweifel (zum Beispiel in der Form von »Kann das denn funktionieren, wenn ich mir das nur vorstelle – mache ich mir da nicht etwas vor?«) oder auch Vorurteile (»Das ist esoterischer Humbug«) heraus. Hier wird uns unsere Begleitung idealerweise durch Psychoedukation und die wissenschaftlichen Hintergründe helfen können, unsere Zweifel zu zerstreuen und unsere Vorurteile in Neugier zu verwandeln, so dass wir uns auf diese – meist sehr wirkmächtigen – Interventionen einlassen können.

Bei der biografischen Erkundung suchen wir nach der existenziellen Bedrohung in unseren frühen Lebensabschnitten, die Auslöser der Traumatisierung gewesen ist. Wir suchen nach den Momenten oder Phasen in unserer frühen Vergangenheit, in denen wir uns ausgeliefert gefühlt haben und dabei eine Todesgefahr gespürt haben. Bei dieser Forschungsreise in unsere Biografie werden dann häufig Stück für Stück Erlebnisse, Zusammenhänge und Details sichtbar (oder erahnbar), die bisher durch die Amnesie verborgen waren.

---

168 Trance-Zustände sind Alltagsphänomene, die als hohe Aufmerksamkeitsfokussierung beschrieben werden können. Wir alle sind täglich immer wieder in kleineren oder größeren Trancen. In der Hypnose werden Trancezustände gezielt initiiert, um achtsam in Kontakt mit halb- und unbewusstem Wissen zu kommen.

169 Siehe unter anderem: Phillips, Maggie, Frederick, Claire (2003): Handbuch der Hypnotherapie bei posttraumatischen und dissoziativen Störungen, 3. Auflage, Heidelberg 2015; Peichl, Jochen (2018): Integration in der Traumatherapie, Stuttgart.

170 Vergleiche unter anderem Huber, Michaela (2003): Wege der Traumabehandlung, 5. Auflage, Paderborn 2013.

Auch der Prozess der biografischen Erkundung sollte deshalb unbedingt mit hoher Achtsamkeit und Sensitivität durchgeführt werden, er braucht ausreichend Zeit und Raum. Ein langsames, titriertes Vorgehen ist unerlässlich. Der Prozess fordert außerdem ein besonderes Maß an Sicherheit. Unsere Begleitung wird uns deshalb immer wieder dazu einladen, für ein inneres (und äußeres) Sicherheitsgefühl zu sorgen. Hier können dann die bereits eingeübten Interventionen aus der Psychotraumatologie helfen, zum Beispiel das Aufsuchen des schon beschriebenen inneren »sicheren Orts« oder das Etablieren des »Tresors«. Das Gefühl, im Hier und Jetzt sicher zu sein, ist in dieser Phase der Ent-Fesselung extrem wichtig, denn nun kommen wir mit Traumamaterial in Kontakt. In den meisten Fällen merken wir das, weil uns die sich langsam einstellenden Erinnerungen tief emotional berühren. Wir beginnen, einen deutlichen Zugang zu den alten Gefühlen zu bekommen, sie fühlen sich wie real an, obwohl es »Besuche aus der Vergangenheit« sind. Manchmal versagt dann unsere Stimme und wir spüren Tränen aufsteigen. Spätestens zu diesem Zeitpunkt wird vielen Führungskräften sehr deutlich, mit welcher Macht das bisher Unbewältigte noch in uns wirkt.

Häufig entsteht Klarheit hier nur in kleinen Stücken. Schritt für Schritt, denn die eigentlich traumatisierenden Ereignisse sind meist verdeckt und nicht direkt erkennbar, vieles ist in der Amnesie. Der Prozess ist deshalb gut mit einem **Puzzle** vergleichbar. Zunächst erkennt man nur einzelne Teile, ohne dass sich das Gesamtbild zeigt. Man kann noch nicht einordnen, wo das jeweilige Puzzleteil hingehört, wie es mit anderen zusammengehört, ob das blaue Teil für Himmel, einen See oder eine blaue Hauswand steht. Aber mit der Zeit wird langsam ein Gesamtbild erahnbar, die Puzzlesteine fügen sich zu einem großen Ganzen.

Begleitet werden diese Schritte immer wieder von **Psychoedukation**. Der Begleitende wird uns mithilfe der Erkenntnisse aus der Entwicklungspsychologie, der Bindungstheorie, der Psychotraumatologie, der Neurobiologie oder aus anderen Disziplinen ermöglichen, das Erlebte einzuordnen.

Nicht selten kommt es dabei zu einem weiteren, radikalen Perspektivwechsel. Das vorher als »normal« Empfundene aus unserer Kindheit wird in seiner Schädlichkeit, seiner Brutalität für uns als Kind sichtbar. Wir erkennen, dass bestimmte Erfahrungen aus der Vergangenheit bei uns tiefe Wunden hinterlassen haben, uns traumatisiert haben. Wir erahnen, wie es uns damals wohl ergangen sein muss, wie wir uns damals wohl gefühlt haben und was wir erleiden mussten. Es gelingt uns immer mehr, das Erlebte aus der Perspektive dessen wahrzunehmen, der es erlebt hat, und nicht mehr aus unserer – von Inneren Fesseln vernebelten – Erwachsenensicht. Wir erkennen, dass all dies uns passiert ist, uns selbst, nicht irgendeinem Kind. Dieser Schritt, die Personifizierung und Individualisierung des Leids, ist häufig ein wichtiger Baustein einer Ent-Fesselung. Denn es ist ein großer Unterschied, über das, was passiert ist, allgemein zu reden oder es als etwas zu erkennen, was wir selbst erleben und ertragen mussten. Erst dann können wir wirklich anfangen, mit uns selbst, mit dem, der das damals erleben musste, Mitgefühl zu haben.

Wir beginnen, die Überlebensstrategien, die sich gebildet haben, ursächlich einzuordnen. Dann fällt es meist erstmals leichter, die damalige gute Absicht der Überlebensstrategien, der Inneren Fesseln, anzuerkennen und sie damit auch für das zu **würdigen**, wofür sie entstanden sind: um unser Überleben zu sichern. Auch wenn sie heute eher limitierend wirken, waren sie im Moment ihrer Entstehung überlebenswichtig. Und sie hatten eine gute Absicht. Nicht selten kann sogar ein Gefühl von Dankbarkeit aufkommen und aus unserem häufig jahrelangen Kampf mit den Inneren Fesseln eine neue Dimension erwachsen: ein erhöhtes Maß an Selbstliebe und Selbstachtung.

Im weiteren Prozess geht es häufig darum, die inneren Wunden zu versorgen und zu heilen. Es geht darum, verletzte, verwundete und traumatisierte innere – kindliche – Anteile nachträglich wie feinfühlige, wohlwollende und starke Eltern zu umsorgen, ein Prozess, der den selbsterklärlichen Namen **»nachträgliche Beelterung«** trägt (im Englischen beschreibt man dies bezeichnenderweise als »reparenting«). Wir werden dann eingeladen, unsere verletzten inneren Anteile in ihrer Not wahrzunehmen und uns ihnen zuzuwenden, uns aus der heutigen Position der erwachsenen, kompetenten und ressourcenstarken Führungskraft den verletzten kindlichen Anteil zuzuwenden, sie zu trösten, zu halten, zu schützen und ihnen so ein bisher unbekanntes Gefühl von Sicherheit zu geben. Der Traumatologe Jochen Peichl[171] beschreibt das sinngemäß als die verletzten kindlichen Anteile in die (sichere) Gegenwart holen. Oder, wie Peichl an einer anderen Stelle schreibt: »Für mich besteht Traumatherapie [...] darin, [...] in der Gegenwart die Fähigkeit zu entwickeln, mit einem Fuß in der Vergangenheit zu stehen und sich die Schrecken zu vergegenwärtigen und gleichzeitig mit dem anderen Fuß in der sicheren Gegenwart zu sein und zwischen beiden unbeschadet wechseln zu können« (duale Aufmerksamkeitsfokussierung). Die hierzu notwendigen Interventionen sind überwiegend nicht-kognitiver Natur und können beispielsweise Anleihen aus dem Bereich der hypnosystemischen oder der Aufstellungsarbeit sein.

So könnte Marie eingeladen werden, sich dem kleinen, emotional vernachlässigten Mädchen, das sie einmal war und das noch immer in ihr repräsentiert ist, zuzuwenden und es zu trösten und zu stabilisieren. Hierzu könnte die Begleitung sie einladen, in einer Trance Kontakt mit dem inneren Bild der kleinen, notleidenden Marie aufzunehmen. Gleichzeitig würde die erwachsene, kompetente Marie in das Bild eingeladen werden und die Begleitung würde die Zuwendung der Großen zu der Kleinen, die neue, versorgende Verbindung der beiden, das Halten, Trösten, Mitleiden, Schützen, unterstützen. Auch könnte Marie eingeladen werden, sich ideale Eltern zu imaginieren, die die Kleine versorgen.

171 Peichl, Jochen (2018): Integration in der Traumatherapie, Stuttgart.

Paul könnte in einer Aufstellung seinem verletzten und überforderten kindlichen Anteil begegnen. In Aufstellungen[172] werden unsere inneren Anteile externalisiert, indem sie als Markierungen[173] (sogenannte »Bodenanker«) im Beratungsraum auf dem Boden platziert werden. Wir entscheiden dabei aus unserer inneren Stimmigkeit, wo diese Markierungen zu liegen kommen. Es ergibt sich ein Bild unserer inneren Wirklichkeitskonstruktion, ein nun im Raum sichtbares Abbild unserer innerpsychischen Welt, wie eine Landkarte. Durch die Externalisierung können wir nun mit den verschiedenen Anteilen arbeiten. Paul könnte so zum Beispiel durch Aufstellung seines erwachsenen, kompetenten Ichs sowie des kleinen, überforderten und hilflosen Pauls einen neuen, kontrollierten Kontakt herstellen und sich dem verletzten Anteil zuwenden[174]. Meist fällt uns dieser Prozess durch die Externalisierung der Anteile in einer Aufstellung deutlich leichter als eine rein innerpsychische Kontaktaufnahme in einer Trance.

Möglicherweise wird der Begleitende aber auch ganz andere Methoden zur weiteren Integrationsarbeit heranziehen, zum Beispiel das Arbeiten mit Ego-States, mit den Emotionalen Persönlichkeitsanteilen (EP-Anteilen) aus dem Modell der strukturellen Dissoziation oder mit dem inneren Familiensystem (vergleiche Anhang).

Am Ende eines solchen Prozesses stehen eine neue Einheit von Gefühl und Verstand und eine gute Versorgung der alten Wunden, sodass die Überlebensstrategien ihrer Aufgabe entledigt werden. Am Ende steht die Ent-Fesselung.

Eine kurze Zwischenbemerkung zur Verhältnismäßigkeit

An einen wichtigen Aspekt der Ent-Fesselung soll hier nochmals erinnert werden: den der **Prozessökonomie**.

Das finale Ziel sollte eine Lockerung der Inneren Fessel, nicht automatisch die komplette und umfassende Bearbeitung des zugrunde liegenden Traumas sein. Die Prozesse sollten deshalb generell nur so »tief« gehen, wie es für eine nachhaltige Lockerung der Inneren Fesseln notwendig ist. Manchmal reichen hier bereits eher kognitive Interventionen und Gespräche, manchmal muss man zu vertieften, nicht-kognitiven Interventionen greifen.

172 Vergleiche unter anderem: Bourquin, Peter, Nazarkiewicz, Kirsten (Hrsg.) (2017): Trauma und Begegnung, Göttingen; Steiner, Andreas (2020): Die Kunst der Familienaufstellung, Stuttgart; Nazarkiewicz, Kirsten, Kuschik, Kerstin (2015): Handbuch Qualität in der Aufstellungsarbeit, Göttingen; Lockert, Marion (2018): Perlen der Aufstellungsarbeit, Heidelberg; Daimler, Renate, Sparrer, Insa, Varga von Kibéd, Matthias (2008): Basics der systemischen Strukturaufstellungen, 4. Auflage, München 2015; Schneider, Jakob Robert (2016): Herkunft, Schicksal und Freiheit, Heidelberg.

173 Eine Alternative zur Arbeit mit Bodenankern ist das Nutzen von realen Stellvertretern, also echten Menschen. Diese werden dann analog im Raum platziert. Diese Variante ist meist deutlich wirksamer, benötigt jedoch ein Gruppensetting, das nicht immer zur Verfügung steht.

174 Vergleiche auch das Konzept von Richard Schwartz zur Therapie mit der Inneren Familie, unter anderem in Schwartz, Richard C. (1995): Systemische Therapie mit der Inneren Familie, 8. Auflage, Stuttgart, 2018 sowie Peichl, Jochen (2018): Integration in der Traumatherapie, Stuttgart.

Es ist deshalb wichtig, auch immer wieder den Bezug zur Führungsrealität herzustellen – sonst besteht die Gefahr, dass die Bearbeitung der Inneren Fesseln zu einer umfassenden Traumatherapie mutiert. Und das ist nicht das primäre Ziel.

Auch deshalb gilt bei all diesen Prozessen, dass wir immer mitbestimmen können, was passiert. Wir behalten also die Kontrolle und sind – im Sinne der oben bereits ausgeführten Co-Kreation – aktiv Mitgestaltende dessen, was passiert.

Bottom-up: Der Weg über den Körper

Werfen wir noch einen kurzen Blick auf Bottom-up-Ansätze zur Ent-Fesselung von Führungskräften.

Viele traumatische Erlebnisse sind im sogenannten Körpergedächtnis gespeichert, während uns die bewusste Erinnerung an das Erlebte nicht mehr oder nur sehr bruchstückhaft zur Verfügung steht. Wie der Titel eines Standardwerks zu Trauma von Bessel van der Kolk sagt: »The body keeps the score«, deutsch übersetzt mit »Verkörperte Schrecken«[175]. Der zweite prinzipielle Ansatz zur Traumaintegration, Bottom-up, der Weg über den Körper, scheint also zunächst recht sinnvoll, wenn nicht sogar theoretisch vielversprechender zu sein als die Arbeit über den Verstand. Und tatsächlich zeigen Bottom-Up-Ansätze eine erstaunliche Wirksamkeit und stellen manchmal sogar die einzigen möglichen Interventionen zur Ent-Fesselung dar. Insbesondere dann, wenn einem kognitiven Zugang zu viele innere Hindernisse im Weg zu stehen scheinen.

Nun sind viele Führungskräfte eher kognitiv ausgerichtet und haben die hierfür nötigen Kompetenzen stark entwickeln, ja perfektionieren müssen. Die Inneren Fesseln sind uns vor allem kognitiv greifbar, wir erkennen sie als Verhaltens- und Denkmuster. Der Zugang zu den damit verknüpften Körperempfindungen, Gefühlen, Bilder und Assoziationen oder zur eigenen Körpersprache – die Ausgangspunkt für einen Bottom-Up Zugang wären – sind oft nicht im gleichen Maß entwickelt, manchmal sogar deutlich eingeschränkt. Damit einher geht häufig eine gewisse Skepsis gegenüber körperorientierten Verfahren, die dann auch schnell in den Bereich der »Esoterik« oder des Unseriösen gerückt werden. Es fehlt oft die positive Erfahrung mit solchen Zugängen, manchmal zeigt sich auch Respekt oder gar Angst vor dem Unbekannten. Und es kann ein Gefühl entstehen, die Kontrolle zu verlieren, nicht sicher zu sein, sich auszuliefern. Das kann wiederum die Zweifel schüren, ob man sich wirklich einer Ent-Fesselung stellen will. Schließlich kann das Vertrauen in die Begleitung, die einen solchen – zunächst eventuell als ungewöhnlich oder fragwürdig empfundenen – Weg vorschlägt, auf eine harte Probe gestellt werden. Mit schlecht vorbereitetet Bottom-up-Ansätzen kann im schlimmsten Fall auch schnell die Anschlussfähigkeit an Führungskräfte riskiert werden.

175 Van der Kolk, Bessel (2015): Verkörperte Schrecken, 4. Auflage, Lichtenau/Westfalen 2017.

Aus diesen Gründen ist ein direkter Einstieg in eine Ent-Fesselung über Bottom-up-Ansätze nicht ganz einfach und oft auch nicht unmittelbar zieldienlich, wobei Ausnahmen wie immer die Regel bestätigen. Wohl aber können Bottom-up-Ansätze zu späteren Zeitpunkten in der Ent-Fesselung eine maßgebliche Rolle einnehmen und oft einen entscheidenden Durchbruch bringen.

Beispielhaft soll hier der Ansatz von Peter Levine, Somatic Experiencing® (SE®) genannt werden. Für das Verständnis des folgenden Abschnitts kann es hilfreich sein, sich zunächst mit dem im Anhang dargestellten Modell des dysregulierten autonomen Nervensystems zu beschäftigen. In diesem Traumamodell wird eine Traumatisierung durch eine – durch die Traumatisierung ausgelöste – fehlende Regulationsmöglichkeit unseres autonomen Nervensystems beschrieben. Die wesentlichen hierbei involvierten Teile sind der Sympathikus sowie der dorsale Teil des Vagusnervs (für Details siehe Anhang). Durch frühe Traumatisierungen können wir beispielsweise in einer dauerhaften Aktivierung des Sympathikus »stecken bleiben« – unser so dysreguliertes Nervensystem steuert unseren Körper dann so, dass wir permanent in einem Kampf- oder Fluchtmodus sind. Wir sind dann – unabhängig von einer tatsächlichen situativen Bedrohung – allzeit bereit, unser Leben durch – scheinbar gerechtfertigte – Angriffs- oder Verteidigungsreaktionen zu verteidigen. Alternativ kann unser dorsaler Vagusnerv dauerhaft aktiviert sein. Die Folge ist dann beispielsweise eine permanente Erstarrung. Unser so dysreguliertes Nervensystem aktiviert dann einen »Todstellreflex«, eine in höchster Gefahr sinnvolle und phylogenetisch erklärbare Reaktion, die auch bei Tieren zu beobachten ist. Die Dysregulation zeigt sich auch hier darin, dass diese Reaktion unabhängig von der aktuellen Gefahrenlage aktiviert wird, quasi als autonomer Dauerzustand (für ein tieferes Verständnis dieser Zusammenhänge sei erneut auf den Anhang verwiesen).

Die Bearbeitung der Traumatisierung mittels Somatic Experiencing® (SE®) erfolgt dann über eine schrittweises, achtsames und kleinteiliges/titriertes Wiedererlernen von Selbstregulationsmöglichkeiten. Die durch SE® neu bzw. wieder erlernbare Regulation des autonomen Nervensystems[176] kann für einzelne Inneren Fesseln deutliche Lockerung bringen. Die vorher beispielsweise permanent sympathisch aktivierte Führungskraft lernt, sich selbst wieder besser zu regulieren, die verschiedenen Aktivierungsstufen des Nervensystems aktiver zu steuern und damit wieder häufiger in einen entspannten Zustand zu kommen. Angriffs- oder Flucht-Reaktionen werden dann wieder zu situativen ansteuerbaren Mitteln, um einer realen Gefahr im Hier und Jetzt angemessen zu begegnen, und nicht mehr zu einem Grundzustand unseres Seins. SE®-Interventionen arbeiten mit dem Körperempfinden und den Sinnen und sie benötigen Zeit, denn das sehr kontrollierte, langsame (in der Sprache von SE®: »titrierte«) Vorgehen ist ein wesentliches Erfolgsrezept. Hier ist von Führungskräften ein besonderes Maß an Geduld gefragt: sowohl gegenüber der Begleitung in der Prozessführung als auch gegenüber den eige-

176 Vergleiche die Ausbildungsmaterialien des Dachverbands Somatic Experiencing SE® Deutschland e. V.: https://www.somatic-experiencing.de.

nen, sich oft erst langsam zeigenden Körper- und Sinnesempfindungen. Häufig entsteht bei Anwendung von SE® bald ein neues Gefühl des In-sich-Ruhens und der Gelassenheit.

Auch bei Bottom-up Prozessen – wie beispielsweise mit SE® – werden wir – analog zum Top-down Ansatz – mit der Exploration der Inneren Fessel, ihres Preises sowie unseres Anliegens beginnen. Auch das Eingrenzen von typischen Situationen, in denen uns die Innere Fessel begegnet, kann ähnlich notwendig werden – manchmal reicht jedoch schon die Benennung der Inneren Fessel aus, um bei dem Klienten eine entsprechende Aktivierung des Nervensystems auszulösen. Dann aber wird der Prozess einen anderen Weg nehmen und wir verlassen die kognitive, logisch-analytische Erforschung. Der Begleitende wird uns dann einladen, unsere Körperempfindungen zu erforschen, die mit dem mentalen Kontakt, dem Denken an die Innere Fessel einhergehen. Der weitere Prozess folgt einer zunächst recht komplex anmutenden Methodik: prinzipiell werden wir angeleitet werden, in sehr kleinschrittigen, achtsamen und langsamen – titrierten – Schritten zwischen traumaassoziierten und ressourcenassoziierten Empfindungen, Bildern, Gefühlen, Gedanken und Impulsen zur Mimik/Gestik[177] hin und her zu pendeln sowie die in unserem Körper gespeicherte Traumaenergie sehr kontrolliert abfließen zu lassen. Es bietet sich hier die Analogie zu einem festgerosteten Regulationsventil einer Heizung an, das wir schrittweise lockern wollen. Auch hier werden wir nicht brachial, sondern durch kleine, achtsame Bewegungen versuchen, wieder mehr Bewegung in das Ventil zu bekommen[178]. Obwohl das Verfahren wie ausgeführt zunächst für Irritationen unter Führungskräften sorgen kann, ist der Erfolg der Methode beachtenswert.

»Viele Wege führen nach Rom«. Auch wenn wir nicht alle kennen, so können wir uns doch – bei der richtigen Auswahl der Begleitung – darauf verlassen, dass wir ankommen. Und wir können dabei vielleicht auf dem für uns ungewohnten Weg auch noch Neues entdecken. Neues, das unser Leben über die Ent-Fesselung hinaus bereichern kann.

177 Peter Levine hat hierzu das sogenannte SIBAM-Modell entwickelt. S steht hier für Sensing (Empfindungen), I für Images (Bilder und Assoziationen), B für Behaviour (Bewegungen, Gesten, Mimik), A für Affekte (Gefühle) und M für Meaning (Bedeutung). Ziel des Prozesses ist Arbeiten mit allen fünf Ebenen im Kontext der Traumabearbeitung. Vergleiche hierzu Levine, Peter A. (2010): Sprache ohne Worte, 7. Auflage, München 2011.

178 Gegebenenfalls kombiniert unsere Begleitung diese Körperarbeit auch mit der Arbeit an einzelnen Anteilen, siehe hierzu Zanotta, Silvia (2018): Wieder ganz werden, 2. Auflage, Heidelberg 2019.

6 Wofür das alles?

Innere Fesseln haben einen hohen Preis. Sie sind im Beruflichen wie im Privaten häufig die Haupthindernisse auf unserem Weg zu einem »guten Leben«.

Eine Lockerung der Inneren Fesseln ist möglich und für das optimale Ausfüllen der Führungsaufgaben auch mindestens ratsam, oft notwendig. Nur ent-fesselte Führung kann exzellente Führung sein.

Vielleicht ist die Befreiung von unseren Inneren Fesseln aber sogar eine unserer Kernverantwortung als Menschen, weil wir nicht allein, sondern mit anderen in einer Gesellschaft leben und unsere Inneren Fesseln nicht nur uns selbst beeinträchtigen, sondern alle um uns herum ebenso beeinflussen – und das meist nicht positiv. Unsere Inneren Fesseln haben Auswirkungen weit jenseits unserer Führungsrolle.

Gleichzeitig sind Prozesse der Ent-Fesselung nicht trivial, sie sind nichts, das man nebenbei so erledigen kann. Sie brauchen Zeit und binden für die Dauer des Prozesses auch eine gewisse Energie. Sie erfordern unser Einlassen, unsere Beschäftigung mit uns und mit Themen, die im Alltag selten einen Platz haben. Und häufig sind Ent-Fesselungen phasenweise auch anstrengend, sind dann kein »Zuckerschlecken«. Es kann manchmal auch emotional aufreibend werden und wir können durch das Neue zunächst auch verunsichert werden.

Wofür also der ganze Aufwand?

Werfen wir dazu einmal einen Blick auf ein Idealszenario: die **vollständige Ent-Fesselung der Führungskräfte**. Die Konsequenzen wären wahrhaft transformativ – für die Einzelnen, die Organisationen aber auch das gesamte Wirtschaftssystem und die Gesellschaft.

6.1 Exzellente und authentische Führung

Im vorherigen Kapitel haben wir die Auswirkungen einer Ent-Fesselung auf die eigentlichen Führungsaufgaben im Detail beschrieben. Im Idealfall sind diese Veränderungen grundlegend transformativ:

Als Führungskraft stehen uns **erweiterte Handlungs- und Denkoptionen** zur Verfügung und wir können situationsadäquater agieren, das tun und entscheiden, was wir für die jeweilige Führungsherausforderung als hilfreich, zielführend und sinnvoll erachten. Wir haben vollen Zugang zu unseren Kompetenzen, zu jeder Zeit und in jedem Kontext. Wir können diese situativ adäquat und skaliert einsetzen. Nichts hält uns innerlich mehr davon ab, das zu machen, was gemacht werden muss.

Unsere professionellen **Beziehungen werden wahrhaftiger, ehrlicher, authentischer.** Wir können mit der Funktion oder Rolle des Gegenübers genauso gut in Kontakt gehen wie mit dem Menschen hinter der Aufgabe. Wir finden die »richtige«, die situativ zielführendste Balance zwischen Klarheit in unseren sachlichen Zielen und einer grundlegenden Empathie für den anderen. Es gelingt uns besser, **Konflikte und Verhandlungen** konstruktiver und damit zielorientierter zu führen. Wir werden weniger zu emotionalen Überreaktionen getriggert oder greifen den anderen nicht mehr persönlich an, sondern führen sachdienliche und konstruktive Dialoge. Gleichzeitig können wir uns bei auf uns gerichteten Aggressionen oder Grenzverletzungen besser abgrenzen und diese konstruktiv in Win-win-Situationen transformieren. Und wir schaffen es, auf Einladungen für Täter-Opfer-Spiralen gar nicht erst einzusteigen.

Zusätzlich **reifen** wir als **Persönlichkeiten.** Wir erleben mehr Klarheit und können uns selbst besser verstehen. Wir können das, was uns ausmacht, klarer beschreiben, können dessen biografischen Wurzeln einordnen. Wir haben einen neuen, tieferen Zugang zu unseren Emotionen und Körperwahrnehmungen, können diese in ihrer eigentlichen Funktion als Indikatoren, Frühwarnsysteme und Wächter wahrnehmen und nutzen. Wir erleben eine neue Ganzheitlichkeit von Verstand und Gefühl. Dadurch werden unsere Entscheidungen zieldienlicher und qualitativ »besser«. Wir können auf alle uns zur Verfügung stehenden Perspektiven – aus Kopf und Bauch – zugreifen, um die optimale Abwägung zu treffen. Und wir fühlen uns dabei sicher – im Wissen, alle unsere bewussten und halb-/unbewussten Kompetenzen genutzt zu haben.

Gleichzeitig haben wir ein **klares Bild unserer Schwachpunkte.** Wir kennen die Kompetenzen, mit denen wir uns schwertun, mit denen wir hadern. Unsere Grenzen und Schwächen sind uns bewusst. Wir wissen, was uns üblicherweise nicht so gut gelingt, und können ohne ein Gefühl des Gesichtsverlusts um Hilfe bitten oder die Aufgaben anderen übertragen oder uns gezielt an diesen Punkten weiterentwickeln.

Damit ein her geht auch die Fähigkeit, **zu den eigenen Fehlern zu stehen.** Diese zugeben zu können und die Verantwortung dafür zu übernehmen. Daraus zu lernen. Weil wir tief innen wissen, dass kein Mensch perfekt ist und auch nicht sein muss. Und wir damit auch nicht. Es wird uns möglich, aus Fehlern zu lernen, unsere diesbezüglichen Kompetenzen weiter auszubauen.

Durch all das entsteht ein **neues Gefühl innerer Gelassenheit.** Wir ruhen in uns, leben eine neue Souveränität. Es gelingt uns gut, Themen und Herausforderungen im größeren Kontext zu sehen und deren Priorität im Gesamtzusammenhang einzuschätzen. Die Perspektive verändert sich, es fällt leichter, einzuschätzen, welche Dinge wirklich wichtig sind. Vieles relativiert sich. Wir lassen uns nicht mehr von Schein-Dringlichkeiten treiben, bewahren die der Situation angemessen Ruhe und zeigen Besonnenheit, können mehr der »Fels in der Brandung« sein, wenn es notwendig ist, und bleiben auch in Krisen sattelfest und souverän.

Eine Ent-Fesselung hat also entlang vieler Dimensionen einen positiven Effekt auf unsere Führungskompetenz. Wir werden zu »besseren«, zu authentischeren, produktiveren, menschlicheren Führungskräften. Wir können zu echten Vorbildern werden und qualifizieren uns damit häufig auch für eine Erweiterung unserer professionellen Verantwortung, für neue, umfangreichere Führungsaufgaben.

6.2 Erfolgreichere Organisationen

Führung ist einer der wesentlichsten Einflussfaktoren auf den Erfolg von Organisationen. Insofern kann es nicht verwundern, dass auch aus Organisationssicht eine Ent-Fesselung der Führungskräfte eine Reihe von transformativen Auswirkungen haben wird.

Zunächst steigt durch die Ent-Fesselung mit hoher Wahrscheinlichkeit die Produktivität, Effektivität und Effizienz, die »Performance« der Führungskräfte. Sie werden der Führungsaufgabe, das Überleben der Organisation zu sichern, besser gerecht.

Die gesteigerte Produktivität als Führungskraft hat für die Organisation häufig auch eine direkte Ressourcenkonsequenz: Ziele und Erwartungen werden klarer und weniger ambivalent kommuniziert. Die für die Aufgaben am besten geeigneten Mitarbeitenden können sich so zielführender und schneller um die Bearbeitung von Themen kümmern. Die Qualität der Ergebnisse steigt und Nach- oder Doppelarbeit wird vermeiden. Insgesamt werden die Ressourcen der Organisation effizienter und effektiver genutzt. Die Organisationen können mehr mit weniger bewirken. Wachstum und Investitionen werden erleichtert und die Mitarbeitenden erleben mehr Erfolgserlebnisse.

Indirekt hat die Ent-Fesselung eine massive Auswirkung auf das Miteinander, auf die Organisationskultur. Es geht menschlicher zu, die Mitarbeitenden kommen motivierter zur Arbeit. Durch die mit der Ent-Fesselung einhergehende Verringerung von emotionalen Stresssituationen (wie beispielsweise »Ausrasten«, »Rumbrüllen« oder emotionaler Kälte der Vorgesetzten) müsste ein geringerer Krankenstand zu erwarten sein, zum Beispiel weniger Ausfälle wegen Burn-out oder stressbedingten Erkrankungen.

Auftretende Paradoxien oder Dilemmata werden schnell in tragfähige Kompromisse überführt und Konflikte früh und sachlich-konstruktiv befriedet. Fehler werden als Ausgangspunkt für eine Analyse der dahinterliegenden Prozess-, Struktur- oder Qualifikationsursachen genutzt und nicht zum Abstempeln von Sündenböcken. »Fingerpointing« auf andere und das Leugnen oder Vertuschung der Fehler aus Selbstschutz wird obsolet. Es kann eine lernende Organisation entstehen, die schnell und flexibel auf alle Herausforderungen des Marktes reagieren kann.

Solche »ent-fesselte« Organisationen tragen dann auch deutlich mehr zu einem »guten Leben« ihrer Mitarbeitenden bei und verändern so auch deren Privatleben. Sie werden mehr zu Quellen von Lebensfreude und nicht zu Ursachen von emotionalem Stress, Frustration und Unzufriedenheit. Es entstehen neue Gemeinschaften von menschlichem Miteinander mit dem Ziel, etwas Sinnvolles zu schaffen.

Andere Organisationsutopien zeichnen ein ähnliches Bild

Die Frage nach den Möglichkeiten, menschliches Miteinander zu organisieren, beschäftigt die Organisationsentwickler seit Jahrzehnten[179]. Welche Organisationsform unterstützt die Ziele am besten, in welcher Form kann das Überleben am ehesten sichergestellt werden?

In seinem innovativen Werk zur Organisationsentwicklung, »Reinventing Organisations«, hat sich der Organisationsberater Frederic Laloux[180] ausführlich mit der Frage nach neuen, zukünftigen Entwicklungsformen von Organisationen beschäftigt. Für ihn steht hierbei die Frage im Vordergrund, wie sinnstiftende Zusammenarbeit gelingen kann. Hierzu hat er in anschaulicher Weise die »Evolution« von Formen der Organisation des Miteinanders über viele Jahrhunderte aufgearbeitet und mit den Stufen des menschlichen Bewusstseins korreliert. So beschreibt er verschiedene Organisationsformen, zum Beispiel tribal impulsive Organisationen (Metapher »Wolfsrudel«, charakterisiert u. a. durch hohe Arbeitsteilung, strenge Befehlsautorität, heute beispielsweise in Straßengangs oder bei Milizen beobachtbar), traditionell konformistische Organisationen (»Armee«, charakterisiert u. a. durch formale Rollen und Prozesse sowie skalierbare Hierarchien, heute z. B. in Militär und der katholischen Kirche beobachtbar) oder modern leistungsorientierte Organisationen (»Maschinen«, charakterisiert u. a. durch ein starkes Leistungsprinzip, Innovation und Verlässlichkeit, heute vor allem in vielen Unternehmen beobachtbar) . Die modernste, vor allem in kulturorientierten Organisationen beobachtbare Form stellt für Laloux die sogenannte postmoderne pluralistische Organisation (»Familie, charakterisiert durch Empowerment, Werteorientierung, Berücksichtigung aller Stakeholder) dar.

Als nächste Entwicklungsstufe von Organisationen stellt Laloux die integrale evolutionäre Organisation als Utopie vor. Laloux vergleicht eine integrale evolutionäre Stufe der Organisationsevolution mit der Stufe der Selbstverwirklichung in Maslow's Bedürfnishierarchie.

Das Erscheinungsbild der integralen evolutionären Organisation ähnelt frappierend einer »ent-fesselten« Organisation. Sie zeichnen sich nach Laloux durch eine Reihe von Eigenschaften aus, die auch als Beschreibung für eine Organisation mit ent-fesselten Führungskräften gelten würde. Beispielsweise beschreibt er, dass in einer integralen evolutionären Organisation »[...] Ängste (unseres Egos) nicht mehr reflexhaft das Leben kontrollieren [...]«. Es erfolgt ein »[...] Wechsel von äußeren zu inneren Maßstäben [...]« und ein »[...] angemessener Umgang mit Rückschlägen, Fehlern und Hindernissen [...]«. Integrale evolutionäre Organisationen »[...] streben nach Ganzheit und Gemeinschaft [...]« und »[...] Sinn

179 Vergleiche hierzu – neben vielen Standardwerken der Betriebswirtschaftslehre – die systemische Perspektive in Seliger, Ruth (2008): Das Dschungelbuch der Führung, 4. Auflage, Heidelberg 2013.

180 Laloux, Frederic (2015): Reinventing Organisations, München.

> (ist dann) mehr als Profitabilität, Wachstum und Marktanteile das Leitprinzip der Entscheidungsfindung […]«. Und schließlich: »[…] Vertrauen tritt an die Stelle von Angst […]«.
>
> Ob man die Zukunft des Miteinanders nun eher als ent-fesselte oder als integrale evolutionäre Organisation beschreiben mag, ist vielleicht weniger relevant – entscheidender scheint, dass die Utopien eine vergleichbare Richtung aufzeigen.

6.3 Humanere Wirtschaftssysteme und Gesellschaften? Ein Gedankenanstoß

Innere Fesseln wirken jedoch weit umfangreicher als nur auf individuelle Führungskräfte und die Organisationen, in denen diese agieren. Deshalb sei an dieser Stelle auch ein kurzer Ausflug in die Konsequenz der Ent-Fesselung für unsere Wirtschaftssysteme und Gesellschaften erlaubt – als Provokation und als Anregung zur weiteren Beschäftigung mit dem Thema.

Das Konzept der Inneren Fesseln hat potenziell sehr weitreichende Konsequenzen. Es kann unsere Perspektive auf vieles, was uns in der Welt begegnet, verändern, denn wir können viele heutigen Dysfunktionalitäten, vieles, was bei näherem Hinsehen für die Menschheit nicht zielführend ist, was uns schadet und uns das Leben schwer macht, als Konsequenzen Innerer Fesseln beschreiben – beziehungsweise als Konsequenzen aus Entscheidungen von Menschen, die ihren Inneren Fesseln (noch) erlegen sind.

Ein Ausgangspunkt könnte die Beobachtung sein, dass unsere weltweiten Wirtschaftssysteme immer mehr Wert auf Schnelligkeit legen. Die meisten Prozesse nehmen kontinuierlich an Geschwindigkeit zu, alles wird sofort und umgehend erwartet und der Berufsalltag wird immer hektischer und voller. Gleichzeitig wissen wir alle, dass gute und zielführende Entscheidungen eine Konsequenz einer soliden Abwägung sachlicher Argumente und einer emotionalen Einschätzung sind. Und wir wissen, dass »Fühlen Zeit braucht«. Ist es also naheliegend, anzunehmen, dass wir bessere Entscheidungen treffen würden, wenn wir uns Zeit für eine holistische, ganzheitliche Betrachtung der Themen nehmen würden? Was treibt also die Wirtschaftssysteme in eine scheinbar dysfunktionale Beschleunigung? Eine mögliche Erklärung könnte die Idee des Shareholder-Value bieten. Hier geht es darum, immer schneller immer mehr zu verdienen. Vielleicht geht es auch um Gier, um ein »Es reicht nie«, um ein »höher, schneller, weiter« um jeden Preis, auch wenn es uns eigentlich nicht guttut – nicht als System, nicht als Organisation und vor allem nicht als Individuen und als Menschheit insgesamt.

Was in diesen Fällen zu wirken scheint, könnten Innere Fesseln sein. Eine ähnliche Betrachtung ließe sich für viele der heutigen, zum Teil existenziellen Herausforderungen der Menschheit anstellen: Klimawandel, Verlust der Biodiversität und nachhaltige Umweltschädigung, Ungleichbehandlung und Diskriminierung von Bevölkerungsgruppen und vieles mehr. Bei allen diesen Herausforderungen spielen Organisationen und die sie führenden Menschen nicht selten eine entscheidende Rolle. Sie könnten einen elementaren Beitrag im Abwenden der drohenden, potenziell schwerwiegenden Konsequenzen haben, oft gibt es sogar eine Mitverantwortung für das Entstehen und den Fortbestand der Herausforderungen. Auch hier kann man die Frage stellen, wie es möglich sein kann, dass intelligente, kompetente Top-Entscheider diese Herausforderungen teilweise verniedlichen oder gar ignorieren, mit einem sturen »Weiter so« oder einem »Nicht meine Baustelle« reagieren, ihren Fokus vor allem auf enge betriebswirtschaftliche Notwendigkeiten im Rahmen der Vermehrung des individuellen Shareholder Values richten? Man kann fragen, wie es sein kann, dass sie ihre eigene Mitverantwortung für das Gegensteuern gegen diese Entwicklungen nicht wahrnehmen? Das sie das so Offensichtliche nicht erkennen und die eigene Möglichkeit – und Verantwortung –, hier zum Wohle aller mitzugestalten, nicht ganz oben auf ihrer Prioritätenliste haben? Vielleicht beobachten wir im »Höher, schneller, weiter« der Wirtschaft auch die Wirkung der Trauma-Überlebensstrategien der Top-Entscheider, der großen Shareholder in unseren Wirtschaftssystemen, die Wirkung der Inneren Fesseln Gier und »Es reicht nie«? Oder sind es die Inneren Fesseln der mangelnden Empathie für andere und gegenüber der Menscheit insgesamt? Oder ist es die Innere Fessel der Konfliktunfähigkeit in der Auseinandersetzung mit Shareholdern? Vielleicht beobachten wir die Wirkung von Inneren Fesseln, die uns eng werden lassen und verhindern, dass wir das große Ganze sehen und uns daran ausrichten.

Analoge Betrachtungen könnte man für andere Charakteristika unserer heutigen Wirtschaftssysteme anstellen, mit einem ähnlichen Resultat. Innere Fesseln, Trauma-Überlebensstrategien sind nahezu überall zu beobachten, auch im Großen, in den Charakteristika von ganzen Systemen. Erschreckende Beispiele hierfür sind leider auch die aktuellen Kriege in aller Welt.

Wie könnte man das erklären? Die meisten von uns – und sicherlich auch viele der wesentlichen Lenker unserer wirtschaftlichen und gesellschaftlichen Systeme – mussten mit einer hohen Wahrscheinlichkeit potenziell traumatisierende Erfahrungen erleben – wenn nicht in der Herkunftsfamilie, dann durch das Erleiden von traumatisierenden Kontexten wie zum Beispiel Vertreibung und Flucht, Hungersnöte oder Naturkatastrophen, besonders aber durch die ubiquitäre Erfahrung des Krieges. Einen Krieg ohne Traumatisierung zu überleben, gleicht einem Wunder, ist schwer möglich. Und gleichzeitig ziehen jeden Tag Menschen in den Krieg. In Westeuropa und allen großen Industrienationen werden wir wenige Menschen finden, die nicht in ihrer unmittelbaren Herkunftsfamilie Kriegserfahrungen machen mussten – und diese dann häufig an die Kinder transgenerational oder über die eigene Traumatisierung der Kriegsteilnehmer, über deren Abspaltungen und den Mangel an Feinfühligkeit als Eltern, weitergegeben haben. Die Kriegserfahrung wirkt auf die Kinder, die dadurch zu »Kriegskindern« oder »Kriegsenkeln[181]« wurden und die heute als Führungskräfte an ihren Inneren Fesseln leiden.

181 Vergleiche auch Bode, Sabine (2009): Kriegsenkel, Stuttgart.

Sind Innere Fesseln also auch – und vielleicht vor allem – ein gesamtgesellschaftliches Thema? Müsste es um die Ent-Fesselung großer Teile unserer Gesellschaft gehen? Gibt es so etwas wie ein kollektives, ein gesellschaftliches Trauma?

Diese Gedanken haben das Potenzial zu einem gesamtgesellschaftlichen Thema zu werden, das hier nicht annähernd erschöpfend behandelt werden kann, da es den Anspruch des Buches weit überschreiten würde. Die Ausführungen in diesem Kapitel verstehen sich daher eher als »food for thought« zum Weiterdenken und -diskutieren.

7 Ein persönliches Abschlussplädoyer

Erlauben Sie mir nun zum Ende des Buches noch eine persönliche Bemerkung, ein Plädoyer zum Abschluss – ein Plädoyer mit der **Einladung an jeden und jede, sich den eigenen Inneren Fesseln zu stellen und diese zu bearbeiten.** Nehmen Sie die Einladung an, auch wenn es nicht immer angenehm ist oder Zeit und Energie kostet, auch wenn es dazu Mut und Kraft braucht, auch wenn es dafür vielleicht skeptische Blicke hagelt.

Die Basis dieses Plädoyers ist für mich das Thema **Verantwortung.** Wir sollten uns alle unseren Inneren Fesseln stellen, weil wir alle Verantwortung tragen. Verantwortung für uns und andere. Diese Verantwortung zu übernehmen, ist ein Prozess, der uns oft unser Leben lang begleitet und beschäftigt. Auch wenn wir das Ziel einer vollständigen Übernahme der Verantwortung für unser Leben meist nicht erreichen können, entbindet es uns nicht davon, uns dieser immer wieder zu stellen – so, wie wir es in der jeweiligen Situation können.

Wir tragen zunächst vor allem die **Verantwortung für uns selbst**, für unser Leben, für unser Denken, Tun und Handeln. Verantwortung dafür, unser eigenes Leben so zu gestalten, dass es ein »gutes Leben« ist, weil wir nur so unsere Kompetenzen umfassend einbringen können und etwas hinterlassen können, was »besser« ist als das, was wir vorgefunden haben. Und auch Verantwortung dafür, uns aus alten Opferrollen zu lösen und uns zu befreien, um die »beste Version« unser selbst zu werden und um das zu leben, für das wir eigentlich vorgesehen waren, bevor wir innerlich gefesselt wurden bzw. uns selbst fesseln mussten, um zu überleben. Verantwortung, aus dem alten »Überleben« ein Leben entstehen zu lassen. Unser Leben.

Aber wir tragen genauso die **Verantwortung für unser Umfeld** – für unsere Kinder, unsere Partner und Verwandten, für alle, die uns nahestehen und die wir lieben. Wir tragen Verantwortung dafür, unsere eigenen Traumatisierungen nicht an unsere Kinder weiterzugeben. Wir tragen die Verantwortung dafür, aus unsererem damaligen Opfer-geworden-sein nicht selbst wieder zum Täter zu werden und anderen mit unserem Verhalten oder Denken das Leben schwer zu machen, sie gegebenenfalls gar wieder zu traumatisieren. Wir tragen Verantwortung dafür, die Täter-Opfer-Spiralen, in die wir früh hineingestoßen wurden, zu unterbrechen, anstatt sie in der Erziehung, der Partnerschaft oder in Freundschaften weiterzuführen oder gar zu fördern.

Und wir tragen als Menschen **Verantwortung für unsere Gesellschaft.** Wir sind aus meiner Sicht ethisch-moralisch aufgefordert und vielleicht sogar verpflichtet, das Miteinander in unserem Zusammenleben als Gesellschaft aktiv menschlich zu gestalten, unsere Beziehungen und Interaktionen mit anderen Menschen nicht durch Innere Fesseln dominieren zu lassen. Wir dürfen nicht an anderen unsere eigenen traumatischen Wunden auslassen und abarbeiten – denn das kann wie seelische Körperverletzung wirken.

Eine Ent-Fesselung lohnt sich immer, sie bringt viele Vorteile, wie wir oben gesehen haben. Aber über diese Vorteile hinaus haben wir aus meiner Sicht sogar die Verantwortung, unsere Inneren Fesseln zu bearbeiten, weil wir Menschen sind, die ohne andere Menschen nicht leben können und deshalb unseren Beitrag zu einem menschenfreundlich Miteinander leisten sollten.

Insofern ist Ent-Fesselung auch im tiefsten Sinne **Friedensarbeit**. Friedensarbeit für eine gute Zukunft der Menschheit.

Anhang (nur für Interessierte): Innere Fesseln als Trauma-Überlebensstrategien – weitere Modelle

Das in diesem Buch vorrangig vorgestellte Modell von Franz Ruppert besticht vor allem durch seine Anschlussfähigkeit: Es ist für die lesenden Nicht-Spezialisten einfach verständlich, hinreichend exakt und erklärt die wesentlichen Phänomene einer Traumatisierung in einem ausreichenden Maß.

Insbesondere erlaubt es Ruppert's Modell aber, nicht nur bei den schweren pathologischen Folgen von Traumatisierungen wie beispielsweise Flashbacks, Antriebsarmut, suizidalen Tendenzen, selbstverletzendem Verhalten und ähnlichem anzusetzen, wie es in den eher medizinisch ausgerichteten Publikationen häufig der Fall ist (und durch den medizinischen Heilauftrag gerechtfertigt erscheint). Vielmehr erlaubt es den Zugang zu Traumatisierungen über das Phänomen der Überlebensanteile und der dazugehörigen Überlebensstrategien, also über die als nicht hilfreich beobachtete alltäglichen Verhaltens- und Denkmuster.

Gerade für die hier beschriebene Anwendung auf das Thema Führungsexzellenz ist dies sehr zieldienlich. Nicht zuletzt, weil eine Pathologisierung durch die Verwendung einer rein medizinisch-diagnostischen Terminologie vermieden wird. Führungskräfte sehen sich in ihrem Selbstverständnis nicht als »krank« – und sollten zu Recht auch nicht so klassifiziert werden. Sie stehen in der Regel »mit beiden Beinen im Leben« und »funktionieren« sehr gut – gemäß den Regeln unserer (westlichen) Gesellschaft. Zusätzlich wäre eine Klassifizierung als »krank« in einer auf Wettbewerb ausgerichteten Gesellschaft in den meisten Fällen schädlich für die weitere Entwicklung als Führungskraft. Der Begriff unterliegt einer gewissen Stigmatisierung mit der potenziellen Gefahr der Ausgrenzung, Benachteiligung, Abwertung. In der Logik der Unternehmensführung vertraut man einer »Kranken« nicht die Aufgabe der Sicherstellung des Überlebens einer Organisation an. Gleichzeitig hemmen die beschriebenen Inneren Fesseln die Führungswirksamkeit. Zur Veränderung und Verflüssigung der Fesseln bedarf es solider Modelle, die die Verhaltens- und Denkmuster adäquat beschreiben können und Ansatzpunkte zur Veränderung geben – ohne durch Klassifizierung als »Krankheit« ebendiese Verarbeitung zu erschweren oder oft gänzlich zu verhindern.

Wir werden im Folgenden einige weitere Modelle zur Beschreibung von Traumatisierungen kennenlernen. Alle sind in der wissenschaftlichen Diskussion tief verankert. Wir werden feststellen, dass einige Modelle dem Ruppert'schen Modell teilweise sehr ähnlich erscheinen (z. B. das Ego-State-Modell, das Modell der strukturellen Dissoziation oder das Modell der Inneren Familiensysteme – Internal Family Systems IFS). Andere (z. B. das Modell der Dysregulation des autonomen Nervensystems) wiederum bieten einen komplett anderen Zugang zum Thema Traumatisierung an – trotzdem kann auch mit ihnen das Phänomen der Inneren Fesseln gut erklärt werden.

In der Summe scheint sich die Hypothese dieses Buches, dass Innere Fesseln wie Trauma-Überlebensstrategien wirken, über alle Modelle hinweg als zieldienlich und hilfreich zu erweisen, um diese einzuordnen und Ansätze für eine Lockerung zu finden.

Das Ego-State-Modell

Ein mit dem Ansatz von Ruppert sehr vergleichbares Modell der Traumatisierung baut auf dem **Teilemodell der Persönlichkeit** auf, nach dem unsere Psyche aus diskreten Anteilen besteht. Das Teilemodell der Persönlichkeit ist mittlerweile über alle psychologischen Schulen hinweg breit akzeptiert. Man kann die dahinterliegenden Gedanken bis zu Siegmund Freud zurückverfolgen, der mit seinem bekannten Modell vom »Ich«, »Es« und »Über-Ich« eines der ersten Teilemodelle der Persönlichkeit eingeführt hat. Eher physiologisch ausgerichtete Experten beschreiben solche Anteile als separate neuronale Netzwerke, also Mikrostrukturen unseres Gehirns.

Im Ego-State-Modell nennen wir die einzelnen Anteile **Ego-States**. Sie wirken und präsentieren sich – streng vereinfacht gesagt – wie eigene, unabhängige »Minipersönlichkeiten« in uns. Sie zeigen eigene, für den jeweiligen Ego-State charakteristische »Verhaltens- und Denkmuster« und ein daran angelehntes Beziehungs- und »Kommunikations«-Verhalten. Ego-States entstehen zu verschiedenen Zeitpunkten unserer persönlichen Biografie und haben – je nach dem Zeitpunkt ihrer Entstehung unter Umständen auch ein eigenes, von unserer erwachsenen Persönlichkeit unabhängiges Alter. Sie können wachsen, lernen und sich entwickeln. Ego States haben einem eignen Auftrag, einer spezifischen Funktion in unserer Psyche und dienen meist der Befriedigung oder dem Schutz physischer oder psychischer Grundbedürfnisse. Sie sind diesbezüglich fundamental lösungsorientiert. Oft zeichnen sie sich auch durch eine eigene, manchmal selektive Wahrnehmung der Realität aus. Ego-States entstehen und verändern sich mit unserem Lebensfluss, sie sind zunächst noch kein Anzeichen für eine Traumatisierung. Wir alle tragen eine Vielzahl solcher Anteile in uns, die in der Regel in einem regen Austausch miteinander stehen. Praktisch erleben wir unsere Ego-States zum Beispiel bei vielen inneren Abwägungen, in denen »die Vernünftige« mit »der Träumerin« und »der Zweiflerin« um die beste Entscheidung für das nächste Urlaubsziel ringt – ein streng vereinfachtes Beispiel, das nur zur Illustration dienen soll.

Auf Basis des Ego-State-Ansatzes wurden verschiedene Verfahren zur Traumabearbeitung und -integration entwickelt[182]. Grundannahme ist hierbei, dass – zusätzlich zu unseren im Laufe

182 Siehe unter anderem: Hanswille, Reinert; Kissenbeck, Annette (2008): Systemische Traumatherapie, 2. Auflage, Heidelberg 2010; Fritsche, Kai (2020): Ego-State-Therapie bei Traumafolgestörungen, Heidelberg; Fritsche, Kai (2013): Praxis der Ego-State-Therapie, 2. Auflage, Heidelberg 2014; Fritsche, Kai, Hartmann, Woltemade (2010): Einführung in die Ego-State-Therapie, 2. Auflage, Heidelberg 2014.

des Lebenswegs entstandenen Ego-States – bei einer Traumatisierung neue traumaassoziierte Ego-States entstehen. Man kann als Folge bei Traumatisierten drei Typen von Ego-States unterscheiden (Vergleiche Abbildung 6 links):

1. Grundsätzlich ressourcenreiche Ego-States (gesunde Anteile)
2. Traumatisierte Ego-States, die das traumatische Erleben »tragen«
3. Traumakompensatorische, bewältigende Ego-States

Unter Nutzung des Ego-State-Modells könnte Innere Fesseln dann als spezielle, im Rahmen und als Folge der Traumatisierung entstandene traumakompensatorische Ego States eingeordnet werden. Die Innere Fessel Perfektionismus wäre dann beispielweise durch einen entsprechenden Ego-State mit einem eigenen Charakter, Alter, Verhalten und Auftrag repräsentiert. Dieser Ego-State würde dann in bestimmten Situationen vehement für eine optimale, perfekte 100 %-Lösung der Probleme eintreten und das innere Team an Ego-States dominieren.

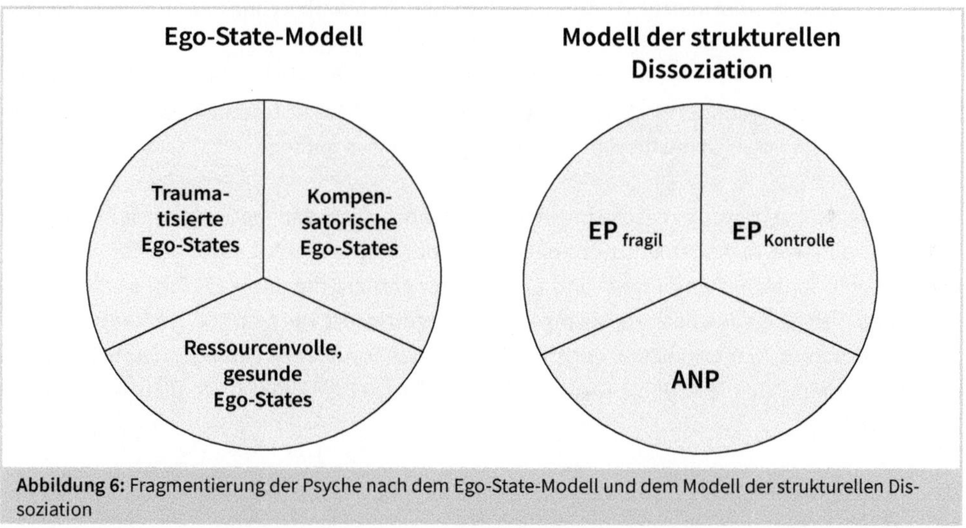

Abbildung 6: Fragmentierung der Psyche nach dem Ego-State-Modell und dem Modell der strukturellen Dissoziation

Das Modell der strukturellen Dissoziation

Das **Modell der strukturellen Dissoziation**[183] ist eines der aktuell in der wissenschaftlichen Diskussion recht häufig zitierten Traumamodelle. Es ist im Ansatz verwandt mit dem oben beschriebenen Ego-State-Modell, da es ebenfalls von der (neuen) Bildung diskreter Persönlichkeitsanteile als Folge einer Traumatisierung ausgeht.

183 van der Haart, Onno; Nijenhuis, Ellert R.S.; Steele, Kathy (2008): Das verfolgte Selbst, Paderborn.

Auch in dieser Theorie kommt es durch entsprechende traumatisierende Erfahrungen zu einer Aufspaltung, einer Dissoziation der Psyche in verschiedene Persönlichkeitsanteile. Es entstehen durch die Traumatisierung dann sogenannten ANP (Anscheinend normale Persönlichkeitsanteile) und EP (Emotionale Persönlichkeitsanteile).

Die ANP repräsentieren unsere funktionierenden, den Alltag bewältigenden Persönlichkeitsanteile – nach der Traumatisierung. Die ANP vermeiden jegliche traumatische Erinnerungen (die in den EPs gespeichert sind) vehement und wehren Handlungen und Gedanken, die an das Erlebte erinnern könnten, vehement ab. Sie funktionieren gewissermaßen wie eine »Notstandsregierung«[184] und stellen sicher, dass wir funktionieren, als sei nichts geschehen, als hätten wir keine Traumatisierung erlebt. Nach der Traumatologin Michaela Huber haben ANPs in der Regel keinen Kontakt zu, und kein bewusstes Wissen über, das Trauma. Sie sind in der Regel dem eigenen Opfer-sein entfremdet und amnestisch für Traumainhalte, die sie nur als unerklärbare Symptome wahrnehmen[185]. ANPs können uns und anderen vorspielen, alles sei »gut«. Und doch sind sie von unserer »normalen« Persönlichkeit vor der Traumatisierung deutlich verschieden.

In den EPs sind einerseits die traumatisierten Gefühle und andererseits die notwendigen Überlebensstrategien abgebildet[186]. Van der Haart, Nijenhuis und Steele formulieren es so: »Traumatisierte als EP sind starr in bestimmten Handlungstendenzen gefangen«[187].

Die Namensdifferenzierung zwischen ANP und EP kann zunächst suggerieren, dass in dem ANP keine emotionalen Verhaltensmuster abgebildet sind. Dies ist irreführend, da dier ANP alle – auch die emotionalen – Verhaltens- und Denkmuster enthält, die unser tägliches Leben (nach der Traumatisierung) ausmachen, solange wir nicht getriggert werden. Die Traumatologinnen Steele und Boon schlagen deshalb vor, die EP als »in der Traumazeit gefangene Anteile« zu benennen, während sie die ANP als »Anteile, die im Alltagsleben Funktionen übernehmen« bezeichnen[188].

Man kann bei weiterer Differenzierung der EP die Anteile, die die Gefühlserinnerungen an das Trauma enthalten (EP_{fragil}) von denjenigen unterscheiden, die alle Erlebnisaspekte, die den EP_{fragil} aktivieren könnten, zu vermeiden, kompensieren oder abzumildern versucht. Diese Anteile werden als $EP_{Kontrolle}$ beschrieben und dienen vor allem dazu, EP_{fragil} unter Kontrolle zu halten und den Kontakt mit Traumamaterial zu verhindern.

184 Hanswille, Reinert; Kissenbeck, Annette (2008): Systemische Traumatherapie, 2. Auflage, Heidelberg 2010.

185 https://michaela-huber.com/wp-content/uploads/2021/03/emdr-in-der-behandlung-komplexer-ptbs-und-dissoziativer-07-05-2016.pdf.

186 Leutner, Susanne, Cronauer, Elfi (2022): Traumatherapie-Kompass, Göttingen.

187 van der Haart, Onno; Nijenhuis, Ellert R.S.; Steele, Kathy (2008): Das verfolgte Selbst, Paderborn.

188 Steele, Kathy, Boon, Suzette, van der Hart, Onno (2017): Die Behandlung traumabasierter Dissoziation, 2. Auflage Lichtenau/Westfalen 2021.

In Abbildung 6 rechts ist die nach einer Traumatisierung gespaltene Psyche nach dem Modell der strukturellen Dissoziation illustriert.

Aus den Ausführungen bietet es sich an, die $EP_{Kontrolle}$-Anteile unmittelbar mit den im alltäglichen Leben beobachtbaren Inneren Fesseln zu vergleichen. $EP_{Kontrolle}$ zeigen sie sich immer wieder, wenn wir vom Kontext, von Begegnungen mit bestimmten Menschen oder unter bestimmten Rahmenbedingungen getriggert werden. Immer dann, wenn die Gefahr besteht, dass EP_{fragil}, aktiviert, also Traumamaterial an die Oberfläche gespült werden könnte. Dann übernehmen sie die Steuerung unseres Denkens und Handelns – und Fühlens. Sie wirken dann wie Innere Fesseln.

Das Modell der strukturellen Dissoziation stellt sich im Detail recht komplex dar. Ziel der Darstellung des Modells im Kontext dieses Buches sollte sein, auch für dieses Modell einen Anknüpfpunkt für die Hypothese, Innere Fesseln seien das Ergebnis einer Traumatisierung, darzulegen. Sicherlich werden hier weitere, vertiefende Analysen notwendig sein, um die Hypothese der Verknüpfung im Modell der strukturellen Dissoziation weiter zu validieren.

Das Modell der Inneren Familiensysteme (Internal Family Systems IFS)

Das Modell der Inneren Familiensysteme (IFS) wurde etwa seit den 80er Jahren des letzten Jahrhunderts sukzessive vor allem von dem US-Amerikaner Richard Schwartz entwickelt[189]. Auch er geht von einer grundsätzlichen Multiplizität der Persönlichkeit, also von der Existenz von Persönlichkeitsanteilen aus. Er beschreibt das Zusammenwirken dieser Anteile sowie die entstehenden Gruppendynamiken mit den Modellen der Systemtheorie und der systemischen Familientherapie.

In dem IFS-Modell werden Anteile durch eine frühe Traumatisierung mit einer sogenannten Last (»burden«) belegt. Sie sind wie zusätzliche Rollen, in die unsere vorher gesunden Anteile gezwungen werden. Rollen, die ab der Traumatisierung Aufgaben und Auftritt der Anteile bestimmen und hinter denen ressourcenvolle und bereichernde Wurzeln versteckt sind – vergleichbar den in den Überlebensstrategien »gefangenen«, gebundenen Kompetenzen.

Eine traumatische Erfahrung hinterlässt zunächst direkt von der Erfahrung belastete Anteile. Er vergleicht diese oft sehr jungen, belasteten Anteile mit verschreckten, überforderten, ver-

189 Schwartz, Richard C. (1997): Systemische Therapie mit der inneren Familie, 8. Auflage, Stuttgart 2018; Schwartz, Richard C. (2022): Kein Teil von mir ist schlecht, Freiburg im Breisgau.

lassenen und leidenden kleinen Kindern, denen aufgrund der systemischen Umstände nur übrigbleibt, bestimmte Rollen anzunehmen – wie bei einer dysfunktionalen Familie. Diese belasteten Anteile tragen die Last des Traumamaterials, verkörpern die abgespaltenen Gefühle wie Angst und Panik, Wut und Aggressionen, Verlassensein und Einsamkeit, Hilflosigkeit und Ohnmacht. Wie in einer dysfunktionalen Familie stören diese Anteile das Zusammenleben und werden als Konsequenz zu sogenannten Verbannten (»exiles«). Sie werden in den Hintergrund gedrängt. Verbannte Anteile versuchen immer wieder und unter allen Umständen, sich und ihr Leid sicht- und spürbar zu machen. Das ist in der Regel nicht im Sinne einer funktionierenden Gesamtpersönlichkeit, da bei ihrem Sicht- und Spürbarwerden alle Traumagefühle in ihrer vollen Wucht und unkontrolliert zu Tage treten würden.

Deshalb übernehmen gleichzeitig mit der Entstehung der belasteten Verbannten andere Anteile verschiedene Funktionen als Beschützer (»protectors«) des inneren Familienfriedens – und um sicherzustellen, dass wir im Alltag funktionieren können. Auch diese Anteile tragen eine Last, die des Schutzes vor dem unkontrollierten Auftauchen der Verbannten, vor deren Drängen in die Sicht- und Spürbarkeit. Beschützer treten in vielfältiger Form auf und können zum Erreichen ihrer Zwecke auch Allianzen und Koalitionen bilden.

Schwartz unterscheidet die beschützenden Anteile in sogenannten Managern (»Managers«) und Feuerbekämpfern (»Firefightes«). Die Manager sorgen dafür, dass wir alle Situationen vermeiden, die die Verbannten wieder aktivieren, sie wieder in den Vordergrund bringen könnten. Manager-Anteile strukturieren also unser Leben in einer Art und Weise, die im Wesentlichen in der Vermeidung von Triggern besteht. Manager-Anteile wirken wie parentifizierte innere Kinder. Die anderen beschützenden Anteile, die Feuerbekämpfer, werden aktiviert, wenn die Manager-Anteile nicht verhindern konnten, dass wir doch in eine die Verbannten triggernde Situation kommen. Dann bleibt nur noch, die mit der Sicht- und Spürbarwerdung der Verbannten auftretenden Emotionsfluten irgendwie abzumildern. Feuerbekämpfer führen uns dann beispielsweise in Ersatzhandlungen oder kompensatorische Aktivitäten wie Süchte und Zwänge, aber auch zur Dissoziation, zur Erstarrung oder zum Nicht-mehr-wahrnehmen der Situation. Oder sie versuchen, eine kontrollierte Emotionsfreisetzung zu erreichen und zeigen sich dann in nicht-situationsadäquaten emotionalen Abreaktionen, in Überreaktionen und Emotionsausbrüchen. Manchmal tragen Beschützer auch die Last der Täterenergie (zum Beispiel der physischen Gewalt), die auf uns eingewirkt hat – sie werden dann zu verinnerlichten Repräsentationen der Täter und führen dessen Taten innerlich an uns weiter fort – mit innerer Gewalt und Wut auf uns selbst, mit Selbstbestrafung, Selbstabwertung, Eigensabotage und auf vielen anderen Wegen. All dies nur, um das Auftauchen, das Sicht- und Spürbarwerden der Verbannten zu verhindern. Auch unsere Beschützer-Anteile sind in der Vergangenheit, im Trauma eingefroren und verhalten sich, als wäre das Schreckliche immer noch die heutige Realität.

Das IFS-Modell schlägt – im Gegensatz zu den anderen, oben beschriebenen Anteilemodellen – eine zusätzliche, höherrangige Institution unserer Psyche, das Selbst, vor. Im gesunden Zustand werden wir vom Selbst geleitet. Das Selbst wird in diesem Modell als die Essenz dessen beschrieben, was uns – ohne Traumatisierung – ausmacht. Es repräsentiert im Idealfall die steuernde Instanz, die uns mit Qualitäten wie Neugier, Liebe, Güte und Mitgefühl zu einem erfüllten, bereichernden, »guten Leben« verhilft. Haben wir eine Traumatisierung erlebt, so entstehen einerseits die oben beschriebenen belasteten Anteile (Verbannte, Manager, Feuerbekämpfer). Gleichzeitig übernehmen diese Anteile unser Selbst, sie verschmelzen (»blend«) mit diesem und werden zu der unser Leben steuernden Instanz. Bearbeiten wir unsere Traumatisierung erfolgreich, so übernimmt wieder unser Selbst die Steuerung unseres Lebens – Schwartz nennt das bezeichnenderweise »Self Leadership«. Gleichzeitig können die Anteile ihre Lasten und damit ihre Rollen abgeben und uns wieder mit den ihnen innewohnenden Kompetenzen und Ressourcen zur Verfügung stehen. Im »Self Leadership«, als »ent-fesselte« Menschen, führen wir ein Leben, das Schwartz mit den 8 C's umschreibt: »Curiosity, Calm, Confidence, Compassion, Creativity, Clarity, Courage, Connectedness« (etwa: Neugier, innere Ruhe, Zuversicht, Mitgefühl, Kreativität, Klarheit, Mut, Verbundenheit). Die Relevanz dieser Eigenschaften für eine Führungsexzellenz sind selbsterklärend.

Aus dem Gesagten bietet es sich unmittelbar an, unsere Inneren Fesseln als beschützende Anteile zu sehen, die ihre Macht und Autonomie daraus beziehen, dass sie den Auftrag haben, unsere verbannten, das Traumamaterial tragenden Anteile zu schützen und zu verhindern, dass diese sicht- und spürbar werden. Das Gefangensein in der Traumazeit rechtfertigt – wie beim Ruppert'schen Modell – ihre Kompromisslosigkeit, Autonomie und Hartnäckigkeit. Durch die Verschmelzung mit unserem Selbst steuern sie unser tägliches Leben. Und auch in diesem Modell bedarf eine Ent-Fesselung, eine Befreiung des Selbst. Es braucht die Auseinandersetzung mit den Verbannten, mit den das Traumamaterial tragenden Anteilen.

Das Modell der Dysregulation des autonomen Nervensystems

Trauma ist mitnichten ein rein psychischer Vorgang, sondern findet vor allem auch in unserem Körper statt – und ist in ihm gespeichert. Die Traumaspuren sind im Körper zu finden, oder, wie Bessel van der Kolk, ein berühmter Traumaforscher, es treffend formuliert: »The body keeps the score« (deutsch: Verkörperte Schrecken[190]).

Erklärmodelle für Innere Fesseln, die auf körperbasierten Ansätzen basieren, sind zunächst weniger leicht einsichtig. Zunächst muss hierfür eine Verbindung zwischen Körperempfindungen, Emotionen und eher physiologischen Vorgängen und den scheinbar zunächst eher kognitiv als Glaubenssätze eingeordneten Inneren Fesseln hergestellt werden. Trotzdem sollen körperorientierte Erkläransätze aufgrund ihrer heutigen Bedeutung in der Psychotraumatologie

190 van der Kolk, Bessel (2016): Verkörperte Schrecken, 4. Auflage, Lichtenau/Westfalen 2017.

nicht außen vor bleiben. Gleichzeitig würde eine erschöpfende Erklärung der komplexen medizinisch-hirnphysiologischen Zusammenhänge den Rahmen des Buches eindeutig sprengen; hier kann nur ein erster, vereinfachter Einblick gegeben werden.

Grundlage des heutigen körperbasierten Verständnisses von Trauma ist die von Stephen Porges[191] erforschte **Polyvagaltheorie.** Hier werden Traumaphänomene als Reaktionen des autonomen Nervensystems erklärt, also auf Basis der neurophysiologischen Reaktionen unseres Nervensystems. Das autonome – oder vegetative – Nervensystem, ANS, vermittelt im Körper hocheffizient und autonom Körperreaktionen auf die Frage »Ist es sicher?«. In dieser Funktion schlägt es wie ein Frühwarnsystem für Sicherheit an und reguliert alle körperlichen Grundfunktionen und unsere inneren Organe auf das gerade notwendige Maß – abhängig von der aktuell gerade gefühlten Sicherheitslage. Damit versetzt es uns zu jedem Zeitpunkt in die Lage, einer Gefahr physiologisch und kognitiv optimal vorbereitet zu begegnen.

Das ANS besteht aus zwei prinzipiellen Zweigen: dem Sympathikus sowie dem Parasympathikus. Beide wirken zunächst wie antagonistische Gegenspieler zueinander: der Sympathikus aktiviert und regt an, der Parasympathikus beruhigt.

Der Sympathikus steuert viele für eine erfolgreiche Gefahrenabwehr über Angriff oder Flucht notwendigen Organe und Funktionen, z. B. Herzfrequenz, Bronchienweite, Verfügbarkeit von Glucose in den Muskeln, Adrenalinausschüttung, Muskeltonus etc. Der Sympathikus bereitet uns also darauf vor, zu handeln – zu kämpfen oder zu fliehen.

Eine entscheidende Rolle im Parasympathikus spielt der sogenannte Vagusnerv. Er besteht aus zwei Strängen: dem ventralen und dem dorsalen. Der ventrale Strang versorgt insbesondere das Gesicht und steuert so vor allem Muskeln, die für unser Sozialverhalten, für Zugehörigkeit, Verbindung und Kontakt bzw. Bindung verantwortlich sind. Der dorsale Teil des Vagusnervs versorgt hingegen den Großteil der inneren Organe wie Herz, Magen und Darm. Er versetzt uns in einen Zustand der Erstarrung, des Shut-down, des Kollabierens und der Empfindungslosigkeit – als Reaktion auf maximale Unsicherheit und große Gefahr[192].

Im entspannten Grundzustand ist der ventrale Vagus aktiviert. Die durch den ventralen Vagusnerv angesteuerten Muskeln steuern unsere sozialen Interaktionen, die weitestgehend vor allem durch den Kopfbereich (inklusive der Mimik sowie Klang und Tonfall, der Prosodie unserer Sprache) vermittelt werden. Wir sind in gutem Kontakt mit unserer Umwelt, fühlen uns sicher und in guter Verbindung mit den anderen unseres Sozialsystems. Der ventrale Vagus steuert unser System für soziale Verbundenheit, wir können Empathie, Zugehörigkeit, Geborgenheit und Verbindung spüren und zeigen. Wir sind in einem guten Kontakt mit anderen und in einem Zustand

191 Porges, Stephen (2010): Die Polyvagal-Theorie, Paderborn.
192 Dana, Deb (2018): Die Polyvagaltheorie in der Therapie, 2. Auflage, Lichtenau/Westfalen 2019; Zanotta, Silvia (2018): Wieder ganz werden, 2. Auflage, Heidelberg 2019.

der Entspannung, es geht uns gut. Aus diesem Zustand heraus sind wir auch im Vollbesitz unserer inneren Kräfte, wir haben einen guten Zugang zu allen Ressourcen und Kompetenzen.

Wittert unser Nervensystem Gefahr (vor allem durch einen Prozess, der Neurozeption – das »Spüren nach innen und außen« – genannt wird), wird der Sympathikus aktiviert, die Vagusbremse wird gelöst. Nun bereiten wir uns innerlich auf eine bevorstehende Auseinandersetzung vor. Das Herz schlägt schneller, die Muskeln werden angespannt, die Atmung wird flacher und schneller. Alles ist auf Beobachtung der Umwelt, das Lokalisieren und Einschätzen der Gefahr ausgerichtet. Wir versuchen, uns schnell einen Eindruck von der Gefahr zu machen, sie einzuschätzen. Der Stresslevel steigt und mit ihm die Mobilisierung der inneren Ressourcen für Kampf oder Flucht (»Fight« or Flight«). Stresshormone wie Adrenalin werden ausgeschüttet, die Energiereserven im Körper werden mobilisiert und machen uns handlungsbereit. Wir bereiten uns kognitiv und physiologisch auf die Gefahr, auf eine adäquate Reaktion hierauf, vor. In diesem Zustand sind bestimmte Kompetenzen nicht mehr so leicht zugänglich: Wir entwickeln einen auf Gefahr fokussierten Tunnelblick – das für die Situation scheinbar Unwesentliche wird ausgeblendet. Dies gilt insbesondere für diejenigen Teile unseres Denkzentrums, des präfrontalen Cortex, die vermeintlich nicht unmittelbar zur Abwendung der Gefahr benötigt werden. Aus diesem Grund stehen uns in einer sympathischen Aktivierung oft eine Reihe von Führungskompetenzen nur eingeschränkt zur Verfügung.

Sollte die wahrgenommene Gefahr sich weiter steigern und unser System die Situation gar als lebensbedrohlich klassifizieren, schaltet das ANS auf die Aktivierung des dorsalen Vagus um. Dieser aktiviert in der Regel einen »Shutdown« unseres Systems: Wir fühlen uns überwältigt, hilflos, ohnmächtig und kommen in Zustände höchsten inneren Stresses. Als Reaktion darauf »frieren wir ein«, wissen keinen Ausweg mehr und erstarren. Diese auch als »Freeze« bezeichnete Reaktion ist oft auch von Dissoziation begleitet, wir sind »nicht mehr wir selbst«. Alle Körperreaktionen sind auf ein Minimum heruntergefahren, wir atmen flach und bewegen uns nicht mehr. Im Extremfall kann es auch zum Zusammenbruch kommen (»Faint«). Unser System schüttet unter anderem Analgetika und Endorphine aus, wir spüren in diesem Zustand wesentlich weniger, oft nicht mal den maximalen Stress, der in unserem Körper wirkt. Gleichzeitig ist die aus der Gefahr entstandene Energie (die im Sympathikus als Fight oder Flight abgebildet war) weiterhin in unserem System vorhanden. Es ist, als würden wir innerlich gleichzeitig Vollgas geben und eine Vollbremsung durchführen. Scheinbare Ruhe und maximale innerliche Aktivierung finden simultan statt. Kognitiv stehen uns in diesem Zustand nur noch die zum Überleben absolut notwendigen, basalen Kompetenzen zur Verfügung, das Ausfüllen einer anspruchsvollen Führungsaufgabe ist dann nur stark eingeschränkt möglich.

Im normalen Leben und ohne Traumatisierung durchlaufen wir die verschiedenen Stufen des ANS jeden Tag viele Male, zum Teil im Sekundentakt. Deb Dana[193] bietet hierfür das Modell einer

193 Dana, Deb (2018): Die Polyvagaltheorie in der Therapie, 2. Auflage, Lichtenau/Westfalen 2019.

dreistufigen Leiter an (Abbildung 7 – Original modifiziert): Auf der untersten Stufe, in der Aktivierung des ventralen Vagus, sind wir im entspannten Zustand der Lebensfreude, uns geht es gut. Durch entsprechende Neurozeption von Gefahr steigen wir kurzfristig auf die zweite Stufe, die Aktivierung des Sympathikus hinauf. Sobald wir die Gefahr entweder (mithilfe der Ressourcen des Sympathikus) bewältigt oder abgewendet haben, oder wenn sie sich als falscher Alarm herausgestellt hat, steigen wir wieder zur untersten Stufe, in eine Aktivierung des ventralen Vagus, ab. Wird die Gefahr jedoch zur – realen oder nur gefühlten, potenziellen – Lebensgefahr, steigen wir von der mittleren zur obersten Stufe, in die Aktivierung des dorsalen Vagus. Auch in diesem Zustand verbleiben wir nur so lange, wie wir die Lebensgefahr wahrnehmen oder sich diese – weit häufiger – als Überwertung, Fehleinschätzung oder doch bewältigbar herausstellt. Dann steigen wir über den Sympathikus, den wir zur Bearbeitung der Gefahr dann brauchen, wieder in die Aktivierung des ventralen Vagus ab und »alles ist gut«.

Im Alltag kann uns eine Vielzahl von potenziellen Gefahrenquellen in einem individuell unterschiedlichen Ausmaß (den Sympathikus oder gar den dorsalen Vagus) aktivieren: eine anstehende Auseinandersetzung mit einer Kollegin, eine wichtige Präsentation, das Gefühl, beim Vorbereiten eines Meetings nicht an alles gedacht zu haben etc. Und wir machen auch täglich immer wieder die Erfahrung, diese Gefahren bewältigen zu können. Wir steigen die Leiter täglich viele Male hoch und runter und sind dabei selbstwirksam, können uns selbst regulieren. Dieses Prinzip der im Normalzustand möglichen Selbstregulation stellt hierbei den entscheidenden Zugang zum Verständnis der Dysregulation des ANS nach Traumatiserung dar, wie wir gleich sehen werden.

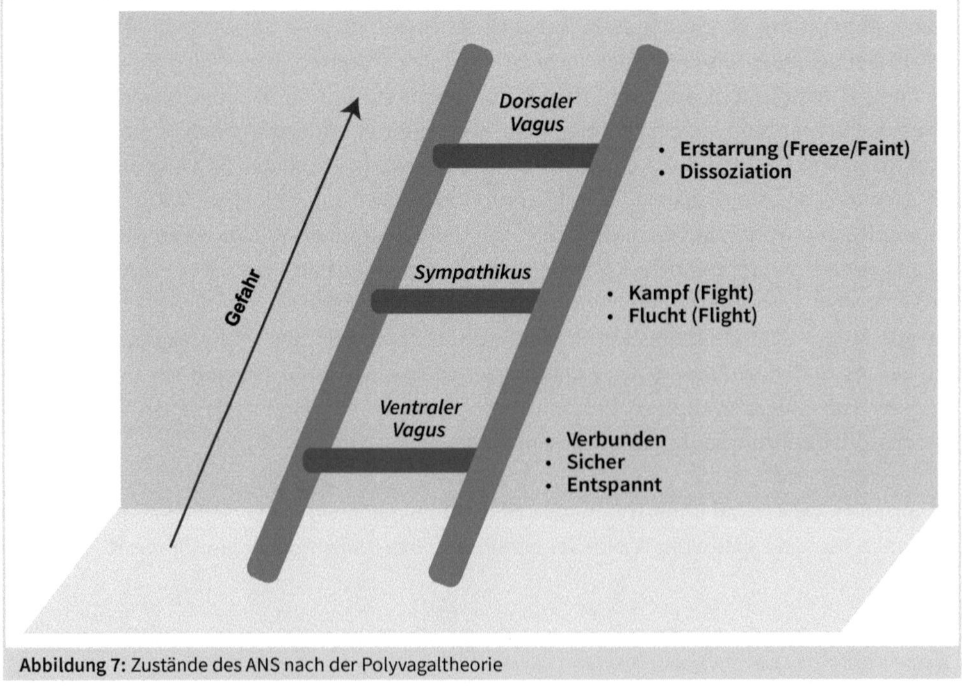

Abbildung 7: Zustände des ANS nach der Polyvagaltheorie

In unserem westlichen Alltag gibt es objektiv wenig wirklich lebensbedrohliche Situationen. Das Problematische an der Aktivierung des ANS ist, dass die Einstufung einer Situation als »Gefahr« nicht nur auf rationalen, objektiv nachvollziehbaren Kriterien des Hier und Jetzt beruht, sondern wesentlich von unseren Erfahrungen mitbestimmt wird. Es geht um die wahrgenommene Gefahr, nicht die real existierende. Manchmal können wir das differenzieren und uns wieder selbst regulieren, die Leiter wieder hinabsteigen.

Wenn wir traumatisiert wurden, können uns scheinbar neutrale, sichere Situationen im Hier und Jetzt an alte, mit dem Trauma assoziierte Kontexte aus unserer Kindheit erinnern. Unser Nervensystem schlägt dann Alarm, weil es ein – heute – falsches Signal von Gefahr erhält. Dies ist möglich, weil am Wahrnehmen und Verarbeiten der inneren und äußeren Signale nicht nur unser »denkendes Gehirn«, der Präfrontale Cortex , mit seinen Fähigkeiten zur Analyse, Einordnung/Abstraktion, zeitlichen und räumlichen Verortung etc. beteiligt ist. Vielmehr werden die unser Gehirn erreichenden Signale auch durch unser Gefühlszentrum (limbisches System) und das Stammhirn (»Reptiliengehirn«) prozessiert. Man spricht hier auch von dem dreieinigen Gehirn[194]. Die drei Hirnteile liegen wie bei einer Matroschka-Puppe oder einer Zwiebel übereinander: ganz innen an der Wirbelsäulenmündung das Stammhirn, darüber das limbische System und außen, hinter der Stirn, der präfrontale Cortex. Neurozeptierte Signale werden im Gehirn von innen nach außen, vom Stammhirn ausgehend über das limbische System schließlich zum präfrontalen Cortex geleitet. Das rationale Verarbeiten der Signale wird erst nach Prozessierung durch die inneren Regionen möglich. Nun sind Stammhirn und limbisches System entwicklungsgeschichtlich deutlich älter und weit weniger in der Lage zu komplexen Differenzierungen. So kann es sein, dass schon ein nur in wenigen Ansätzen mit der traumatisierenden Erfahrung vergleichbares Signal aus dem Hier und Jetzt eine Einschätzung als Gefahr auslöst. Unser System reagiert dann – relativ unspezifisch – auf Trigger, die im Hier und Jetzt faktisch nichts mit der traumatisierenden Erfahrung zu tun haben, aber aufgrund einer hinlänglichen Ähnlichkeit als Gefahr eingestuft werden.

Es reicht also, wenn eine beobachtete Situation als einer mit dem Trauma assoziierten Erfahrung hinlänglich ähnlich erscheint, um Aktivierung auszulösen. Es ist dann ein bisschen wie ein Rückversetzen in die Vergangenheit – wir werden um Jahre zurückkatapultiert. Es fühlt sich auch genauso an wie damals. Wir werden in den Momenten dann auch wieder wie Kinder, einen Prozess, den man auch als Regression bezeichnet. Und als Kinder stehen uns dann auch nur die Kompetenzen des Kindes zur Verfügung. In diesen Situationen ist eine Selbstregulation oft nicht so einfach möglich.

Im Modell der Polyvagaltheorie bleiben wir dann in einem der aktivierten Zustände »stecken«, sind also daueraktiviert. Das Wechselspiel von Gefahr und Bewältigung wird unterbrochen. Wir sehen überall Gefahr, auch dort, wo eigentlich keine lauert. Wenn wir beispielsweise im Sympa-

194 Siehe auch https://www.spektrum.de/lexikon/neurowissenschaft/dreieiniges-gehirn/3014.

thikus stecken bleiben, fühlt sich der Alltag wie ein Dauerkampf an, wir sind immer auf der Hut und bereit, uns zu verteidigen, selbst wenn keine äußerlichen Gefahrenindikatoren vorhanden sind. Jedes Gespräch wird gefühlt zur Auseinandersetzung auf Leben und Tod. Wir haben immer unsere »Rüstung« an, sind bestens mit Argumenten, Taktiken und Strategien gerüstet und haben vielfältige Angriffs- und Verteidigungsmethoden aktiviert. Wir sind bereit, unser gefühlt angegriffenes Leben mit allen Mitteln zu verteidigen. Innere Ruhe, Gelassenheit, Freude und Ausgeglichenheit haben keinen Platz. Die Daueraktivierung des Sympathikus – ohne nachvollziehbare, »objektive Gründe« – kann als eine Trauma-Folgeerscheinung interpretiert werden und weist dann deutlich auf eine dahinterliegende Traumatisierung hin, die diese Daueraktivierung ausgelöst hat, sie noch heute bedingt, sie »am Leben« hält.

Noch dramatischer ist ein »Steckenbleiben« in der Aktivierung des dorsalen Vagus. Unser ANS reagiert, als wären wir einer permanenten Lebensbedrohung ausgesetzt. Wenn wir nicht aufpassen, lauert überall und immer der Tod – so unser ANS. Wir enden in der Dauererstarrung, Gefühle von permanenter Lebensbedrohung und Überwältigung bestimmen unser Erleben. Unsere Mimik ist eingefroren, wir haben ein »Dauer-Pokerface«. Unsere Bewegungsfreiheit ist eingeschränkt, wir wirken steif und leblos. Die Körpersprache ist auf ein Minimum reduziert. Aus unseren Augen spricht die Angst, oder wir starren an dem Gegenüber vorbei ins Leere. Auch und besonders in diesem Zustand stehen uns nur noch wenige Kompetenzen wirklich zur Verfügung. Manchmal reichen diese, um den Alltag – auch als Führungskraft – noch einigermaßen zu bewältigen. Doch es fehlt etwas. Und vor allem sind unsere Fähigkeiten zur Bildung von tragfähigen Beziehungen sehr eingeschränkt, oft auf Transaktionales reduziert (über die Bedeutung von Beziehungen für Führungsexzellenz haben wir in früheren Kapiteln bereits ausführlich gesprochen).

In der Sprache des US-amerikanischen Arztes und Traumatologen Peter Levine, der mit Somatic Experiencing[195] eine hochwirksame Traumaintegrationsmethode entwickelt hat, werden die beiden zuletzt beschriebenen Trauma-Folgeerscheinungen, das »Steckenbleiben« im Sympathikus oder im Zustand der Aktivierung des dorsalen Vagus, als Global High Intensity Activation (GHIA, kurz: Global High) beschrieben. Sie sind direkte Folge eines frühen Entwicklungstraumas.

Aus den hier dargestellten Zusammenhängen zeigt sich, dass das Modell des dysregulierten Nervensystems keine direkte, einfache Zuordnung zu bestimmten Inneren Fesseln erlaubt. Wohl aber wird deutlich, dass die bei dem »Steckenbleiben« in Sympathikus oder dorsalem Vagus zu beobachtenden körperlichen und psychischen Reaktion hinter vielen der oben beschriebene Inneren Fesseln wirken. So könnte beispielsweise hinter Inneren Fesseln wie Perfektionismus, Mikromanagement, Workaholismus und Getriebensein, Empathiemangel, »Es

195 Levine, Peter A. (2010): Sprache ohne Worte, 7. Auflage, München 2011; Rahm, Dorothea, Meggyesy, Szilvia (2019): Somatische Erfahrungen, Lichtenau/Westfalen; Zanotta, Silvia (2018): Wieder ganz werden, 2. Auflage, Heidelberg 2019.

reicht nie«-Programmen und anderen der dauerangeschalteten Kampfmodus des Sympathikus wirken. Hinter den Inneren Fesseln Konfliktvermeidung, Mangel an Begeisterungsfähigkeit und der Unfähigkeit, Nein zu sagen und allen immer gefallen zu müssen könnte die daueraktivierte Fluchtreaktion vermutet werden. Und die dauerhafte Aktivierung des dorsalen Vagus könnte zu den beschriebenen Fesseln Präsenz- und Souveränitätsverlust, Erstarrung, und einer Wirkung von mechanistischer Leblosigkeit führen. Das volle Ausleben unseres Führungspotenzials ist jedoch in jedem Falle ein geschränkt, weil wir nur im entspannten Zustand des ventralen Vagus‹ in der Lage sind, wirklich belastbare, dauerhafte und konstruktive Bindungen zu knüpfen – eine Kerndimension von Führungsexzellenz.

Wichtig ist an dieser Stelle noch zu betonen, dass wir auch bei diesem Traumamodell auf die Beobachtung der Folgeerscheinungen angewiesen sind. Die wenigsten der Betroffenen haben direkt einen Zugang zum Gefühl der Gefahr oder gar der Todesgefahr. Wohl aber sind die Reaktionen des Körpers, die Dauereinstellung auf Kampf/Flucht oder die Erstarrung, spürbar und beobachtbar, sofern wir unsere Aufmerksamkeit darauf lenken. Für viele stellen diese Zustände die Normalität dar. Es fällt oft schwer, die Folgeerscheinungen als Indikatoren dafür zu werten, dass etwas nicht stimmt. Und meist können hier – wie so oft – Feedback und die Spieglungen durch unsere Mitmenschen helfen, den Prozess der Selbstbeobachtung loszutreten.

Andere Traumamodelle

Der Vollständigkeit halber soll erwähnt werden, dass es noch eine Reihe anderer Erklärungsmodelle für Psychotraumatisierung gibt. In einem weiteren Modell wird beispielsweise davon ausgegangen, dass das Besondere von traumatischen Erfahrungen ist, dass sie in unserem **episodischen Gedächtnis** nicht adäquat, das heißt, an der zeitlichen Stelle des tatsächlichen Erlebens verortet sind[196]. Die Traumatisierung hat das Erlebte gewissermaßen aus unserem inneren Zeitstrahl rausgelöst. Es ist nicht dem Zeitpunkt zugeordnet, an dem es stattgefunden hat, sondern vagabundiert durch unser Zeitempfinden. In der Sprache der Hirnphysiologie ist das Trauma in den tieferen Hirnschichten verortet, die – im Gegensatz zum präfrontalen Cortex – kein Zeitempfinden haben. So wird beispielsweise erklärbar, wie Betroffene immer wieder von Flashbacks, also intensiven Episoden mit Zugang zu Traumagefühlen, heimgesucht werden können. Es fühlt sich dann so an, als würden sie die traumatisierende Situation live erleben. In diesen Momenten ist nicht fühlbar und einzuordnen, dass die Situation ggf. Jahrzehnte zurückliegt. Auch hier werden die Betroffenen von inneren Programmen gesteuert und erleben Gefühle, die mitnichten situationsadäquat im gegenwertigen Kontext sind. Nun sind typische Flashbacks, die vor allem bei schwer Traumaerkrankten auftreten, in ihrer erlebten Gewaltig-

196 Levine, Peter A. (2015): Trauma und Gedächtnis, München; Siegel, Daniel J. (2002): The developing mind, 3rd edition, New York/USA 2020.

keit sicher nicht mit den Auswirkungen Innerer Fesseln vergleichbar. Gleichzeitig zeigen die Programme der Inneren Fesseln doch gewisse Ähnlichkeiten, so z. B. den Automatismus und die Nicht-Steuerbarkeit (Überflutung) begleitet von meist doch recht intensiven emotionalen und physischen Reaktionen, wenn die Innere Fessel zuschlägt.

Zum Schluss soll erwähnt werden, dass Trauma-Folgeerscheinungen auch ihre Wurzeln in traumatisierenden Erfahrungen haben, die vorhergehende Generationen gemacht haben. Hier spricht man von sogenannten **transgenerationalen Traumatisierungen**[197]. In Kontinentaleuropa spielen solche transgenerationalen Effekte beispielsweise in der Gruppe der in den 50er- und 60er-Jahren des letzten Jahrhunderts Geborenen eine nicht unbedeutende Rolle. Der Effekt z. B. des Zweiten Weltkriegs wird hier deutlich. Man spricht in Deutschland deshalb häufig von Kriegsenkeln. Unstrittig ist hierbei, dass die Kriegsteilnehmer – ob als Opfer, als aktiv Beteiligte, als Vertriebene oder als Betroffene von Bombenhagel, Hunger, Vergewaltigung oder Ähnlichem, aber auch als Unterstützer des menschenverachtenden nationalsozialistischen Menschenbildes – mit hoher Wahrscheinlichkeit eine Vielzahl von traumatisierenden Situationen erlebt haben. Man denke nur an die Wirkung des Bombenkrieges auf Kinder. Bei der Traumatisierung kommt es zur Abspaltung eines Teils der Psyche, eines Pakets an Gefühlen. Diese Abspaltung behindert oder verhindert den Aufbau von tragfähigen, fruchtbaren und zugewandten Beziehungen zu unserem Gegenüber. Ohne Bearbeitung der Traumatisierung ist eine gesunde Beziehungsgestaltung zum anderen nur sehr schwer möglich, meist sogar unmöglich. Für die im Krieg traumatisierten und später Eltern Gewordenen bedeute dies oft zum Beispiel, dass sie die für eine gesunde Entwicklung des Kindes so elementare Feinfühligkeit (siehe Kapitel 4.3.4.2) vermissen lassen. Die Folge können dann beispielsweise unsicher gebundene, im Extremfall traumatisierte Kinder sein. Die traumatisierten erwachsenen Kriegsüberlebenden traumatisieren somit schlimmstenfalls ihre Kinder. Aber in dem Modell der transgenerationalen Traumatisierung gibt es noch einen weiteren Aspekt: Scheinbar können Traumatisierungen auch indirekt auf die nächste Generation weitergegeben werden. Die Kindergenerationen erleben dann Trauma-Folgeerscheinungen und bekommen bei Bearbeitung ggf. Zugang zu traumatisierenden Erlebnissen der Eltern. Die eigene direkte Biografie ist frei von solchen Erlebnissen, die Erlebnisse der Eltern werden wirksam, als wären diese selbst erlebt. Die hinter diesen – empirisch sich immer deutlicher verfestigenden – Beobachtungen von transgenerationaler Traumatisierung liegende Erklärungsmuster liegen im Moment noch weitgehend im Dunkeln und werden zum Teil mit Modellen der Epigenetik[198] beschrieben. Die interessierten Leser seien auch hier auf die weiterführende Literatur verwiesen.

197 Siehe unter anderem: Baer, Udo; Frick-Baer, Gabriele (2012): Wie Traumata in die nächste Generation wirken, Neukirchen-Vlyn: Smenos; Huber, Michaela; Plassmann, Reinhard (Hrsg., 2012): Transgenerationale Traumatisierung, Paderborn; Reddemann, Luise (2015): Kriegskinder und Kriegsenkel in der Psychotherapie, Stuttgart; Rauwald, Marianne (Hrsg., 2013): Vererbte Wunden, Weinheim; Alberti, Bettina (2010): Seelische Trümmer, 5. Auflage, München 2013; Schneider, Michael; Süss, Joachim (Hrsg., 2015): Nebelkinder, Berlin; Batthyany, Sacha (2016): Und was hat das mit mir zu tun? 2. Auflage, Köln 2016; Huber, Michaela (2018): Der innere Ausstieg, Book-on-demand, ISBN: 9-783752-821482.

198 https://de.wikipedia.org/wiki/Epigenetik.

Innere Fesseln können auch als Folgen einer transgenerationalen Traumatisierung verstanden werden. In diesem Fall haben wir Überlebensstrategien, die unsere Eltern aufgrund ihrer Traumatisierung erlebt haben, verinnerlicht und diese wirken in uns, als wären wir selbst die direkten Traumaopfer. Besonders häufig zeigen sich transgenerationale Überlebensstrategien beispielsweise bei vielen als Innere Fesseln wirkenden Tugenden. »Zähne zusammenbeißen und durch«, »Nur nicht aufgeben«, »Erst die Arbeit, dann das Vergnügen« (das dann häufig wegen der übermäßigen Arbeitslast nie möglich wird), »Ein Indianer kennt keinen Schmerz«, »Was uns nicht umbringt, macht uns nur härter« und viele anderen, als Innere Fesseln wirkende Überlebensstrategien haben oft ihren Ursprung in Traumatisierungen im Zusammenhang mit dem Kriegs- oder Nachkriegserleben unserer Eltern: Todesgefahr durch Kriegshandlungen, Hunger und Durst, keine sichere Bleibe, Kälte, Angst vor der Zukunft usw.

Insofern scheint es sinnvoll, bei der Bearbeitung von Inneren Fesseln immer auch auf transgenerationale Aspekte zu achten.

Stichwortverzeichnis

F

Der Autor

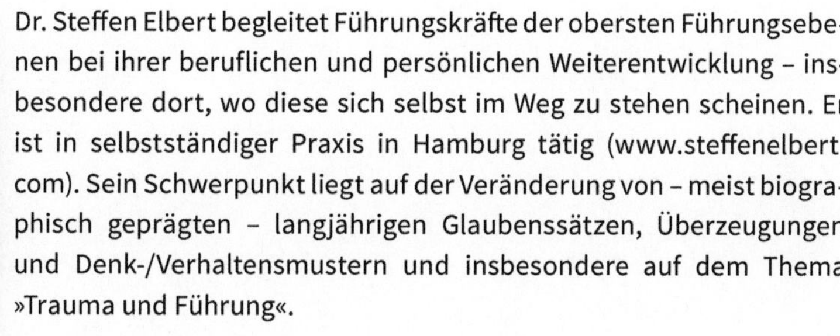

Dr. Steffen Elbert begleitet Führungskräfte der obersten Führungsebenen bei ihrer beruflichen und persönlichen Weiterentwicklung – insbesondere dort, wo diese sich selbst im Weg zu stehen scheinen. Er ist in selbstständiger Praxis in Hamburg tätig (www.steffenelbert.com). Sein Schwerpunkt liegt auf der Veränderung von – meist biographisch geprägten – langjährigen Glaubenssätzen, Überzeugungen und Denk-/Verhaltensmustern und insbesondere auf dem Thema »Trauma und Führung«.

Vor seiner Selbstständigkeit war der promovierte (Bio-)Chemiker Dr. Steffen Elbert über zwei Jahrzehnte als Berater und Partner bei zwei internationalen Marktführern der Strategie- und Personal-Beratung tätig (The Boston Consulting Group, Egon Zehnder). Er ist als systemischer Berater, Coach, Supervisor zertifiziert (DBVC, DGSF) und außerdem in Psychotraumatologie, Klinischer Hypnose (nach Milton Erickson), Aufstellungsarbeit, Embodiment-orientierten Methoden (EMDR, PEP® nach Dr. Michael Bohne und Somatic Experiencing® nach Dr. Peter Levine) und in systemischer Organisationsberatung ausgebildet.

HAUFE.
TALENT

Für mehr Informationen QR-Code scannen.

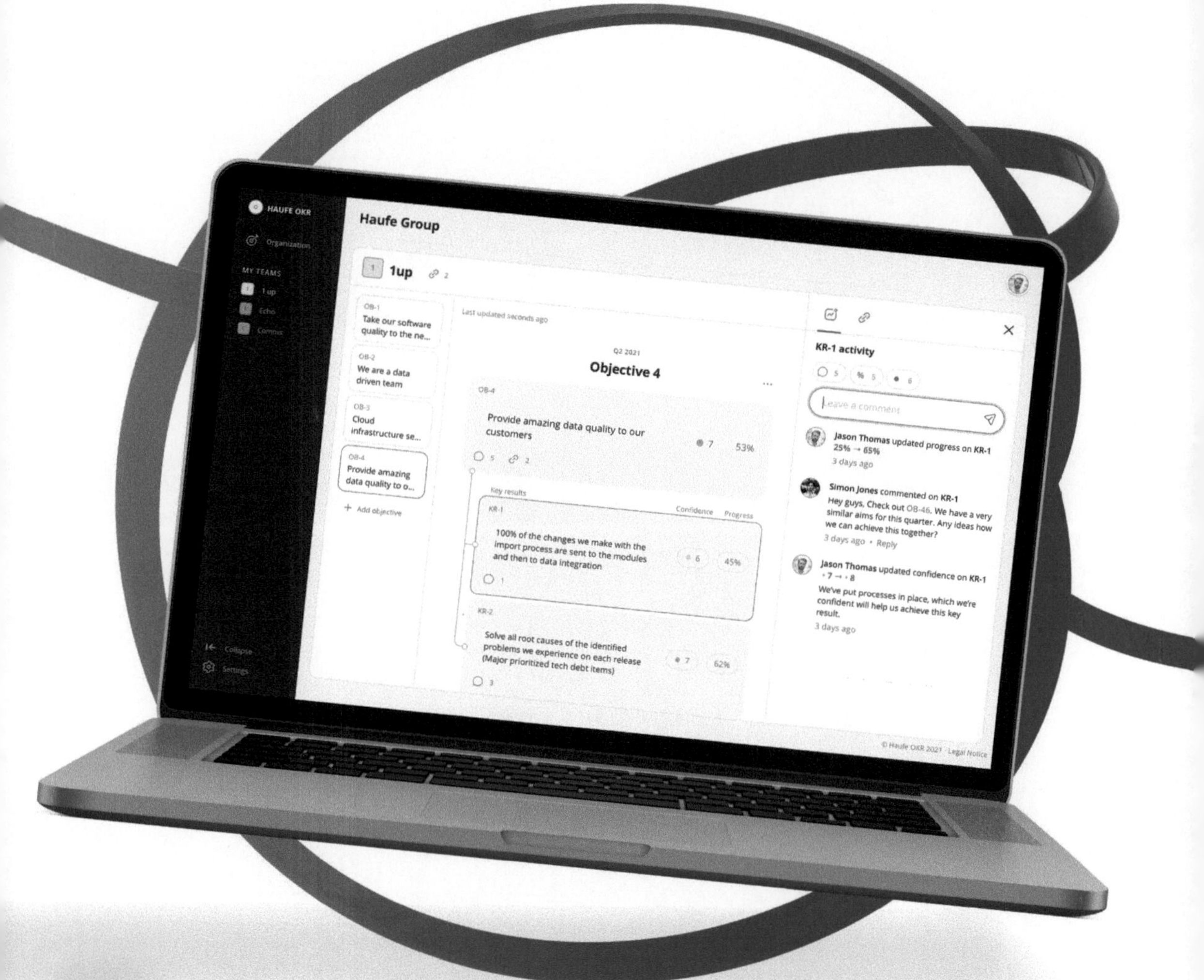

OKR SOFTWARE

Mehr Fokus, Alignment und Transparenz im gesamtem Unternehmen schaffen

Operationalisieren Sie mit unsere Software-Lösung Ihre strategischen Unternehmensziele und verknüpfen Sie diese mit den Zielen Ihrer Teams. Mitarbeiter:innen entwickeln ein besseres Verständnis für die Unternehmensstrategie und sehen, welchen Beitrag sie zum Gesamterfolg des Unternehmens leisten – So findet echte Kollaboration statt.